algorithmic

算法谜题

[美] Anany Levitin Maria Levitin 著

赵勇 徐章宁 高博 译

U0377410

人民邮电出版社

北京

图书在版编目（ＣＩＰ）数据

算法谜题 / （美）列维京（Levitin, A.），（美）列维京（Levitin, M.）著；赵勇，徐章宁，高博译. -- 北京：人民邮电出版社，2014.1（2023.3重印）
ISBN 978-7-115-33844-0

Ⅰ. ①算… Ⅱ. ①列… ②列… ③赵… ④徐… ⑤高… Ⅲ. ①算法 Ⅳ. ①024

中国版本图书馆CIP数据核字(2013)第283961号

版 权 声 明

- ◆ 著　　　　[美] Anany Levitin Maria Levitin
　　译　　　　赵　勇　徐章宁　高　博
　　责任编辑　陈冀康
　　责任印制　程彦红
- ◆ 人民邮电出版社出版发行　　北京市丰台区成寿寺路 11 号
　　邮编　100164　　电子邮件　315@ptpress.com.cn
　　网址　http://www.ptpress.com.cn
　　北京七彩京通数码快印有限公司印刷
- ◆ 开本：700×1000　1/16
　　印张：17　　　　　　　　　2014 年 1 月第 1 版
　　字数：246 千字　　　　　　2023 年 3 月北京第 21 次印刷
　　　　著作权合同登记号　图字：01-2012-8267 号

定价：49.00 元

读者服务热线：(010)81055410　印装质量热线：(010)81055316
反盗版热线：(010)81055315
广告经营许可证：京东市监广登字20170147号

内 容 提 要

算法是计算机科学领域最重要的基石之一。算法谜题，就是能够直接或间接地采用算法来加以解决的谜题。求解算法谜题是培养和锻炼算法思维能力一种最有效和最有乐趣的途径。

本书是一本经典算法谜题的合集。本书包括了一些古已有之的谜题，数学和计算机科学有一部分知识就发源于此。本书中还有一些较新的谜题，其中有一部分谜题被用作知名 IT 企业的面试题。全书可分为 4 个部分，分别是概览、谜题、提示和答案。概览介绍了算法设计的通用策略和算法分析的技术，还附带有不少的实例。谜题部分将谜题按照简单、中等难度和较难三个层级分别列出。提示部分依次给出谜题提示，帮助读者找到正确的解题方向，同时仍然为读者留下了独立求解的空间。答案部分则给出了谜题的详细解答。

本书可以为对算法感兴趣的广大读者提供系统丰富而实用的资料，能够帮助读者提升高阶算法思维能力。本书适合计算机专业的高校教师和学生，想要培养和训练算法思维和计算思维的 IT 专业人士，以及在准备面试的应聘者和面试官阅读参考。

译 者 序

算法能力的考察，向来是顶级科研机构和 IT 公司面试时最具备区分度的成分。近年来，这种趋势有增无减。对于语言和工具的灵活掌握，已经逐渐成为对于科研和工程的基本要求。在新生代的语言和工具对于学习和掌握的要求门槛变得越来越低，计算资源却极大丰富的时代背景下，需要真正高级技术人才而非简单脑力劳动者的机构和公司必然会把注意力集中在对于解决问题的原生能力的考察。同时，计算工业的竞争日趋激烈。核心甚至周边算法的优劣，会以极为显著和全面的形式对内影响到运营成本，对外影响到用户体验。在"有没有"不再是生存竞争的关键问题时，"好不好"的问题上能否胜人一筹，立刻就成为下一个比拼的环节。还有一个相当重要却不够被重视的因素，就是对于算法能力的掌握程度，往往是一个人对于自我教育的品位选择，以及有否长期的自我训练的反映，因而有着强烈的文化认同意义——将计算和程序思维不仅作为谋生工具，更作为研艺修行甚至生活方式的工业文化，近年来在中国也已经生根发芽。因此，基于以上三方面的原因，算法在日常学习和面试准备中的重要性和关键性，也就不言而喻了。

算法长期以来被视作是聪明人的专利，好像有些人天生思路就开阔，遇到问题能马上整理出计算模型，然后实施巧思，而大多数人则只能望洋兴叹，一筹莫展。这种想法其实也不无道理，从小接受系统化训练，参加过信息学竞赛或 ACM，肯定会对算法问题反应更快一些。可是这样的人毕竟是极少数，而且即使是他们，也无一不是长期大量地训练才会不断进步。这至少说明，算法并非天外之学，而是一种能够通过训练掌握的技能。换言之，对于 5% 的真正难题，也许真的是只为 5% 的天才而存在的。但是其余的 95%，却是 95% 像你我一样的普通人自学可以达成的目标。可是为什么实际情况给人的感觉不是这样呢？相当一部分问题出在教材上。算法教材中的大部分，有几个共通的问题。第一，太抽象。从计算背景出发，而不是从实际问题出发。读完以后遇到问题，仍然很难逆向地反推到计算模型。第二，太晦涩。全书充斥着数学公式和伪代码，对于数学功底不够深厚的读者不够友好。很多内容比如 NP 难问题，理论价值远高于实用价值。第三，太零散。这个那个地讲了很多点，却没有统一的逻辑串起来。

Anany Levitin 和 Maria Levitin 编写的《算法谜题》一书，实在是令人眼前一亮。说实在的，我本人已经多年没有在这个领域里面见到有这么实用而且好看的作品了。本书的写作目的就是教你使用算法来解题，但它的定位却极其精准：它既不做数学演算，也不写具体代码，它只讲算法。从一开始它就把内容的框架定下来：算法的设计技术有哪些，分析技术有哪些，全书就围绕这几种技术展开，所有的问题都用这些技术来解。这些技术的简单形式无一不是很容易理解和掌握的，然而仍然是这些技术的综合和高级应用，却能够有效地解决看上去非常复杂、非常困难的问题。在题目的编排上，作者下了很大的工夫，由易到难的程度提升的节奏把握得极好，十分有利于读者的信心建立。尤其是第 3 章"提示"这一部分的引入，是很重要的结构创新，建议所有的读者都要经历读懂题目－根据提示自行尝试求解－将自己的求解与答案比较以获得进步这样的过程。即使从最功利的角度来说，本书有一半以上的题目是直接被用作过面试题原题的，而在实际面试的时候，有 60% 左右应聘者会因为不能理解题意惨遭淘汰，又有 20% 以上会因为在提示之下仍然无所进展铩羽而归。换句话说，就算是为了训练自己在面试时的临场感觉，也要让自己反复地适应这样的解题三部曲，而一旦克服了读题和理解的障碍，并能够在提示之下前进哪怕一步，其实你已经打败了 80% 以上的竞争对手了。所以，难怪这本书在国外有"算法面试宝典"之称！

也许会有读者怪我把这个译者序写得太急功、太沉重，但其实我的本意并非如此。可以肯定的是，本书的可读性之高，应该并不会让人感觉有阅读上的负担。而我本人也一向是提倡寓学于乐，而不要临时抱佛脚的。甚至我会有这样的感觉：亚洲文化中一贯太把学习和修行当作是一件严肃的事，应该好好地向欧美同仁学一学找几个自己感觉有兴趣的研究课题，然后把相关的学习当作攻克技术难关之工具的做法，这样才能学得深、学得透。但是另一方面也毋庸讳言，在算法方面我们的差距还非常明显，还难以做到举重若轻。并且，以我自己还有很多同学、同事参加信息学竞赛的经验，有所成就者无一不是做题做到想吐，走在自己智力和体力的极限边缘，才会有所顿悟、有所长进的。所以，恳请广大读者理解，无论是从作者的出发点，还是在译者的良好愿望中，都希望本书能够以它的高可读性的面貌，达到它的高实用性的目标，这两者其实并不矛盾。

人民邮电出版社的陈冀康编辑慧眼识书引进版权，又不断地给予我们这个翻译团队以支持和鼓励，是本书简体字中文版得以面世的基础。本书的翻译过程中，承我的老友芝加哥大学博士赵勇，以及年轻而进取的同事徐章宁工程师大力支持，为全书的翻译提供了技术和文字的保证。又承上海交通大学计算机软件学院的梁阿磊和张尧弼教授、EMC 中国卓越研发集团濮天晖总监和汤瑞欣总监、SAP 中国的范德成资深工程师审阅初稿并给予宝贵意见。当然，由于本人才学所限，缺点错误在所难免，这些当由我本人负责。任何一本书的成稿，都离不开家人的支持，借此向一直默默支持我的父母和爱妻沈靓表示衷心感谢，希望本书的出版能给你们带来快乐。

于 EMC 中国卓越研发集团

2013 年 11 月

新浪微博：但以理_高博

微信公众平台：高博的世界

网站：http://gao.bo

邮箱：feedback@gaobo.org

致 谢

谨向本书的以下审阅者致以深深谢意：Tim Chartier（戴维森学院）、Stephen Lucas（詹姆斯·麦迪逊大学）和 Laura Taalman（詹姆斯·麦迪逊大学）。他们对本书创作思想的热情支持，以及对于内容的特别建议对我们极有助益。

谨向乔治·华盛顿大学的 Simon Berkovich 致谢，他参与了部分谜题的讨论，并审阅了本书的部分手稿。

谨向牛津大学出版社及其相关机构为本书辛勤劳动的幕僚致谢。尤其是本书编辑 Phyllis Cohen，他为使本书变得更好而不断努力。还有编辑助理 Hallie Stebbins、封面设计 Natalya Balnova，以及市场营销经理 Nichelle Kelly。本书版权经理 Richard Camp、监制 Jennifer Kowing 及 Kiran Kumar 同样功不可没。

名言对号入座，谁说了什么？

猜猜下面的名言分别是哪位名人说的

手里拿着一把锤子，看什么都像钉子。我们这个年代最厉害的锤子就是算法。

解题是一种实用技能，怎么说呢，有点儿像有游泳吧。我们学习任何实用技能的办法就是模仿和实践。

如果想使得上课不那么无聊，那么没有比加入带有创造力的主题更好的办法了，这些主题的特点就是带有娱乐、幽默、美感和惊喜。

给人以最大享受的，不是知识，而是钻研；不是拥有，而是跋涉。

若是我不小心遗漏了一些多少有用或必要的内容，还请多多包涵，因为人人都会犯错，也不可能预知一切。

威廉·庞德斯通（William Poundstone），《怎样搬动富士山？》（*How Would You Move Mount Fuji?*）、*Microsoft's Cult of the Puzzle: How the World's Smartest Companies Select the Most Creative Thinkers* 等畅销书作者。

乔治·波利亚（George Pólya，1887 - 1985），著名匈牙利数学家，著有《怎样解题》，该书是解题方法的经典之作。

马丁·加德纳（Martin Gardner，1914 - 2010），美国作家。他以《科学美国人》上的"数学游戏"专栏和几部创意数学著作而闻名。

高斯（Carl Friedrich Gauss，1777 - 1855），伟大的德国数学家。

斐波那契（Leonardo of Pisa，又名 Fibonacci，1170 - 约 1250），杰出的意大利数学家。著有《算术》（*Liber Abaci*），该书在数学史上产生了深远影响。

译 者 简 介

赵勇，电子科技大学教授，极限网络计算与服务实验室主任，中国计算机学会大数据专家委员会委员。美国芝加哥大学博士，师从世界网格之父 Ian Foster 教授，其间在美国 IBM 研发中心、美国 Argonne 国家实验室实习。博士毕业后任职美国微软公司搜索与广告部，从事云平台上的大型广告系统开发，获微软杰出员工奖。

徐章宁，1984 年生，毕业于上海交通大学。在 EMC 中国卓越研发集团任高级系统管理工程师，钟爱开源软件，从事软件运维工作多年。对各类知识有广泛兴趣，平日喜爱参与问答网站讨论，热爱读书、摄影和写作。

高博，1983 年生，毕业于上海交通大学。目前在 EMC 中国卓越研发集团任首席工程师，在信息科学和工程领域有近 15 年实践和研究经验。酷爱读书和写作，业余研究兴趣涉猎广泛。译著包括图灵奖作者高德纳的《研究之美》和布鲁克斯的《设计原本》，以及 Jolt 大奖作品《基元设计模式》等。近年来，出版翻译作品近百万字。

前　　言

本书讲了哪些内容

本书是一套算法谜题集。所谓算法谜题，就是能够直接或间接地采取一些有着清晰定义的过程加以解决的谜题。这套谜题集由于有以下特点而显得与众不同：本书包括了一些古已有之的谜题，数学和计算机科学有一部分知识就发源于此；本书中还有一些较新的谜题，其中有一部分谜题被用作大企业的面试题。

本书欲达成两个主要目标：

- 为对算法有兴趣的广大读者提供算法入门指导和练习范例；

- 提升高阶算法思维能力（这和计算机编程是两回事），其基础是经过精心设计的一套通用算法设计策略和分析技术。

尽管算法的确构成了计算机科学的基石，并且任何有意义的计算机编程活动都离不开算法，但是将这两者简单地等同则是一种普遍存在的错误认识。有些算法谜题在计算机问世之前的 1000 多年前就已经存在。当然，计算机的爆发式流行使得算法谜题的求解变得对于现代生活的诸多方面重要起来了，算法对于多门软硬件科学的推动和发展的意义自不用说，算法的影响甚至还延伸到艺术和娱乐的领域（正如分形学之于当代艺术，计算智能之于国际象棋，等等——译者注）求解算法谜题也是培养和锻炼算法思维能力的一种最有效的、最有乐趣的途径。

本书面向怎样的读者

有三大类读者会对本书感兴趣：

- 解谜爱好者；

- 想要培养算法思维的师生；

- 为算法面试做准备的应聘者及面试官。

对于解谜爱好者，我们想说的是，本书能给你们带来的乐趣将不亚于其他任何类型的谜题集。你们会看到一些人们一直都津津乐道的题目，你们还会发现相当数量闻所未闻的珍贵谜题。阅读本书不需要任何计算机背景，甚至不要求对计算机感兴趣，没有相应背景的读者只要忽略参考解法中关于特定算法设计策略和分析技术的引述即可。

算法思维近年来已经在计算机科学领域的教育工作者口中成了热词，公平地说，当今世界中计算机无所不在的事实，的确促使算法思维成为几乎每个学生都必须具备的重要能力。而谜题正是掌握这项重要能力的理想载体，基于以下两个理由：首先，谜题很有趣，相对于死板的习题来说，人们更愿意在有趣的谜题上面投入时间和精力；其次，算法谜题能够迫使解题人在一个更抽象的层次上思考。即使是计算机科学专业的学生，也常常只会局限于使用自己了解的一门计算机语言，而不是运用通用的设计和分析技术来思考算法问题。练习求解谜题正可以弥补这一重要能力的缺失。

本书中的谜题可以用作个人自学材料。我们认为，谜题与概览部分相得益彰，概览部分极好地介绍了各种主要的算法思想。谜题部分为大学和高中阶段的教师们提供了补充练习和大作业的题目。本书也适合用做教师讲授习题课的补充，尤其是那些采用谜题形式进行的课程。

对于应聘者，本书有两个方面的作用。首先，书中有很多可能在面试中遇见的谜题例子，全部包含完整的解答和评注。其次，本书还可以用作算法设计策略和分析技术的简明指南。说到底，采用谜题来考察应聘者，面试官们更在意的是应聘者的解题思路，而非具体解答。得心应手地运用算法设计策略和分析技术，才是给潜在的老板留下深刻印象的关键所在。

本书收集了什么样的谜题

数千年来，人类发明了很多数学谜题，算法谜题只占一小部分。在选择谜题时，本书遵循下面的遴选标准。

首先，我们希望所选谜题能够展示一些通用的算法设计和分析原理。

其次，我们追求美感和优雅，当然这个标准比较主观。

第三，我们希望本书涉及各种难度的谜题。谜题的难度其实难以一概而论，有的时候，数学教授会被一些中学生可以轻易解出的谜题难倒。尽管如此，我们还是把全书的谜题分成了三大部分——简单谜题、中等难度谜题和较难谜题，供读者在评估谜题难度时参考。容易的谜题部分，只要求读者具有中学数学知识。但是，虽然其他两部分的谜题有些确实用到了数学归纳法，但是总体来说，高中级别的数学知识基本上可以应付本书中的所有谜题。此外，二进制数、简单递归等高中数学未必覆盖知识在本书概览的第二部分都有介绍。以上并不是说本书中所有的谜题都很容易，其中有一些，尤其是在最后一部分末尾的那些谜题，真的很难。但它们的难度并非源自数学上的复杂性。因此，读者不必为此怯手。

第四，我们特意收录某些经典谜题，不是因为人们对它们耳熟能详，而是因为它们在历史上的重要性，曾作为某些算法产生和发展的基石。

最后，我们只收集那些有着清晰的表述和解答的谜题，避免逻辑的含混不清，也不玩任何文字游戏。

这里需要着重指出一点。本书中的许多谜题可以采用穷举搜索和回溯法求解（这些策略在概览的第一部分有介绍）。但这些**不是**读者应该用以求解谜题的方法，除非有特别的声明。基于这个理由，我们排除掉了一些种类的谜题，如数独和密码破解，因为这样的谜题要么需要使用穷举搜索和回溯法，要么就需要针对谜题给出的特定数据做一些奇技淫巧式的观察和分析。我们也决定不去"招惹"一些物理结构很难描述的物件引发的谜题，比如九连环和魔方。

提示、答案和评论

本书为每一道谜题都给出了提示、解答和评论。谜题书很少会给出提示，但我们认为这并非画蛇添足。提示，也就是把读者朝着正确的方向小推一把，但是仍然为读者留下了独立求解的空间。所有的提示作为书中一个独立的章节而存在。

每道谜题都附有对应的解答。我们立了个规矩：所有的解答都以简要形式开头。这样做的目的，是想给读者一个最后的机会去独立求解。如果读者的想法和本书给出的思路完全不对路，就不要一口气把解答读完，而是从不同的角度对某些谜题再次求解。

本书中的算法是以白话叙述的，没有采取特殊格式或伪代码记法。因为本书想要强调的是思想，而不是无关紧要的细节。而把解答整理成某种正式记法，对于读者来说也不失为一种练习的机会。

大多数的评论都阐述了某道谜题及其解答所对应的通用算法思想。对于少量的谜题，我们也会给出本书或别处的其他类似谜题，作为参考。

许多谜题集并不给出谜题的出处。理由通常是，找到一道谜题的作者，其难度就好比找到一则笑话的作者。尽管这样的理由不无道理，我们还是决定尽我们所知给出谜题的最早出处。但是读者仍须了解，我们并没有为找出每一道谜题的真正源头而进行专项研究的想法。如果我们那么做的话，本书将变成另一种样子。

概览的两部分讲了哪些内容

本书的概览分为两个部分，其中还附有不少例子，它们讲述了算法设计的通用策略和算法分析的技术。尽管不掌握这方面的知识也能求解出本书中的几乎所有谜题，但是了解这些方面的知识无疑能够使得谜题求解变得更加容易，也更有助益。还有，解答和评论，甚至一小部分提示中，也提及了概览中介绍的部分专用术语。

概览部分是按照最贴近入门的水平来写的，目的是照顾大多数的读者。如果读者是计算机科学的科班出身，那么可能会觉得除了部分例子以外并没有什么新鲜内容，但这却是此类读者复习算法设计和分析的基本思想的好机会。

为何本书有两个索引

除了标准索引以外，本书还有一个附加索引（设计策略和分析技术索引），指明了谜题所依据的特定设计策略或分析类型。该附加索引有助于读者根据特定的策略或技术来对问题进行查找定位，也起进一步的提示作用。

最后，衷心地希望本书既充满乐趣又很实用，也希望读者能够分享本书的许多谜题背后的美感和人类巧思的伟绩给我们带来的快乐。

Anany Levitin

Maria Levitin

2011 年 5 月

algorithmicpuzzles.book@gmail.com

目　　录

算法谜题列表

第1章
Chapter 1

概览

1.1 算法设计的若干通用策略

进入正题之前,先写这篇概览的缘由,在于盘点进行算法设计的若干通用策略。尽管在解决某一个具体谜题的时候,未必非要套用这些策略不可,但是它们汇总起来却构成了一套极有用的工具集。这些策略如果运用得当,能够用以解决计算机科学中的众多问题。所以,学会将这些策略应用到谜题中去,可以视为一种很好的计算机科学领域入门途径。

但在着手盘点这些主要的算法设计策略之前,我们要先对两种类型的算法谜题做重要的评点。每个算法谜题皆需要输入,而输入则定义了该谜题的**谜面** (instance)。谜面可以是具体的(例如,试使用一架天平在 8 枚硬币中找到一枚伪币),也可以是一般的(例如,试使用一架天平在 n 枚硬币中找到一枚伪币),这样就区分了两种不同的谜题类型。当求解带有特定谜面的谜题时,解谜者无须为任何超出**谜面**表述的范围花费功夫。实际上,谜面一变,解法可能完全不同,甚至可能根本没有解。不过,话又要说回来,谜题中煞有介事地放上具体数字,有可能根本并不重要。在这种情况下,毕其功于一役地解决其一般版本不仅让人更有成就感,甚至难度也更小。但无论谜面的形式是具体的还是一般的,先拿少数几种情况尝试尝试,几乎总不会错。在很罕见的一些情况下,解谜者会因为这种尝试而误入歧途,但是远为常见的情形是,这种尝试会为给定的谜题带来有用的洞见。

1.1.1 穷举搜索

理论上，许多谜题可以用**穷举搜索**（exhaustive search）的办法求解。这种解题策略会直截了当地试遍所有的可能解，直至找到问题的解为止。采用穷举搜索时，很少需要运用匠心别裁。因此，如果一道谜题确定要用这种策略来求解的话，就很少需要人工计算，而基本上是为计算机准备的。穷举搜索的最大局限性在于它的效率低下：通常，如果可能解的数量随着问题规模而呈指数增长或更快的话，那么这条途径不仅对人类来说遥不可及，计算机也只能望洋兴叹了。举例来说，考虑构造一个三阶**幻方**（magic square）谜题好了。

幻方 试将 1~9 这 9 个不同整数填入一个 3×3 的表格，使得每行、每列以及每条对角线上的数字之和相同（见图 1.1）。

?	?	?
?	?	?
?	?	?

图 1.1 将 1~9 的整数填入 3×3 表格以构造一个幻方

填满整个表格有多少种方法呢？可以考虑一次填入一个数字，先把 1 放到某个位置，最后把 9 放妥。所以，有 9 种方法可以放置 1，接下来有 8 种方法可以放置 2，依此类推，最后，数字 9 就只能放置在唯一的空置单元格中了。因此，就有 $9! = 9 \cdot 8 \cdots \cdot 1 = 362\,880$ 种方法可以将 9 个数字排列到 3×3 的表格单元格中。（这里我们使用了标准记法，$n!$，读作 n 的**阶乘**，来表示从 1 到 n 的连续整数之积。）所以，采用穷举搜索来求解这个题目时，实际上就是生成把 1 到 9 这些不同的整数放入表格的所有 362 880 种可能排列，然后逐个地检查每一种排列，以验证它们的每行、每列和每对角线的数字之和是否都相等。这样的工作量显然不可能靠手工完成。

实际上，不难这样求解：首先证明该公共和的值必为 15，所以 5 必须被放置在中心单元格（参见正文中的谜题**重温幻方**（#29））。还有，人们可以利用数种已知算法来构造任意阶数 $n \geq 3$ 的幻方，这些算法对于阶数 n 为奇数的幻方尤其有效（例如第 29 道谜题）。当然，这些算法的基础并非穷举搜索：在阶数 n 仅仅增长到 5 这样小的数时，可能解的数量已经大得十分夸张了。$(5^2!) \approx 1.5 \cdot 10^{25}$，因此即使使用每秒执行 100 000 亿次运算的计算机，也需要 49 000 年才能完成这项任务。

1.1.2　回溯法

采用穷举搜索会遭遇两个主要困难。第一个困难在于产生所有可能解的机制。对于有些问题而言，这些可能解会形成一种具备良好结构的集合。举例来说，将头 9 个整数置入 3×3 表格的可能排列（参见上述幻方例题）可以形成这些数字的**全排列**（permutation），有好几种已知算法可用于此。但还有许多问题，可能解无法形成具备如此规则结构的集合。第二个，也是更加根本的困难在于需要生成和处理的可能解数量。一般地，该集合的规模至少随着问题规模呈指数增长。所以，穷举搜索只在这类题目很小规模的谜面上才可行。

回溯法（backtracking）是对穷举搜索所采取的蛮力做法的一种重要改进。它给出了一种生成可能解的方便方法，这样就可以避免生成不必要的可能解了。其核心思想在于，采用一次添加一个组件的办法来构造解，并且如下评估可能解的"半成品"：如果这个构造到一半的解可以再向前推进一步而不违反题设的约束，则选择第一个合法选项作为下一个部件。如果找不到合法选项作为下一个部件，那么就不再需要去考虑**任何**其余部件了。在这种情况下，算法就要执行回溯，把当前构造到一半的解的最后一个部件替换成该部件可选的下一个合法选项。

一般地，回溯法总是涉及一定数量的错误选项撤销动作。这个数量越小，算法找到解的速度就越快。尽管在最差情况（worst-case scenario）下，某个回溯算法可能与穷举搜索一样，最终生成了所有的可能解，但这种情况很罕见。

把回溯算法解释成构造一棵反映决策过程的树，是很自然的。计算机科学家们使用术语树来描述带有继承谱系的结构，比如家谱和组织结构图等。一棵树通常用这样的图形来表示：放在顶部的是**根结点**（唯一没有父结点的结点），位于底部或靠近底部的是**叶结点**（没有子结点的那些结点）。这样画图的目的，无非是为了符合自然的拓扑结构。应用于回溯算法的时候，这样的一棵树被称为**状态空间树**（state-space tree）。状态空间树的根结点所对应的，就是解的构造过程的出发点。我们可以认为，根结点放在树的第 0 层。然后，根结点的子结点——就是那些放在第 1 层的结点——对应于解的第一个部件的可能选择（比如，在构造幻方时，对应于可以用来放置数字 1 的那些单元格）。它们的子结点——就是那些放在第 2 层的结点——就对应于解的第二个部件的可能选择，依此类推。状态空间树的叶结点有两种可能的类型。第一种被称为**无望结点**（nonpromising node）或**死路结点**（dead end），这种结点对应的是那些不可能达成解的"半成品"。一旦构造出了无望达成解的结点，回溯算法就会中止该结点（称为树的**剪枝**），通过回溯至无望结点的父结点，并考虑该部件的下一个选项的办法来撤销针对可能解最晚添加的一个部件所做出的决策。而第二种叶结点就是解结点了。如果搜索到一个解，算法会就此终止。如果还需要搜索其他的解，则算法回溯到叶结点的父结点，继续搜索下去。

下面是个演示回溯算法在特定问题中的应用的经典例子。

n 皇后问题 将 n 个皇后放置在 $n \times n$ 的国际象棋棋盘上，其中没有任何两个皇后处于同一行、同一列或同一对角线上，以使得它们不能互相攻击。

在 $n=1$ 的条件下，该问题有平凡解。而在 $n=2$ 和 $n=3$ 的条件下，容易看出该问题无解。所以我们从 4 皇后问题入手，采用回溯法来求解。由于每个皇后都要放到它独占的一列中去，我们只需要把每个皇后在棋盘上分配到某一行上就可以了，见图 1.2。

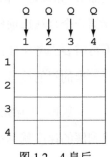

图 1.2 4 皇后问题中的棋盘

我们以空棋盘作为出发点，把皇后 1 放置到第一个可能的位置，即第 1 列的第 1 行。接下来放置皇后 2，经历过把它放置到第 2 列的第 1、2 行的两次不成功的尝试以后，找到了放置它的第一个可行位置，就是棋位(3,2)，即第 3 行第 2 列的方格。但这是一条死路，因为这么一来第 3 列就没有任何位置可以放置皇后 3 了。是故，算法执行回溯操作，把皇后 2 移动到下一个可能的棋位(4,2)。接下来，皇后 3 被放置到(2,3)，又是一条死路。于是，算法一路回溯到皇后 1，并把它移动到(2,1)。皇后 2 紧接着被放置到(4,2)，皇后 3 放置到(1,3)，皇后 4 放置到(3,4)，这就形成了问题的一个解。图 1.3 给出了本次搜索的状态空间树。

如果需要找其他解（4 皇后问题只有一个其他解），算法可以直接从它停下来的那个叶结点继续搜索下去。另一个办法是利用棋盘的对称性获得所求的解。

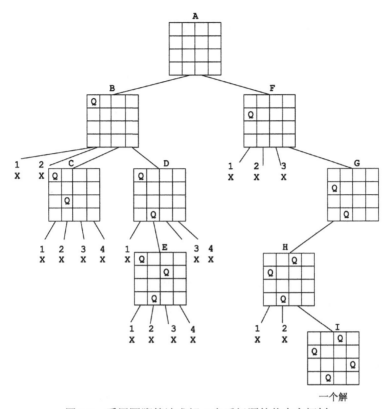

图 1.3 采用回溯算法求解 4 皇后问题的状态空间树

图注：X 表示将皇后摆放在该行的尝试失败；结点上方的字母给出了各个结点的生成顺序。

回溯法比穷举搜索算法能快多少？如果我们考虑 4 个皇后在 4×4 棋盘上放置在 4 个不同棋位的所有可能，那么总数就是

$$\frac{16!}{4!(16-4)!} = \frac{16 \cdot 15 \cdot 14 \cdot 13}{4 \cdot 3 \cdot 2} = 1820$$

（求从 n 个不同对象中不计顺序地选取 k 个不同对象的取法总数，数学上称为从 n 个不同对象中每次取 k 个的**组合**，记作 $\binom{n}{k}$，或 $C(n,k)$，其值为 $\frac{n!}{k!(n-k)!}$。）如果仅考虑位于不同列的皇后，可能解的总数骤降为 $4^4 = 256$。如果增加约束，规定皇后必须位于不同行，选项数就进一步降到了 $4! = 24$。最后，这个数看上去十分温良，但是如果换成规模更大的谜面，就完全不是那么一回事了。比如，如果换成普通的 8×8 棋盘，可能解的数量就成了 $8! = 40\,320$。

读者诸君可能有兴趣了解，8 皇后问题总共有 92 个解，其中 12 个是本质上完全不同

的，而其余的 80 个则可以从这 12 个基础解出发，通过旋转和镜射得到。一般地，在 $n \geqslant 4$ 的条件下，n 皇后问题都有解。可是，尚没有发现一个解的数量公式对任意的 n 都成立。已知解的数量随着 n 值的增加，增长得非常快。例如，在 $n = 10$ 的条件下，解的数量为 724，其中有 92 个本质不同的解。而在 $n = 12$ 的条件下，对应的数字为 14 200 和 1 787。

本书中有很多谜题可以采用回溯法求解。而对于每一个可以采用回溯法求解的问题，读者都应该努力寻找某种更有效的算法。特别地，正文中的**重温 n 皇后问题**（#140）就要求读者设计一种快得多的算法来求解 n 皇后问题。

1.1.3　减而治之

减而治之（decrease-and-conquer）策略的基础，在于从给定问题的解及其较小规模谜面的解之间找到某种关系。一旦找到，这样的关系就可以自然而然地导向某种**递归算法**（recursive algorithm），它可以将问题减少为一系列的、规模越来越小的谜面，直至可以一下子解决为止[①]。请看一个例子。

名流问题　在总人数为 n 的人群中的名流，就是指不认识任何人，所有其他人却都认识的人。问题的任务是：仅仅通过向人们提出形如"你是否认识某某"的问题，来识别出名流。

为简化该问题，假设在给定总人数为 n 的人群中存在名流，该问题可以采用下述"每次减一"的算法来解。如果 $n = 1$，则根据定义，这仅有的一个人肯定是名流。如果 $n > 1$，则从人群内任选两人甲和乙，并问甲是否认识乙。如果甲认识乙，则将甲从可能成为名流的其余人中移除；如果甲不认识乙，则移除乙。然后，对其余 $n-1$ 个可能成为名流的人群采用递归方式求解（使用相同的方法）即可。

作为简单练习，请读者尝试对正文部分的谜题**士兵摆渡**（#4）求解。

一般地，采用减而治之方法求解时，较小谜面的规模未必是 $n-1$。尽管"每次减一"乃是规模减少的最常见情况，减少幅度更大的例子也是有的。如果我们能够

---

① 递归是计算机科学中最重要的概念之一。不熟悉这个概念的读者可以从维基百科中的"递归（计算机科学）"条目等处查询相关的参考资料和链接。

在每次迭代时，把谜面规模降低一个常数因子，比方说减半，那我们就能获得极快的算法。这种算法的一个著名例子源自下面的著名游戏。

猜数字 （允许提 20 个问题）仅通过提问答案为 "是" 或 "否" 的问题，在 1 到 n （含）的范围内判定一个事先选择的整数。

针对本题的最快算法，在提问时每次迭代都可以将包含答案的集合大小大约减半。例如，第一个问题可能是 "选择的整数大于 $\lceil n/2 \rceil$ 吗？"。$\lceil n/2 \rceil$ 表示向上取最接近 $n/2$ 的整数。[①]如果答案是 "否"，那么选择的整数就在从 1 到 $\lceil n/2 \rceil$ 的范围内；如果答案是 "是"，那么选择的整数就在 $\lceil n/2 \rceil+1$ 到 n 的范围内。无论答案是什么，算法都将原始问题的规模 n 减半，而问题的形式则保持不变。重复执行算法，当谜面规模减少到 1 时，问题即告解决。

由于该算法每次将谜面的规模大约减半（这里说的谜面，是指处理后仍然包含选择整数的范围），所以它快得惊人。例如，当 $n=1\,000\,000$ 时，算法只要求提不多于 20 个问题。这已经够快了，但是如果某个算法能以更大的因子，比如 3，来减小谜面规模的话，则还会更快。

正文部分**硬币中的假币**（#10）这道谜题说明了减而治之策略中 "**每次减少常因子**"（decrease-by-constant-factor）这种变体，也是读者看到这里以后可以去做的一道很好的习题。

值得一提的是，有时通过自底而上的方法来发掘较大和较小问题之间的关系，可能会更简单。这就是说，先把谜题的最小规模谜面解出，然后再看第二小的，依此类推。这种方法有时称为**增量法**（incremental approach）。具体的例子参见正文部分**矩形切割**（#3）的第一种解法。

1.1.4　分而治之

分而治之（divide-and-conquer）策略就是要把一个问题划分成若干较小的子问

---

① $\lceil x \rceil$ 称为实数 x 的**向上取整**函数，取值是大于或等于 x 的最小整数。如 $\lceil 2.3 \rceil=3$ 且 $\lceil 2 \rceil=2$；而 $\lfloor x \rfloor$ 称为实数 x 的**向下取整**函数，取值是小于或等于 x 的最大整数。如 $\lfloor 2.3 \rfloor=2$ 且 $\lfloor 2 \rfloor=2$。

题（通常具有相同或相关的类型，理想情况下规模也大致一样），然后各个击破，最后在必要时把子问题的解组合起来，就得到了原始问题的解。这种策略囊括了计算机科学中的诸多有效算法。有些出人意料的是，能够采用分而治之求解的谜题并不多。但下面这个例子很出名，它完美地说明了本策略。

三格骨牌谜题　使用适当的三格骨牌来覆盖一块缺了一格的 $2^n \times 2^n$ 棋盘。所谓三格骨牌就是 L 形的相邻三格。棋盘上缺的可以是任何一格。三格骨牌必须覆盖除缺格以外的全部其他格，且不能有重叠。

本题可以采用递归的分而治之算法求解，如图 1.4 所示，先在棋盘中央放置一块三格骨牌，这样规模为 n 的问题谜面就变成了各自规模为 $n-1$ 的四个相同问题。当每个缺了一格的 2×2 的区域都被算法生成的一块三格骨牌所覆盖时，算法即告终止。

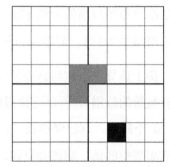

读者或许想要完成如图 1.4 所示的 8×8 棋盘的铺陈，这会是个快速但有用的练习。

图 1.4　三格骨牌在缺了一格的 $2^n \times 2^n$ 棋盘上铺陈的第一步，采用分治算法

大多数分治算法都采用递归方式求解较小规模的子问题，因为，正如上例所示，子问题表示的是相同问题的较小谜面。但也不总是如此，特别地，有些同样涉及棋盘的问题，棋盘可能需要被分割成的子棋盘并不一定就是给定棋盘的缩小版。这样的例子参见本书正文部分的 **2n 筹码问题**（#37）和**直三格骨牌铺陈**（#78）。

关于分而治之策略，还有一点值得一提。尽管有些人把减而治之（前面讨论过）视为分而治之的一种特殊情况，但还是把减而治之当作一种独立的设计策略比较好。这两者的本质区别在于每一步需要解决的子问题个数：分治算法每一步需要解决多个子问题，而减治算法则仅需要解决一个。

1.1.5　变而治之

变而治之（transform-and-conquer）是一种人尽皆知的解题途径，它的思想基

础是变换。问题的求解分为两个阶段。首先是变换阶段，某个问题被修改或变换成另一个问题，出于某种理由，修改或变换后的问题较容易求解。在我们的算法解题的领域里，人们可以看到本策略的三种变体。第一种变体称为**谜面简化**（instance simplification），即首先将问题的一个谜面变换成同样问题的另一个谜面，而该谜面具备某种特殊性使得问题较易求解，如此将问题解出。第二种变体称为**表示变更**（representation change），它的基础是把问题的输入变换成另一种表示，从而更有助于找到有效算法来求解。第三种变体称为**问题归约**（problem reduction），即把给定问题的谜面整体转化为另一个问题的谜面。

先举个例子，考虑 Jon Bentley 编写的《编程珠玑》一书中的一道像谜题的题目。

变位词检测　变位词就是由相同的字母组成的单词。比如，eat、ate 和 tea 就是变位词。设计一种算法，在一个巨大的英语单词文件中找出所有的变位词集合。

该题的有效算法分为两个阶段。首先，它为每个单词指派了一个"签名"，就是单词按其组成字母重新排序的结果（这里采用了表示变更），然后，将文件按签名的字母顺序排序（将数据排序是谜面简化的一个特例），这样变位词就可以彼此靠在一起了。

读者可以动手求解谜题**数字填充**（本书中第 43 号谜题），它运用的思想是一样的。

另一种间或有用的表示变更，是采用问题输入的二进制或三进制表示。若读者不熟悉该重要议题，这里作简要介绍。逢十进位的系统是世界上大部分地区在过去 800 年里一直使用的，其中整数采用 10 的幂组合来表示，例如，$1069 = 1 \cdot 10^3 + 0 \cdot 10^2 + 6 \cdot 10^1 + 9 \cdot 10^0$。而在二进制和三进制系统中，整数相应地采用 2 或 3 的幂组合来表示。例如，$1069_{10} = 10000101101_2$，因为 $1069 = 1 \cdot 2^{10} + 0 \cdot 2^9 + 0 \cdot 2^8 + 0 \cdot 2^7 + 0 \cdot 2^6 + 1 \cdot 2^5 + 0 \cdot 2^4 + 1 \cdot 2^3 + 1 \cdot 2^2 + 0 \cdot 2^1 + 1 \cdot 2^0$，又 $1069_{10} = 1110121_3$，因为 $1069 = 1 \cdot 3^6 + 1 \cdot 3^5 + 1 \cdot 3^4 + 0 \cdot 3^3 + 1 \cdot 3^2 + 2 \cdot 3^1 + 1 \cdot 3^0$。十进制数是由 10 个数字（0～9）中的某些组成的，组成二进制数的数字只有两种可能（0 和 1），而三进制数则只有三种可能（0、1 和 2）。每个十进制整数在这些系统中的任一种里面，都有唯一的表示，只要把它不断地除以 2 和 3 即可。二进制系统尤为重要，因为对于计算机实现来说，它业已被证实是最方便的。

下面举一个利用了二进制系统的谜题的例子，W. Poundstone 的著作提及的一个问题。

现金分装 你手里有 1000 张 1 美元的钞票。如何将其分装到 10 个信封内，使得从 1 到 1000 美元（含）的任何数额皆可仅用若干信封的组合给出？当然，不允许找零。

我们可以把数量为 1、2、2^2、…、2^8 张 1 美元钞票分装在前 9 个信封内，然后把数量为 $1000 - (1 + 2 + \cdots + 2^8) = 489$ 张 1 美元钞票放入第 10 个信封内。这样，任何小于 489 的数额 A 都可以用 2 的幂组合得到：$b_8 \cdot 2^8 + b_7 \cdot 2^7 + \cdots + b_0 \cdot 1$，其中，系数 b_8、b_7、……、b_0 非 0 即 1（这些系数，实际上就组成了 A 的二进制表示。使用 9 位二进制数能够表示的最大整数是 $2^8 + 2^7 + \cdots + 1 = 2^9 - 1 = 511$），而若 A 在 $489 \sim 1000$（含），则它可以表示为 $489 + A'$，其中 $0 \leqslant A' \leqslant 511$，这样它就可以使用第 10 个信封加上前 9 个信封的组合得到，后者其实就是 A' 的二进制表示。值得指出的是，对于某些数额 A 而言，本谜题的解并不唯一。

作为一个很好的练习，读者可以尝试求解谜题 **Bachet 的砝码**（#115）的两个版本，它们分别利用了二进制系统，以及三进制系统的某种变体。

最后，许多题目可以通过变换成图论问题求解。所谓**图**（graph），可以把它想象成平面上的有限个点，以及将其中的一些连接起来的线段。这些点和线段分别称为图的**顶点**（vertex）和**边**（edge）。边可以是无向的，也可以规定从一个顶点出发到另一个顶点结束这样的方向。前一种情况下，称该图为**无向图**；而后一种，则称为**有向图**（directed graph，或简写为 digraph）。在谜题和博弈中，图的顶点往往用来表示题目中的问题的各种可能状态，而边则表示状态之间的可能变化。图中要有一个顶点表示初始状态，还要有一个顶点表示题目的目标状态（但是，表示目标状态的顶点可能有多个）。这样的图称为**状态空间图**（state-space graph）。总而言之，上述变换将题目归约到了在初始状态顶点和目标状态顶点之间寻找一条路径的问题。

下面看一个具体的例子，考虑一个古老而著名问题的较小谜面[①]。

两个吃醋的丈夫 两对夫妇要过河。他们只有一条小船，每趟只能承载不多于两人。麻烦在于，两个丈夫都很吃醋，不肯让自己的妻子在没有自己陪伴的前提下

[①] 本谜题的经典版本来自已知最古老的拉丁语数学问题全书《磨练青年人的命题集》（拉丁语：*Propositiones ad Acuendos Juvenes*），传说为生活在英格兰诺森布里亚王国约克市的著名学者 Alcuin（约 735—804）所作。题目原文的表述现在看来，更加直白。

与别的男人独处。试问，在这样的约束下，能否所有人成功过河？

本谜题的状态空间图如图 1.5 所示，其中 H_i 和 W_i 分别代表第 i 对夫妇中的丈夫和妻子（i 取值 1 和 2）；两根竖线||代表河；小船的位置由灰色椭圆表示，它也指示了下一次过河的方向。（为简化起见，图中没有包含那些仅通过明显的下标替换相区分的过河步骤，比如第一步让第一对夫妇 $H_1 W_1$ 而不是第二对夫妇 $H_2 W_2$ 过河。）对应于初始和结束状态的顶点以加粗的边框表示。

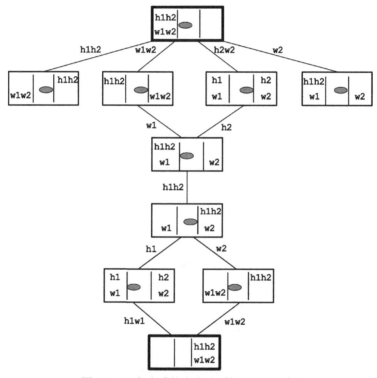

图 1.5　两个吃醋的丈夫谜题的状态空间树

从初始状态顶点到结束状态顶点共有 4 条最短路径，每条路径由 5 条边构成。把路径用边来表示，结果如下：

$$W_1 W_2 - W_1 - H_1 H_2 - H_1 - H_1 W_1$$

$$W_1 W_2 - W_1 - H_1 H_2 - W_2 - W_1 W_2$$

$$H_2 W_2 - H_2 - H_1 H_2 - H_1 - H_1 W_1$$

$$H_2 W_2 - H_2 - H_1 H_2 - W_2 - W_1 W_2$$

是故，本题共有 4 个最优解（不包括明显的对称变换），每个解要求过河 5 次。

传教士与食人族谜题（#49）可以作为此类策略的又一道练习题。

关于用图表示来解题，有两点值得一提。首先，如何为更复杂的谜题建立状态空间图本身可能就是一道算法题。事实上，建立状态空间图可能会由于需要考虑的状态和变换数量太大而变得不可行。比如，用来表示魔方的状态图包含顶点的数量多于 10^{19} 个。其次，尽管理论上图的顶点画在哪里并不重要，但是精心选择顶点在平面上的位置却可能为题目中的问题提供重要的洞见。比如，考虑下面这道谜题。通常认为本题在 1512 年出于 Paolo Guarini 之手，但其实在公元 840 年左右就已经在阿拉伯棋谱中发现过它的踪迹了。

Guarini 谜题　在 3×3 的国际象棋棋盘上有 4 枚骑士[1]：白方的两枚骑士位于底部两个角落，黑方的两枚骑士位于顶部两个角落（如图 1.6 所示）。试用最少的步骤移动棋子，使得白方的骑士移至顶部两个角落，而黑方的骑士移至底部两个角落。

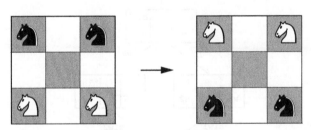

图 1.6　Guarini 谜题

由题意自然想到把棋盘的各个格子（即在图 1.7（a）中简化成连续整数者）表示成图的顶点，这样就可以使用连接两个顶点的边来表示在顶点所代表的格子之间的一次移动。如果仿照棋盘上的原位来放置我们的顶点，我们就会得到如图 1.7（b）所示的图。（由于位于中央、编号为 5 的格子是骑士所走不到的位置，因此这里就省略掉了。）可是，图 1.7（b）对问题求解没有多少助益。如果我们把顶点摆成一圈，使得它们能够从顶点 1 开始依次被各枚骑士走到，如图 1.7（c）所示，这样就

---

① 国际象棋中，knight 一般译为"马"。但是本书中多处用到了诸如"跨越多瑙河的骑士"、"亚瑟王的骑士"这种搭配，为统一起见，knight 一律译为"骑士"，此情非得已，特告读者。——译者注

能够得到一张清楚得多的图案①。从图 1.7c 中可以清楚地看出，每一枚骑士走的每一步都保留着所有的骑士之间按顺时针和逆时针排列的相对顺序。是故，若要以最少步数解出这个谜题，只有两种方法：让每一枚骑士都按顺时针或逆时针方向沿着图示的边走，直到每一枚骑士都首次抵达对角为止。而每个这样的对称解都需要总共 16 步。

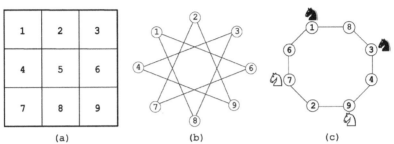

图 1.7 （a）Guarini 谜题中对棋盘格子的编号（b）将谜题采用直接的图表示（c）优化的图表示

试解一下谜题**星星上的硬币**（#34），作为图变换方法的巩固练习。

还有一些谜题可以归约为数学问题，如解方程或求函数最值的问题来求解。示例如下。

最优馅饼切法　在一块矩形的馅饼上切 n 刀，最多能把馅饼切成多少块？规定只能平行于馅饼的边进行横切或竖切。

馅饼横切了 h 刀、竖切了 v 刀以后，就会被切成 $(h+1)(v+1)$ 块。由于切分次数 $h+v$ 等于 n，则原题可归约为求下式的最大值：

$$(h+1)(v+1) = hv + (h+v) + 1 = hv + n + 1 = h(n-h) + n + 1$$

其中，h 的取值范围为从 0 到 n 的整数（含 n）。由于 $h(n-h)$ 是 h 的二次函数，所以，函数欲取最大值，则当 n 是偶数时，须 $h=n/2$；当 n 是奇数时，须 $h=n/2$ 向上或向下取整（记作 $h=\lceil n/2 \rceil$ 或 $h=\lfloor n/2 \rfloor$）。所以，当 n 是偶数时，谜题有唯一解 $h=v=n/2$；当 n 是奇数时，有两个解（可视为对称解）$h=\lfloor n/2 \rfloor$、$v=\lceil n/2 \rceil$，以及 $h=\lceil n/2 \rceil$、$v=\lfloor n/2 \rfloor$。

---

① Dudeney [Dud58, p. 230] 将这种变换称为**纽扣丝线法**（buttons and strings method）：把图的顶点和边分别看作纽扣和丝线，就可以把图 1.7（c）中的 2、8、4、6 号"纽扣"换至对边的办法将它们提起来，并为丝线"解除纠缠"。

1.1.6 贪心法

采用**贪心法**（greedy approach）求解最优化问题，就是经过一系列步骤，步步为营地对一个部分构造的解进行扩展，直至达成一个完整的解为止。

步步为营——这就是本策略的核心所在，每一步怎么走，取决于如何能够产生最大的短期收益并且不违反题设的约束。每一步都如此"贪心"地在所有选择中选取最好的一个，实际上是把希望寄托于局部最优解的序列可以最终产出整个问题的（全局）最优解。这种直线思维式的解法在某些情况下奏效，但在某些情况下则行不通。

如果一道谜题可以采用贪心法求解，那么我们就不能指望从求解的过程中收益很多；但凡是好的谜题，基本上都会设计得足够"精巧"，如此直线思维式地求解，行不通。不过，能够采用贪心法求解的谜题也还是有的。通常，设计一个贪心算法并不难，难点在于证明真的能够产出最优解。下面的谜题就是一个例子。

不可互攻的王　在一张8×8棋盘上放置尽可能多的王，使得它们两两互不相邻——纵向、横向和对角线方向皆如此。

从贪心策略的视角出发，我们可以在一开始在第一列放置尽可能多的互不相邻的王（4枚）。接下来要跳过第二列，因为不能和第一列已经放置的王相邻。我们只能再把4枚王放置在第三列，并跳过第四列，依此类推，直至我们最终将16枚王放到了棋盘上为止（如图1.8a所示）。

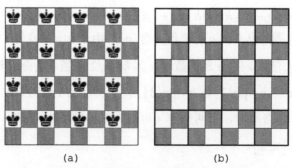

(a)　　　　　　　　　　(b)

图1.8　（a）16个不可互攻的王的摆位　（b）证明不可能摆放大于16枚不可互攻的王的棋盘划分

为了证明要在棋盘上放置多于16个互不相邻的王是不可能的，我们可以把棋盘划分为 16 个纵四横四的正方形区域，如图 1.8（b）所示。显然，想在任何一个正方形区域内放置多于一枚王都是不可能的，这也就揭示了棋盘上放置互不相邻的王的总数不可能超过 16。

我们要举的第二个例子尤其出名，因为据说这道谜题曾经被微软公司用作面试题。

夜过吊桥　一行 4 人 A、B、C、D，只有一个手电筒，需要在夜间过一座吊桥。桥身最多承载两人的重量，并且无论是一人还是两人在过桥时都需要手电筒照明。手电筒只能让人携带着来回，不可以扔来扔去。A 过桥需要 1 分钟，B 需要 2 分钟，C 需要 5 分钟，D 需要 10 分钟。如果结对过桥，就只能迁就速度慢的那个人。试求过桥的最快方案。

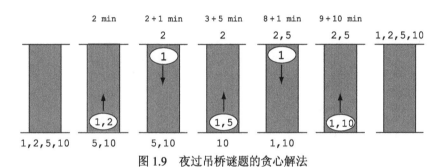

图 1.9　夜过吊桥谜题的贪心解法

如果按照图 1.9 所示的贪心算法来求解，应这样做：先让最快的两个人 A 和 B 过桥，花费 2 分钟；然后让两个人中比较快的那个人把手电筒带回来，再花费 1 分钟；然后让其余人中最快的两个人 A 和 C 过桥，花费 5 分钟；然后让最快的 A 把手电筒带回来，再花费 1 分钟；最后，余下的两个人一起过桥，花费 10 分钟。这么一来，根据贪心策略制定的行程，一共需要花费 (2+1)+(5+1)+10＝19 分钟，但是这**并不是最快的可能解**，参见本题在正文中的解法（#7）。

不用图解，仅用贪心法来重温谜题**星星上的硬币**（#34），读者也会很有启发。

1.1.7　迭代改进

贪心算法是一块块地将解拼凑出来的，而**迭代改进**（iterative improvement）算法则是从易得的估计解出发，并重复地应用同样的简单步骤不断地改进估计解。要验证这种算法，就需要确认存疑的算法是否真的可以在有穷步内终止，最终得到的估计解是否真的解决了问题。试求解下面这个谜题，它是根据 Martin Gardner 在其名著《啊哈！灵机一动》[Gar78, pp. 131-132]中的一道题目改编的政治立场上的正确版本。

　　柠檬水摊设点　艾力克斯（Alex）、布兰达（Brenda）、凯茜（Cathy）、丹（Dan）和厄尔（Earl）五个朋友想合伙摆个柠檬水摊，他们分别住在图 1.10（a）中以 A、B、C、D、E 标识的五处。试问，这个摊要摆在哪个十字路口，才能距离所有人的家最近？距离的计算是指家和摊点之间的纵横街区总数。

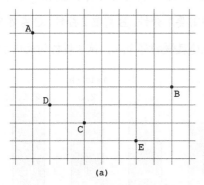
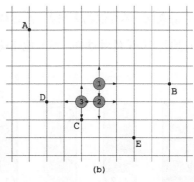

(a)　　　　　　　　　　　　　　　(b)

	① ↑	①	① →	① = ② ↓
A	4 + 3	4 + 2	5 + 3	4 + 4
B	4 + 0	4 + 1	3 + 0	4 + 1
C	1 + 2	1 + 3	2 + 2	1 + 1
D	3 + 1	3 + 2	4 + 1	3 + 0
E	2 + 3	2 + 4	1 + 3	2 + 2
总计	23	26	24	**22**

	② = ①	② →	②	← ② = ③
A		5 + 4	4 + 5	3 + 4
B		3 + 1	4 + 2	5 + 1
C		2 + 1	1 + 0	0 + 1
D		4 + 0	3 + 1	2 + 0
E		1 + 2	2 + 1	3 + 2
总计		23	23	**21**

	③ ↑	③ ← = ②	③ ↓	← ③
A	3 + 3		3 + 5	2 + 4
B	5 + 0		5 + 2	6 + 1
C	0 + 2		0 + 0	1 + 1
D	2 + 1		2 + 1	1 + 0
E	3 + 3		3 + 1	4 + 2
总计	22		22	22

(c)

图 1.10　（a）柠檬水摊设点谜题的谜面　（b）算法的各个步骤　（c）算法算得的距离值

　　一开始，他们决定在 1 号十字路口摆摊（如图 1.10（b）所示），这一点是住在最左边的 A 与最右边的 B 之间的水平中点，以及住在最上面的 A 与最下面的 E 之间的垂直中点。但很快有人发现，这个位置并不是最佳的可选选址。所以他们又决定采用如下的迭代改进算法：以他们的初步选择为出发点，然后按照某种特定顺序尝试距离该点一个街区的各个位置，例如上（北）、右（东）、下（南）、左（西）。只要新位置比旧位置离所有人的家近，就用新位置来取代旧位置，然后重复这个过程。如果四个相邻的位置都不近，就认为找到了最优位置，并终止算法。算法的各步操作如图 1.10（b）所示，而算得的距离如图 1.10（c）所示。

图 1.10（c）标示的 3 号位置看上去是一个不错的选择，不过算法并未提供可靠的证明来说明它就是**全局**最优解。换句话说，谁能保证和选中的位置再隔一个街区的某个方向上的位置不是最优解？谁又能保证任何一个其他十字路口不是最优解呢？其实，我们的担心是多余的：这个位置的确是最优的，并且读者可以在本谜题的推广——谜题**地点选择**（#74）的求解中了解到如何证明这一点。

再看一道可以采用迭代改进策略求解的谜题。

正数变号 给定一个 $m \times n$ 的实数表格，能否找出一个算法，能够在仅允许将一整行或一整列的数字改变符号的前提下，使得所有的行和列之和非负？

自然而然的想法是寻找一个算法，每步都能增加和为非负数的行列个数。但是，把和为负数的一行（列）数字的符号改变以后，可能另外的列（行）的和就变成负数了。一种巧妙的办法是关注表格中全部数字之和。由于它可以用所有的行和或列和之总和来算得，将原本为负数和的某行或某列改变符号，必然会使得总和增加。我们可以反复寻找负数和的行或列，一旦找到就改变其符号；如果找不到了，就达成了目标，算法即告中止。

这样就可以了吗？恐怕不行。我们还要证明算法不会永远进行下去，即不会无法中止。这个算法符合该要求，因为反复应用算法的所有操作，只能得到有限个不同的表格（因为表格中的 mn 个元素最多只能两种状态）。是故，表格中所有数字的和也只能是有限个。由于算法产生的表格有着递增的元素和，所以它必然会在有限步内中止。

上述的两个例子中，我们都利用了问题的以下几点特征：

- 值只会向一个期望的方向改变（第一个问题是递减，而第二个问题是递增）。

- 只存在有限个值，这就保证了在有限步以后算法必会中止。

● 得到最终值以后，问题得解。

这种特质称为**单变性**（monovariant）。寻找适当的单变性是需要技巧的任务。这就使得包含单变性的谜题在数学竞赛中很常见。例如，上面的第二个例子就曾用在 1961 年全俄数学奥林匹克的训练题中[Win04, p.77]。可是，如果把迭代改进策略和单变性仅仅看成是数学玩具，那就错了。计算机科学中的一些最重要的算法，如**单纯形法**（simplex method），其基础就是该方法。感兴趣的读者可以在本书较难谜题部分找到若干涉及单变性的谜题。

1.1.8　动态规划

动态规划（dynamic programming）被计算机科学家们用来解决有着彼此重叠子问题的问题。其解法并不是一遍遍地对彼此重叠的子问题求解，而是只对较小规模的子问题求解一次，然后把结果记录在一个表格中。而原问题的解就可以从表格中得到。动态规划是一名杰出的美国数学家 Richard Bellman 在 20 世纪 50 年代发明的，当时是作为求解多阶段决策过程的通用方法提出。对于欲用本方法求解的最优化问题而言，问题必须具备所谓的最优子结构（optimal substructure），只有这样，才能从子问题的最优解有效地构造出全局最优解。

举个例子，考虑最短路径计数问题。

最短路径计数　假设某城市中全是完全纵横方向的街道，计算十字路口 A 和 B 之间的最短路径条数如图 1.11（a）所示

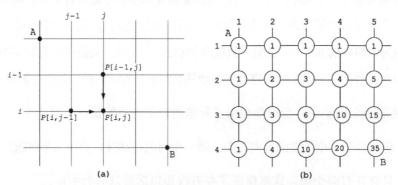

图 1.11　（a）用动态规划法计算到十字路口 (i, j) 的最短路径数，
　　　　　（b）从十字路口 A 到各十字路口的最短路径数

令 P[i,j] 表示从十字路口 A 到第 $i(1 \leqslant i \leqslant 4)$ 行第 $j(1 \leqslant j \leqslant 5)$ 列交叉的十字路口的最短路径条数。任何最短路径都是水平向右的街道数和垂直向下的街道数组成的。所以，从十字路口 A 到第 i 行第 j 列交叉的十字路口的最短路径数可以视为从十字路口 A 到第 $i-1$ 行第 j 列交叉的十字路口的最短路径数（记作 $P[i-1,j]$）和十字路口 A 到第 i 行第 $j-1$ 列交叉的十字路口的最短路径数（记作 $P[i,j-1]$）之和：

$$P[i,j] = P[i-1,j] + P[i,j-1] \quad (1 < i \leqslant 4, 1 < j \leqslant 5)$$

又有

$$P[1,j] = 1 \quad (1 \leqslant j \leqslant 5), \quad P[i,1] = 1 \quad (1 \leqslant i \leqslant 4)$$

从上述公式可以逐行逐列地计算出所有的 P[i,j] 的值。

该问题也可以采用简单的组合法求解。由于最短路径至多由 4 条水平街道和 3 条垂直街道构成，互不相同的最短路径就只能从 7 种可能性中选出 3 种垂直街道来求得。这样，最短路径总数也就是 7 选 3 的可能性数量，也就是 $C(7,3) = 7!/(3!4!) = 35$[①]。可是，对于这道简单的例题来说，组合解法更快，并不意味着在不规则的网格中进行路径计数时这一点同样成立。读者可以试着求解正文部分谜题**被堵塞的路径**（#13），就知道以上绝非妄言。

尽管有些动态规划的应用一点儿也不直截了当，谜题**寻找最大和**（#20）和**硬币收集**（#62）仍然可以作为本策略的简单应用，在此建议读者练习求解。

1.2 分析技术

尽管本书的绝大多数谜题都要求进行算法设计，但是有些也是要求做算法分析的。这里打算用一点篇幅来复习一下算法分析的标准技术，并演示一下它们在一些谜题上的应用。我们尽量用浅显易懂的内容，如果想要更深入地了解，请参考教科

---

① 熟悉基础组合学的读者会发现 P[i,j] 的值也可以从 A 点开始，从西南至东北方向的对角线沿着十字路口算出来。算得的值是著名的组合结构帕斯卡三角形的元素（参见[Ros07, 5.4 节]——又称杨辉三角形，译者注）。

书，如[Lev06]、[Kle05]和[Cor09]等（以难度从小到大为序）。

做算法分析的目的通常是为了确定算法的时间效率。这是通过对算法的基础步骤执行次数进行计数来完成的。对于几乎一切算法问题来说，计数的结果都是随着问题的规模增长的。而考察到底增长得**有多快**，才是算法分析的主要目的。而谈到计数，毫不奇怪地，就涉及数学了。所以，我们就从一些重要的数学公式入手，它们在算法分析中发挥的作用真是不可小觑。

1.2.1　几个求和公式，兼论算法效率

关于史上最伟大的数学家之一 Carl Friedrich Gauss（1777—1855），有一个众所周知但真实性可疑的故事，那就是当他 10 岁左右的时候，他的老师要求全班同学计算前 100 个正整数之和，即$1+2+\cdots+99+100$ 的值，他可能觉得这会花费这些学生相当一段时间。当然，老师没有想到这些学生中隐藏着一位数学高手。理所当然地，Carl 只花了几分钟就得到了答案，方法是把全部数字分成 50 对，其中每一对都有着相同的和 101：

$$(1+100)+(2+99)+\cdots+(50+51)=101\cdot 50=5050$$

把这种思路推广到前 n 个正整数，就得到了下面的公式：

$$1+2+\cdots+(n-1)+n=\frac{(n+1)n}{2} \tag{1}$$

作为练习，建议读者尝试求解谜题**心算求和**（#9），其中就利用了本公式及其变形。

公式(1)在算法中有着无可取代的地位。还可以从它推导出若干其他的有用公式。比如，欲求前 n 个正偶数的和，我们就可以得出：

$$2+4+\cdots+2n=2(1+2+\cdots+n)=n(n+1)$$

而前 n 个正奇数的和，则这样推导：

$$1+3+\cdots+(2n-1)=(1+2+3+4+\cdots+(2n-1)+2n)-(2+4+\cdots+2n)=$$
$$\frac{2n(2n+1)}{2}-n(n+1)=n^2$$

另一个非常重要的公式是 2 的各次方幂之和，我们在概论的前半部分已经用过：

$$1+2+2^2+\cdots+2^n=2^{n+1}-1 \tag{2}$$

现在我们来看第一道采用算法分析求解的谜题。

国际象棋的发明 据说,国际象棋游戏是很多个世纪以前由印度西北部的一位叫 Shashi 的贤人发明的。当 Shashi 将他的发明呈献给国王以后,国王爱不释手,并承诺给予这位发明人任何他想要的赏赐。Shashi 说自己想要一些麦子,不过他是这么说的:在国际象棋棋盘的第 1 个格子里放 1 粒麦子,第 2 个格子里放 2 粒,第 3 个格子里放 4 粒,第 4 个格子里放 8 粒,依此类推,直至 64 个格子被放满为止。请问,这样的赏赐要求合理吗?

根据公式(2),Shashi 要求的麦子总粒数等于:

$$1+2+2^2+\cdots+2^{63} = 2^{64}-1$$

如果每一秒可以数一粒麦子的话,这个总数的数量需要花费 5850 亿年才能数完。这比已知地球年龄的 100 倍还要长。这个例子很好地说明了**指数增长**(exponential growth)有多么恐怖。显然,如果一个算法要求指数增长,那么除了极小的谜面以外,对于大多数情况它都没有实用性了。

如果 Shashi 要求的不是每格比前一格麦子粒数加倍,而是每格比前一格麦子粒数多两粒呢?这样,麦子的总粒数就等于:

$$1+3+\cdots+(2 \cdot 64-1) = 64^2$$

假如还是每一秒可以数一粒麦子的话,只需要 1 小时 14 分钟,他要求的合理赏赐就能够数完了。**二次**(quadratic)增长,显然作为算法运行时间的增长速率来说,是较能够接受的。

线性(linear)算法运行得相对较快,这种算法和输入规模成比例地增长。还有更快的**对数**(logari thmic)算法。这种类型的算法通常基于每次降低一个常数因子的减而治之策略(参见概览的算法设计策略部分),比如,反复地将问题规模减半。这样,指数增长就被反其道而用之,问题的规模会急剧下降。前半部分的猜数字谜题就属于对数算法类型。

1.2.2 非递归算法分析

读者可能不会为以下的事实感觉意外:**非递归算法**(nonrecursive algorithm)就是指没有形成递归的算法。换言之,求解这种算法,不能通过将其自身应用于同一问题越来越小的谜面，最终达到一步解出的目的。**非递归算法**的典型分析方法，就是对它的主要步骤数目求和。然后，将该和简化为一个精确的计数公式，或一个表达其增长速率的估算公式。我们来看看下面这个例子[Gar99, p. 88 J]，一个像谜题的问题。

方块搭建 算法起始时，只有一个单位方块。每步迭代都在上一步的外围填满方块。试问，在第 n 步迭代时，总共有多少个单位方块？最初几步迭代如图 1.12 所示。

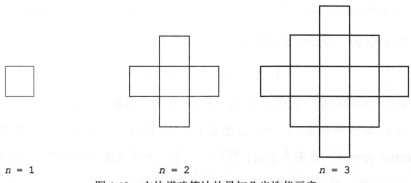

$n = 1$ $\qquad\qquad$ $n = 2$ $\qquad\qquad$ $n = 3$

图 1.12 方块搭建算法的最初几步迭代示意

算法的基本步骤，就是添加一个单位方块。因此，对算法的基本步骤的数目进行计数，实际上就等价于对单位方块的总数进行计数。经过 n 步迭代以后，最长的水平行将有 $(2n-1)$ 个这样的方块，位于其上下的其他行将各包括从 1 到 $(2n-3)$ 的所有奇数，由于前 $(n-1)$ 个奇数之和等于 $(n-1)^2$，单位方块的总数就等于：

$$2[1+3+\cdots+(2n-3)] + (2n-1) = 2(n-1)^2 + (2n-1) = 2n^2 - 2n + 1$$

另一种解法是，注意到在第 i 步（$1 < i \le n$）迭代时，增加的单位方块个数等于 $4(i-1)$。这样，经过 n 步迭代，单位方块总数可以这样计算：

$$1+4\cdot1+4\cdot2+\cdots+4(n-1) = 1+4[1+2+\cdots+(n-1)] = 1+4(n-1)n/2 = 2n^2 - 2n + 1$$

虽然采用中规中矩的标准技术当然不会有错，但是利用题设的特殊性却总是有用的。就拿这道题来说，就可以对 n 步迭代以后产生图形的对角线所包含的方块数目进行计数。这样就可以发现，图形是由 n 条每条都包含了 n 个单位方块的对角线和交替出现的 $(n-1)$ 条每条都包含了 $(n-1)$ 个单位方块的对角线共同构成的，所以，总计有 $n^2 + (n-1)^2 = 2n^2 - 2n + 1$ 个单位方块。

作为另一个例子，我们建议读者自行解答谜题**数三角形**（#52）。

1.2.3　递归算法分析

我们将通过解答经典的汉诺塔谜题，来展示递归算法分析的标准技术。

汉诺塔　本谜题的一般谜面是有 n 个大小不同的圆盘，以及三根桩。一开始所有的圆盘都按大的在下、小的在上的顺序摆放在第一根桩上。目标是通过一系列的移动，将所有圆盘都移到另一根桩上去。每次只能移动一个圆盘，并且不能违反大的在下、小的在上的规定。

这个问题有个优雅的递归解法，如图 1.13 所示。欲将 $n>1$ 个圆盘从 1 号桩转移至 3 号桩上（2 号桩作为辅助桩），则先将 $(n-1)$ 个圆盘从 1 号桩转移至 2 号桩上（3 号桩作为辅助桩），再将最大的一个圆盘从 1 号桩直接移动到 3 号桩

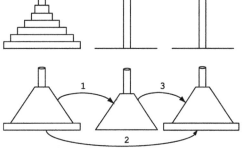

图 1.13　汉诺塔谜题的递归解法

上，最后把 $(n-1)$ 个圆盘从 2 号桩转移至 3 号桩上（1 号桩作为辅助桩）。当然，如果 $n=1$，把唯一的这个圆盘从 1 号桩直接移动到 3 号桩上即可。

显然，算法的基本操作是将一个圆盘从一根桩移动到另一根桩上去。令 $M(n)$ 表示算法在处理 n 个圆盘时所要求的移动步骤总数。那么，根据上面的算法描述（同时也请参考图 1.13），我们就可以得出下面关于 $M(n)$ 的方程：

$$M(n) = M(n-1) + 1 + M(n-1)，当 n>1 时$$

上式可化简为

$$M(n) = 2M(n-1) + 1，当 n>1 时$$

这样的方程称为**递归关系式**（recurrence relalion），因为它们表明了数列的第 n 项与它的前项之间的关系。具体到这道题目，数列的第 n 项，即 $M(n)$，比它的前一项 $M(n-1)$ 的两倍还要多 1。请注意，这样的数列并不唯一，因为此时还没有指定数列的首项。由于算法指定在仅有一个圆盘时，仅须移动一步，题目就可得解，所以我们就能够为递归关系附加一个条件，即 $M(1)=1$。毫不奇怪，这个条件就称为**初始条件**（initial condition）。

把以上分析综合一下，我们就得出了 n 个圆盘条件下的汉诺塔谜题所对应的递归关系式及其初始条件：

$M(n) = 2M(n-1)+1$ ，当 $n > 1$ 时，

$M(1)=1$ 。

在这里，我们不采用概览的前半部分介绍过的标准方法来求解这个方程，而是尝试用归纳法：先利用上述方程算得 $M(n)$ 最开始若干项的值，并列成表格，尝试找出通用模式，然后证明这个模式适用于所有的正数 n 。

n	$M(n)$
1	4
2	3
3	7
4	15

考察 $M(n)$ 最开始若干项的值以后，我们发现似乎有公式 $M(n)=2^n-1$ 成立。显然，有 $M(1)=2^1-1=1$ 。证明该公式对一切 $n>1$ 皆成立的最简单方法就是把公式本身代入方程，看看是否对一切符合大小的 n 方程都成立即可。结果证明的确如此，因为：

$$M(n)=2^n-1 ，且 2M(n-1)+1=2(2^{n-1}-1)+1=2^n-1$$

因此，我们就得到了一个指数算法，这就是说即使对于不太大的 n ，算法的运行也会花费长得难以想象的时间。究其原因，并不在于该特定算法本身设计拙劣，并不难证明，对于这个问题来说，该算法已经是所有可能的算法中最高效的。是问题内在的困难性，使得解决它的尝试有了指数级别的难度。但这未必不是好事：在汉诺塔谜题的发明者 Édouard Lucas 在 19 世纪 80 年代发表的最初版本中，梵天之塔的僧侣们在移动完 64 个圆盘以后，世界即将毁灭。假设僧侣们不吃、不睡、不死，并且每分钟移动一个圆盘的话，世界将在约 3×10^{13} 年毁灭，这个时间比估算的宇宙年龄要长约 1000 倍。

作为练习，读者也许愿意动手求解谜题**受限的汉诺塔**（#83）中的最小移动步数，这是诸多经典版本的变形之一：

$M(n) = 3M(n-1)+2$ ，当 $n > 1$ 时，

$M(1)=2$ 。

1.2.4 不变量

我们以不变量的思想作为概览部分的压轴话题。在我们的讨论中，所谓**不变量**（invariant），就是在任何一个算法在解题时保持不变的某种性质。对于谜题一般的问题而言，不变量经常用来说明某个问题无解，因为称为不变量的性质在谜题的初始状态成立，而在所要求的终止状态却并不成立。我们来看一些例子。

缺角棋盘的多米诺铺陈　是否可能用多米诺骨牌①铺满一块缺了一个角的 8×8 棋盘（如图 1.14（a））？是否可能用多米诺骨牌铺满一块缺了对角线上的两个对角的 8×8 棋盘（如图 1.14（b））？

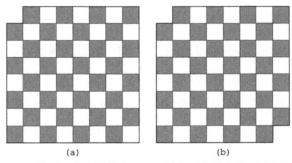

(a)　　　　　　　　(b)

图 1.14 （a）缺了一个角的棋盘　（b）缺了对角线上的两个对角的棋盘

第一个问题的答案肯定是"不行"：任何多米诺铺陈都只能覆盖偶数个方块（覆盖方块的偶数配对特性就是这里的不变量），而第一个问题中的棋盘上的方块数是一个奇数。

第二个问题的答案也是"不行"，尽管题设棋盘上的方块数显然是偶数。涉及的不变量并非同一个：由于一块多米诺骨牌会覆盖一明一暗两个方块，所以在任何多米诺铺陈中覆盖的明暗方块数都是一样多的。这么一来，能够覆盖题设中棋盘的多米诺铺陈就不可能存在了，因为明暗方块数由于缺了对角线上两个对角，而相差了两个。

一般地，奇偶配对（even-odd parity）以及着色（coloring），是运用不变量思想时用得最广的两种方法。谜题**最后一个球**（#50）和骑士的征途（#18）是两个典

————————————

① 多米诺骨牌是一种能够占据相邻两个方块的骨牌——译者注。

型应用例子，读者可以参考。

不变量的另一种重要性可以在另一道关于在古老的普鲁士城市哥尼斯堡中如何散步的著名谜题中得到体现。

哥尼斯堡七桥问题　是否可能在单次散步中，过哥尼斯堡的所有桥仅一次，并返回起点？河流、两座小岛以及七座桥的草图如图 1.15 所示。

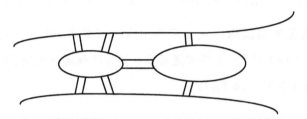

图 1.15　连接陆地和两座小岛，并供人过河的哥尼斯堡七桥

著名的瑞士数学家 Leonhard Euler（1707—1783）解出了本题。首先，Euler注意到，经过的陆地——无论是河岸还是小岛——都和问题求解无关。唯一有关的，是桥建立起来的连接。用现代术语来说，就是这种洞见成功地使他把原问题变换成了一个图论问题，如图 1.16 所示。（事实上，该图是一个**多重图**，因为连接图的某些顶点的，可能不止一条边。）

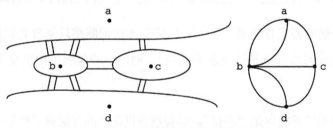

图 1.16　表达哥尼斯堡七桥问题的多重图

问题就在于图 1.16 中的这个多重图中是否存在一条 Euler 回路：一个邻接顶点的序列，它在回到起始顶点前遍历了所有的边仅一次。Euler 注意到，符合这种要求的回路中，进入一个顶点的次数必须恰好等于离开该顶点的次数。所以，若要多重图中存在这种回路，就必须满足接触顶点的边数——称为该顶点的**度数**——对于所有的顶点而言皆为偶数。这个不变量性质就决定了哥尼斯堡七桥问题无解，因为条件不满足：图 1.16 中所有的顶点度数都为奇数。更有甚者，基于同样的分析，

可以发现即使不要求回到起点,散步时想要过每座桥仅一次也是不可能的。若要实现这种散步路线(称为 **Euler 路径**),除起点和终点这两个顶点外,其他所有顶点的度数都必须是偶数。

顺便指出,连通多重图中若要存在 Euler 回路和 Euler 路径,则上述条件不仅是必要的,也是充分的。(如果说一个多重图是连通的,就意味着每对顶点之间都存在一条路径。当然,如果这一点不成立,Euler 回路和 Euler 路径的存在性也就无从谈起了。)这个事实首先是由 Euler 发现的,但后来由另一位数学家证明。读者可以利用以上分析来求解正文部分的谜题**一笔画**(#28)。

如今,**哥尼斯堡七桥问题**已经成为学习图论这门计算和运筹学学科的重要分支必读的内容。人们也经常以它为例,来说明解谜活动在严肃科学、教育和实际应用中的潜在用途。

下面这道谜题里,不变量将扮演一个不同的角色,不再用来证明解不存在。

掰巧克力条 求将 $n \times m$ 格的巧克力条掰成 nm 块的最少次数,每次只允许沿着纵横方向掰,且每次只能掰一个碎块。

读者不妨亲手尝试一下这道数学家和计算机科学家们都会做的谜题,再看下面两句话揭开的谜底。由于一次只能掰一个碎块,而每掰断一次只会让碎块数增加 1,所以要把 $n \times m$ 格的巧克力条掰成 nm 块,就需要掰 $(nm-1)$ 次。而且,只要沿着纵横方向,无论怎么掰 $(nm-1)$ 次都能把 $n \times m$ 格的巧克力条掰成 nm 块。

我们举的最后一个例子中,不变量将扮演一个更具建设性的角色,它将指明算法运行的必由之路。下面的谜题由史上最著名的两位制谜人 Henry E. Dudeney [Dud02, p. 95] 和 Sam Loyd [Loy59, p. 8] 分别发表在两处[1]。这道题目的所有变形都不过是把方格数目和表述文字简单变化一下而已。

田地里的鸡 用一块 5×8 的棋盘表示一片田地,用同一种颜色的两枚棋子表示一个农夫和他的妻子,用同一种其他颜色的两枚棋子表示一只公鸡和一只母鸡。每

---

[1] Dudeney 和 Loyd 曾合作多年,直至 Dudeney 中止了合作,起诉 Loyd 剽窃了他的谜题并以 Loyd 自己的名义发表。

次移动棋子都可以把它移到上下左右任一方向的相邻位置,但不能移到对角线的相邻位置。如果起始位置如图 1.17(a)所示,然后按照农夫、农妇、公鸡、母鸡的顺序依次移动各个棋子,直到鸡被人捉住为止,即人再移一步即占据鸡的位置。试用最少移动步数完成题设任务。

我们很快就会发现,农夫捉不到公鸡,农妇捉不到母鸡。将棋盘按国际象棋棋盘进行着色以后,我们就能看出来,只有人和鸡在相邻的两个颜色不同的格子里的时候(见图 1.17(b)),人才能捉到鸡。但是,农夫和公鸡、农妇和母鸡分别是从相同颜色的格子里出发的,这个性质在移动任意有限步以后仍然保持。所以,农夫应该去捉母鸡,而农妇应该去捉公鸡。即使鸡不配合,它们也不能避免这样的宿命:一只在八步以后被捉,另一只在九步以后被捉。

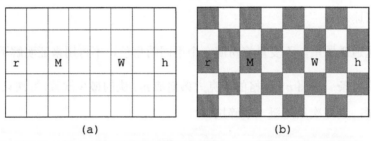

图 1.17 (a)谜题田地里的鸡题设的棋盘 (b)将棋盘着色后的结果

概览部分就讲到这里。至于某个具体谜题应该应用哪个策略来求解,这个问题没有答案!(如果有的话,谜题也就失去益智娱乐的魅力了。)策略只是通用工具,对于特定的谜题来说,策略可能管用也可能不管用。经过大量的实践以后,才能对策略的有效性产生一些直觉,但这样的直觉当然不可能万无一失。

还有,以上讲述的策略和技术为具备算法背景的谜题提供了一套极有用的工具集。这些比数学家们通常用到的要更加具体一些,尽管数学家们也有像 Pólya 的《怎样解题》这类名著。

当然,即使已经知道要应用哪种策略,求解过程也可能仍然远非易事。比如,运用不变量来证明某个谜题无解是一种惯用手法。但是即使已经知道奇偶配对以及棋盘着色可能有利于导向答案,发掘出一个特定问题的不变量却可能仍然很困难。还是那句话,多多练习,解题任务就会变得更顺手,但难度不一定很小。

第 2 章
Chapter 2

谜题

2.1 简单谜题

1. 狼羊菜过河

一个人在河边，带着一匹狼、一只羊和一颗卷心菜。他需要用船将这三样东西运至对岸，然而，这艘船的空间有限，只容得下他自己和另一样东西（或狼或羊或卷心菜）。若他不在场看管的话，狼就会去吃羊，羊就会去吃卷心菜。此人如何才能把这三个"乘客"都送至对岸？

2. 手套选择

在抽屉里有 20 只手套。其中，5 双黑手套，3 双棕色手套和 2 双灰手套。你只能在黑暗中挑手套，并且只有将手套挑出之后才能检查其颜色。最少要挑几次才能满足以下条件？

（a）至少挑出一双颜色匹配的手套。

（b）所有颜色的手套都至少挑出一双匹配的。

3. 矩形切割

找出所有将一个矩形分成 n 个直角三角形的方法（$n>1$）。并且将这种切割的方法归纳成一个算法。

4. 士兵摆渡

25 个士兵组成的小分队需要渡河，可是河宽且水深，周围也看不到桥。他们发现河岸边有一个小船，两个 12 岁的男孩正在上面玩耍。船很小，仅能承载两个男孩或一个士兵的重量。士兵应怎样渡河？在你用的算法中，船从一个岸边到另一个岸边来回共计几次？

5. 行列变换

怎样才能将图 2.1 中左边的数字阵列变换成右边的样子？要求只能对阵列做行交换和列交换。

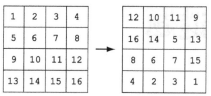

图 2.1　行列变换前后的数字阵列

6. 数数的手指

一个小女孩正在用左手手指数数，从 1 数到 1000。她从拇指算作 1 开始数起，然后，食指为 2，中指为 3，无名指为 4，小指为 5。接下来调转方向，无名指算作 6，中指为 7，食指为 8，大拇指为 9，接下来，食指算作 10，如此反复。问如果她继续按这种方式数下去，最后结束时是在停在哪根手指上？

7. 夜过吊桥

四个人打算过一座吊桥，开始时他们都位于该桥的一侧。天很黑，四个人手里只有一个手电筒。该桥一次最多只能同时过两个人，无论是一个人还是两个人过桥，都需要携带手电筒看路，而且手电筒只能通过人携带过桥的方式传递。第 1 个人过桥需要 1 分钟时间，第 2 个人需要 2 分钟，第 3 个需要 5 分钟，第 4 个需要 10 分钟。由于速度不同，两人一起过桥的话，速度以慢的人为准。例如，如果第 1 人和第 4 人一起过桥，两人到达对岸需要 10 分钟，如果让 4 号走回来返还手电筒，则还需要 10 分钟，这一共就花费了 20 分钟。问他们四人能在 17 分钟内过桥么？

8. 拼图问题

有一套 500 片的拼图，假定一"组"拼图是一片或多片已经拼起来的拼图的组合，一次"拼接"表示将两"组"拼图拼在一起。问完成整个拼图共需要做多少次"拼接"？

9. 心算求和

图 2.2 是一张 10 × 10 的数字表格，表格的对角线上是一系列重复的数字，尝试心算出表中所有数字的总和。

10. 硬币中的假币

有 8 枚外观完全一致的硬币，其中的一枚是假币，并且知道假币要比真币轻一些，可以使用天平但不能用砝码，问最少称几次才能把假币辨别出来？

11. 假币堆问题

有 10 堆 10 枚外观完全一致的硬币，其中有一堆全部都是假币，其他各堆中的硬币都是真币。所有的真币重量都是 10 克，假币则重 11 克。你有一把示数可读的秤，可以称出任意数目硬币的实际重量。问最少称几次才能将全部都是假币的那堆硬币辨别出来？

1	2	3		...			9	10
2	3					9	10	11
3					9	10	11	
				9	10	11		
			9	10	11			
:		9	10	11				:
	9	10	11					
9	10	11						17
9	10	11					17	18
10	11			...			17	18	19

图 2.2　心算求和的数字表格

12. 平铺多米诺问题

能否用单位长度 2×1 的多米诺牌将 8×8 的方格阵铺满？里面不包含由两张 2×1 多米诺并行排列而成的 2×2 的正方形。

13. 被堵塞的路径

图 2.3 代表一座城市的地图，所有道路都横平竖直。试找出从 A 点到 B 点所有最短路径的总数（最短路径长度是相同的，但是所选择的线路各不相同）。需要注意的是，图中灰色的部分是被围栏包围的区域，所有能穿越该区域的路径都被堵塞住了。

14. 复原国际象棋棋盘

一张 8×8 的国际象棋棋盘被错误地涂成了如图 2.4 所示的黑白两色的样式。沿棋盘的横线或纵线将棋盘切开若干次，将分开的部分重新拼接组合，可以将棋盘复原成标准黑白格交错的样子。问棋盘最少要被切分几次？怎样重新组合才能将其复原？

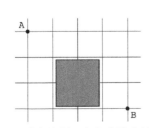

图 2.3　城市地图（灰色为堵塞的区域）

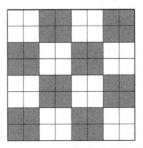

图 2.4　需要重新拆分并拼接复原的 8×8 国际象棋棋盘

15. 三格骨牌平铺问题

对于以下 3 种情况，证明该论断的正确或者错误：对于任何 $n>0$ 的取值，以下维度的方格板都可以通过正确的方式用三格骨牌平铺铺满。

（a） $3^n \times 3^n$

（b） $5^n \times 5^n$

（c） $6^n \times 6^n$

三格骨牌是三个毗邻正方形构成的"L"形状的组合（参见本书概览中算法设计策略的内容）。在平铺的过程中，骨牌可以朝向任意方向，但要求铺满整个方格板并且骨牌之间没有重叠。

16. 煎饼制作

需要制作 $n \geqslant 1$ 个煎饼，所用的煎锅一次只能同时煎两个煎饼。煎饼两面都需要烤，完成一面的煎炸需要 1 分钟，无论一次制作一个煎饼还是一次同时制作两个煎饼。设计一个算法计算做这项工作的最短时间，并给出关于 n 的最短时间的计算方程。

17. 国王的走位

（a）在国际象棋中，国王的走位是可以移动到水平、竖直或对角线上毗邻的方格里。假设国王在一张无限大小的棋盘的某一方格之中，在移动 n 步之后，它做能到达的方格有多少个？

（b）如果国王不能走对角线，那么上述问题的答案会有什么样的变化？

18. 骑士的征途

有一枚骑士位于 8×8 国际象棋棋盘的左下角，有没有一种走法，使得骑士可以遍历整张棋盘并且棋盘的每一格都只走一次，最后到达棋盘的右上角？（骑士的走法是"L"型，水平方向两格加竖直方向一格，或竖直方向两格加水平方向一格）

19. 页码计数

一本书的页码从 1 开始计数，如果所有用于标记页码的十进制数总和为 1578，那么这本书共有多少页？

20. 寻找最大和

若干个正整数排列成一个三角形，如图 2.5 所示。设计一个算法（复杂度必须至少优于穷举法），从三角形的顶点到底边的所有路径，从中找出相邻数字总和最大的，每层只能选择一个数字。

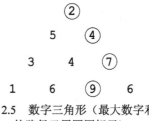

图 2.5　数字三角形（最大数字和的路径已用圆圈标示）

21. 正方形的拆分

将一个正方形拆分成 n 个小正方形，找出数字 n 的所有取值可能，并且将这种拆分方法归纳成算法。

22. 球队排名

n 支球队进行循环锦标赛，每支球队之间都比赛过一次，现在你拥有所有的比赛结果。假设没有平局出现（只有赢或输两种情况），将所有队伍的名字排成一个序列，有没有这样一种可能，每个比赛获胜的球队的队名都排在其所赢的球队的前面？

23. 波兰国旗问题

在桌子上有一排旗子，数目为 n，且 $n>1$，其中一部分是红旗，剩下的都是白旗（红色和白色是波兰国旗的颜色）。设计一个算法重新排列这些旗子，使得所有的红旗位于所有的白旗之前，唯一允许的操作是查看旗子的颜色，然后交换两个旗子的位置。尝试将算法中交换旗子操作的次数最小化。

24. 国际象棋棋盘着色问题

对于下列国际象棋棋子，将 $n \times n$ 的棋盘的棋格漆成不同的颜色，使用最少的颜色种类，使得在相同颜色棋格中的两枚棋子不会威胁到对方。

（a）骑士。（骑士威胁任何与它所在棋格距离水平两格加竖直一格或竖直两格加水平一格的区域）

（b）主教。（主教威胁它所在对角线上的所有区域）

（c）国王。（国王威胁所有与他毗邻一格的区域，无论是水平方向，竖直方向还是对角线方向）

（d）车。（车威胁它所在的行或列上的所有区域）

以上每类棋子所威胁的区域如图 2.6 所示。

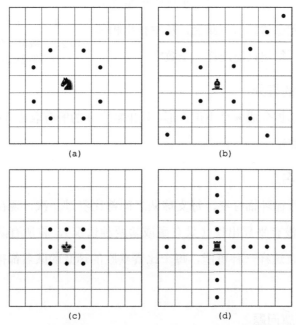

图 2.6 （a）骑士（b）主教（c）国王（d）车所威胁的区域

25. 科学家在世的最好时代

《全球科学史》的一名编辑想找出拥有最多卓越科学家在世的时代。所谓卓越科学家，指的是在书中提及并注有出生年份及和死亡年份的科学家（还活在世上的科学家不包含在内）。设计一个算法来处理这个问题，假定将书中的索引作为算法的输入。索引中，科学家人名按字母表顺序排序并给出其出生年份及死亡年份。假定如果出现 A 死亡和 B 出生在同一年这种情况，则认为前一个事件（A 去世）发生在后一个事件（B 出生）之前。

26. 寻找图灵

如果生成一个序列，其中包含所有由字母 G、I、N、R、T 和 U 组成的单词，按照字典的顺序从 GINRTU 开始到 UTRNIG 结束。问在这个序列中，TURING 在什么位置上？（阿兰·图灵（1912—1954），英国数学家、计算机科学家，在其众多的杰出成就中，他对计算机科学理论发展的推动起着先驱作用）。

27. Icosian 游戏

这是一个由 19 世纪爱尔兰著名数学家 Sir William Hamilton（1805—1865）发明的游戏，世人称之为"Icosian Game"（环游世界游戏）。该游戏最初是在木板上进行，用圆孔表示世界上主要的大城市，用槽表示连接城市之间的通路（示意图见图 2.7）。游戏的目标是找出一条环路能遍历所有城市，每个城市仅经过一遍并最终回到起点。你能找到这样的一条线路吗？

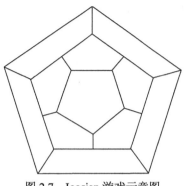

图 2.7　Icosian 游戏示意图

28. 一笔画

尝试一笔画出图 2.8 中的三个图形，要求笔始终不离开纸面并且不能重复图形中的任何线条，证明一笔画对该图可行或者根本不可能。

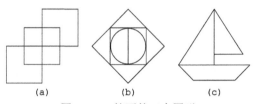

(a) (b) (c)

图 2.8　一笔画的三个图形

29. 重温幻方

阶数为 3 的幻方指的是 1～9 这 9 个不同整数所填充的 3×3 的数字表格，要求表格中所有行和列以及两条对角线上的数字和相等。找出所有阶数为 3 的幻方。

30. 棍子切割

一根长度为 100 的棍子需要被切成 100 根长度为 1 的小段，若果一次可以同时切割多根棍子，问最少需要切几次？设计一个算法，处理此类问题，即对于长度为 n 的棍子，计算切割所需的最少次数。

31. 三堆牌魔术

魔术师从一副牌中拿出 27 张，让一名观众从这 27 张牌中挑选出一张交还给他，但不让他看见。选好之后，魔术师重新洗牌并将所有牌牌面向上发牌，分成三堆，牌依次分配到每个牌堆中。选牌的人被要求向魔术师指出是哪一堆牌里有他所选的牌，然后魔术师将含有所选牌的那堆牌夹在其他两堆牌之间，不进行任何洗牌，像前次一样再次将牌分成三堆。当魔术师再次被告知是哪堆牌包含所选牌之后，他又一次将含有所选牌的那堆牌夹在其他两堆牌之间，并最后一次将牌分成三堆。当这次被告知是哪堆牌包含所选牌之后，魔术师报出那张牌的名字。试解释一下这魔术是如何完成的。

32. 单淘汰赛

在单淘汰赛中——例如，网球大满贯公开赛——每个失败的选手将直接从比赛中出局，直到产生一个冠军为止。如果这样的公开赛是以 n 名参赛选手开始，思考以下问题：

（a）需要多少场比赛才能决出冠军？

（b）这样的公开赛比赛会进行多少轮？

（c）在已有的比赛成绩之上，还需要多少场比赛才能决出第二名的选手？

33. 真伪幻方

（a）有一张 $n \times n$ 的表格，表格用整数 1～9 的数字填满，一个格子只能填一个数字，目的是使得这张表格中任何 3×3 的子表格都成为一个幻方。找出所有满足条件的 $n \geqslant 3$ 的取值。

（b）将上述问题的要求改为伪幻方，则满足要求的 $n \geqslant 3$ 的 n 的取值会是哪些？伪幻方的行和列的数字和必须相等，但对角线上的数字和不需要相等。

34. 星星的硬币

这个谜题的目标是在如图 2.9 所示的八芒星的顶点上放置尽可能多的硬币。硬币必须一个一个放置，并遵守以下的规定：

i. 硬币必须先放在一个未被占用的顶点上，然后沿着线移动到另一个未被占用的顶点。

ii. 一旦硬币以上述方式就位后，就不能再

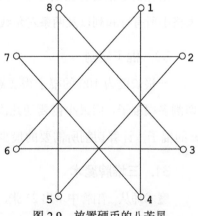

图 2.9　放置硬币的八芒星

移动。

例如，我们可以先在点 6 放第一枚硬币，然后移动到点 1（记做 6→1），这时该硬币将永远留在点 1 上。继续放置硬币，假如以这样的顺序放置：7→2，8→3，7→4，8→5，则最终会有 5 枚硬币被放置在八芒星上。

35. 三个水壶

有一个充满水的 8 品脱的水壶和两个空水壶（容积分别是 5 品脱和 3 品脱）。通过将水壶完全倒满水和将水壶的水完全倒空这两种方式，在其中的一个水壶中得到 4 品脱的水。

36. 有限的差异

用符号"+"和"−"填充 $n \times n$ 的表格，找出所有 n 的取值，使得每一格子仅有一个邻居拥有相反的符号。注意这里的邻居指的是在同一行或同一列相邻的两个格子。

37. $2n$ 筹码问题

对于任意数值 $n > 1$，放置 $2n$ 个筹码在 $n \times n$ 的棋盘上，要求在同行、同列以及同对角线上的筹码个数不超过 2 个。

38. 四格骨牌平铺问题

有五类四格骨牌，如图 2.10 所示，都是由 4 个 1×1 的格子组成。

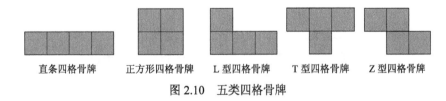

直条四格骨牌　　正方形四格骨牌　　L 型四格骨牌　　T 型四格骨牌　　Z 型四格骨牌

图 2.10　五类四格骨牌

用以下骨牌，是否能平铺（意味着没有重叠覆盖）出一个 8×8 的国际象棋棋盘？

（a）16 张直条四格骨牌。

（b）16 张方形四格骨牌。

（c）16 张 L 型四格骨牌。

（d）16 张 T 型四格骨牌。

（e）16 张 Z 型四格骨牌。

（f）15 张 T 型四格骨牌和 1 张方型四格骨牌。

39. 方格遍历

对于图 2.11 中的两个方格板，试着找出一条遍历板上所有方格的路径，或者证明这样的路径并不存在。遍历要求沿水平或竖直方向穿越相邻的方格并且路径不能折返。

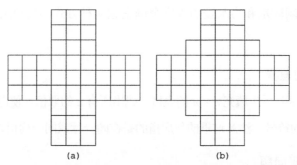

图 2.11　两个方格板，找出遍历其上所有方格的路径

40. 四个调换的骑士

有四枚骑士在一张 3×3 的棋盘上：两枚白骑士在底部的两角，两枚黑骑士在棋盘的顶部两角。找出最少的走棋步数，让棋子的布局变成图 2.12 右图的样子，或者证明这件事情无法实现。当然，不允许出现两个骑士占用棋盘上同一棋格的情况。

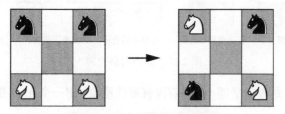

图 2.12　四个调换的骑士谜题

41. 灯之圈

n 个灯管围成一个圈（$n>2$），每一个灯管旁都有一个开关。每个开关有两个档位，通过轻击来同时控制三个灯管的开/关状态。开关所对应的那个灯管和它相邻的两个灯管。开始时，所有的灯都是关闭的。设计一个算法计算点亮所有的灯最少要轻击多个开关。

42. 狼羊菜过河问题的另一个版本

假设有 $4n$ 个筹码，这些筹码分为四类，分别是 n 个狼，n 个羊，n 个菜和 n 个猎人。目标是将这些筹码排成一列，要求所有的筹码都不发生"危险"，即在狼边上没有猎人，在羊边上没有狼，在菜边上没有羊。除此之外，两个同类的筹码不允许挨在一起。问解决这个难题有几种方法？

43. 数字填充

有 n 个不同的数字，还有 n 个一系列由＞号、＜号相连接的空格，设计一个算法将这些数字填到空格之中并满足空格之间的不等式关系。例如，数字 2、5、1 和 0 能如下填充在空格之中。

$$\boxed{0} < \boxed{5} > \boxed{1} < \boxed{2}$$

44. 孰轻孰重

有 $n>2$ 个外观完全相同的硬币和一个没有砝码可用的双托盘天平。硬币中有一枚假币，但不知道假币是比真币轻还是重，其余的真币的重量都一样。设计一个算法，用最少的称重次数判断假币真币孰轻孰重。

45. 骑士的捷径

在一张 100×100 的棋盘上，国际象棋的骑士最少需要走多少步才能从棋盘的一角走到对角线的另一角？

46. 三色排列

一个长方形的方格板，上面有 3 行 n 列的格子，有 n 个红色、n 个白色和 n 个蓝色总共 $3n$ 个筹码随机放在这些格子中，每个格子有且仅有一个筹码。现在需要重新调换这些筹码的位置，使得方格板上每一列都能有三种不同颜色的筹码，唯一允许的操作是交换同一行筹码的位置，设计一个算法完成这项任务或者证明这样的算法并不存在。

47. 展览规划

一家博物馆有一块占地 16 个房间的展览区域，该区域的布局如图 2.13 所示。所有水平或垂直方向上相邻的两个房间之间都有一扇门相通，除此之外，每一个最北边和最南边的房间都有一扇门与外界相通（指的是布局图的顶边和底边）。在一项新展览的规划中，策展人需要决定打开哪些门，让观众可以从北边的一扇门进入，参观每一个房间并且每个房间都仅参观一次，最后从南边的一扇门走出离开展览。当然，要求策展人打开的门的数目尽可能的少。

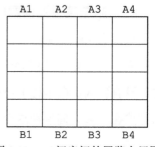

图 2.13　16 间房间的展览布局图

（a）此次新展览最少需要开几扇门？

（b）展览入口和出口的门开在哪里？

48. 麦乐鸡数字

麦当劳的麦乐鸡是以每盒 4 块、6 块、9 块和 20 块鸡块打包出售的。麦乐鸡数字是指麦乐鸡订单中所有各类盒子里鸡块数目加到一起所能得到的数字，它是一个正整数。

（a）找出所有不是麦乐鸡数字的正整数。

（b）设计一个算法，对于给定的麦乐鸡数字，计算相应订单中各个不同鸡块数目的盒子个数。

49. 传教士与食人族

有三名传教士和三名食人族人需要渡河，他们的船只能承载两人，而且船渡河时必须有人在上面掌控。所有的传教士和食人族人都会划船，要求在任何时候都要确保食人族的人数不超过传教士的人数。问这 6 个人怎样才能用最少的渡河次数全数达到河的对岸？

50. 最后一个球

（a）在袋子里有 20 个黑球和 16 个白球，重复以下操作直到袋中仅剩一球：每次从袋里取出两球，如果两球同色，则放回一个黑球到袋中，如果两球是不同颜色，则放回一个白球，问能否预测出是什么颜色的球最后剩在袋里？

（b）如果袋子里换成是 20 个黑球加上 15 个白球，重新思考，再次回答上述的问题。

2.2 中等难度谜题

51. 缺失的数字

吉尔跟杰克打赌她会这样一个把戏,先让杰克从 1~100 的数中挑选 99 个数字,然后一一随机报出,吉尔她就能找出那个缺失的数字。有什么好办法来实现吉尔这个把戏?整个过程中,她不能做任何笔记,只能用自己的脑子去记忆和思考。

52. 数三角形

有这样一个算法,初始状态是一个等边三角形,通过在其外围添加一圈新的三角形,以此来完成一次迭代,这个算法对于 n 等于 1、2 和 3 的结果如图 2.14 所示。问经过 n 次迭代后会有多少个三角形?

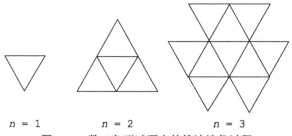

$n = 1$ $\qquad$ $n = 2$ $\qquad$ $n = 3$

图 2.14 数三角形谜题中的算法迭代过程

53. 弹簧秤甄别假币

有 $n>1$ 枚外观完全一致的硬币:其中,$n-1$ 枚硬币是真币,一枚真币重量等于 g,还有一枚重量不等于 g 的假币。设计一个算法,利用弹簧秤找出那枚假币,要求所用的称重次数最少(该弹簧秤可以精确称出所称硬币的重量)。

54. 矩形切割

有一个 $m \times n$ 方格的矩形纸板,需要沿格线将它裁成 mn 个 1×1 的方格纸块。允许将切割后的部分摞在一起进行再次切割,并且这样的切割操作只算做一次。设计一个算法用最少的切割次数完成这项任务。

55. 里程表之谜

轿车的里程表可以显示从 000000 到 999999 的任意六位数组合。里程表跑完整个显示区域，此间有多少个至少包含一个数字"1"的里程数？整个过程，数字"1"显示多少次？（如，101111 显示了 5 次数字"1"，下一个里程数 101112 又显示了 4 次）

56. 新兵列队

好兵帅克接到命令，让他在长官开始训话前，把一个班的新兵整列成一队，理想的列队方式是让队中所有相邻两人的身高差的均值最小。帅克的方法是把身高最高的人作队首，身高最矮的人作队尾，其他的人在这两人之间随机排列。问帅克的列队方法能达到要求吗？如果换做你的话，你会如何安排新兵列队？

57. 斐波那契的兔子问题

一对兔子被圈养，假定最开始时这对兔子（一公一母）是刚刚出生的。而且所有的兔子在生命的第一个月里不具备繁殖能力，在第二个月的月底会产出一对新的公兔和母兔，并且至此以后每月如此，问经过一年后兔子的数目会有多少对？

58. 二维排序

一副 52 张牌的扑克，洗牌充分后，依次将牌牌面向上分发到桌上，形成 4 行 13 列的扑克矩阵。然后，根据牌的大小对每一行的扑克进行排序，排序按数字大小的升序排列（A 视为 1，J、Q 和 K 分别视为 11、12 和 13），对于数字大小相同的牌按花色的既定顺序进行比较，比方说，梅花（最低）、方块、红桃和黑桃（最高）。每一行的扑克排序结束后，再对每一列的扑克按同样的规则排序。两次排序都完成后，如果你还打算对每一行再进行一次排序，问最多有多少对扑克牌在这次排序中交换位置？

59. 双色帽子

有 12 名非常聪明的囚犯关在监狱里，监狱长为了除掉他们，想出了这样一个办法。给这群犯人每个人头上戴一顶或黑或白的帽子，并且告诉他们，所戴的帽子里面，不管黑帽子还是白帽子，都至少有一顶。犯人能看到别人的帽子但惟独看不到自己的，囚犯之间不能有任何形式的沟通。监狱长要求这 12 个因犯从 12:05 开始到 12:55，每 5 分钟列队一次，囚犯中戴黑帽子的人（并且仅是这些人）在同一次列队时向前一步出列，才算是通过考验。只有做到这样，他们才能被释放，否则将全部被处决。问这些囚犯如何才能通过这个考验?

60. 硬币三角形变正方形

一个直角三角形, 由 $n>1$ 条斜线构成, 每条线上有 1, 3, …, $2n-1$ 个大小相同的硬币 (图 2.15 是该直角三角形 $n=3$ 时的情况), 用这些硬币重新拼成一个正方形, 问最少需要移动硬币多少枚?按照这个最少硬币的移动数目能获得多少个不同的正方形?

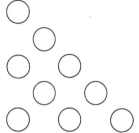

图 2.15　谜题硬币三角形变正方形中 $n=3$ 时的实例

61. 对角线上的棋子

一张 $n \times n$ 的棋盘 ($n \geq 4$), 每个从左上到右下的对角线上的棋格都有一枚棋子。每次走棋, 可以选择任意两枚棋子组成一对, 让它们同时向下移动一格, 要求棋子不能走出棋盘边界。游戏的最终目的是把所有的棋子移动到棋盘的底边。找出所有对此可行的 n 的取值, 并设计一个算法来完成这项任务, 同时计算出所用算法中走棋的次数。

62. 硬币收集

一些硬币随机散布在 $n \times m$ 的方格板上, 一枚硬币占据一个方格, 在板左上角的方格里有一个机器人, 它将尽可能多地收集硬币并把这些硬币带到最右下角的方格里, 机器人向右或向下移动一格算作一步。每当机器人移动到一个方格就会收集该方格里的硬币。设计一个算法计算机器人所能收集硬币的最大数目以及相应的收集路径。

63. 加减归零

将 $1 \sim n$ 这 n 个连续的整数写在一行上, 设计一个算法在这些数字前放置 "+" 和 "−", 使得所形成的算式的值等于 0, 或者, 如果这件事情是不可能做到的, 就返回结果 "无解"。注意你所选用的算法应当比穷解法更为高效。

64. 构建八边形

一个平面上有 2000 个点, 其中没有任何 3 点位于同一直线上, 设计一个算法用这些点作为顶点构建 250 个八边形, 所有的八边形必须足够 "简单", 即边线不能穿越自身, 任何两个八边形不能拥有共同的顶点。

65. 猜密码

让你的朋友构想出一个 n 比特的字符串（由 0 和 1 构成，例如 01011，此处 n 为 5 比特）。把这个字符串看作是一段密码，通过你问朋友问题来猜该段密码。注意问题仅限于你所猜的 n 比特字符串，朋友只能回答密码有多少比特与你所猜的字符串相同。比方说，密码是 01011，而你猜的字符串是 11001，那么你朋友的回答将是 3，因为你所猜的字符串左起第 2、3 和 5 位比特位和密码是一致的。设计一个算法，用不多于 n 个问题来确定 n 比特的密码。

66. 留下的数字

把前 50 个自然数——1，2，…，50 写在黑板上，接下来重复以下的操作 49 遍：从黑板上的数中挑出 2 个，假设为 a 和 b，计算出两个数差的绝对值 $|a-b|$，将结果写在黑板上，然后擦去数字 a 和 b。如此反复 49 次，思考最后留在黑板上的那个数字所有的取值可能。

67. 均分减少

有 10 个完全相同的瓶子，其中一个瓶子装有 a 品脱的水，而其他瓶子都是空的。你可以做如下操作：选择两个瓶子，把它们所盛的水进行均分，使得两瓶子所盛的水的体积相同。通过一系列这样的操作，把最初装有 a 品脱水的那个瓶子里面的水量变得最小，问要达到这一目的，有什么好办法？

68. 数位求和

不借助任何电脑和计算器，计算 1～1000000 中所有整数的和（1 和 1000000 也包括在内）。

69. 扇区上的筹码

一个圆盘被等分成 $n>1$ 个扇区，每个扇区上都放置一枚筹码。挑出两枚筹码，把它们移动到其所在位置相邻的扇区上（朝相同或各自相反的方向），代表一次移动操作。问 n 如何取值，才能通过上述移动操作一次次把所有的筹码都放到同一个扇区之上？

70. 跳跃成对 I

有 n 枚硬币排成一排。目标是通过一系列的移动操作形成 $n/2$ 个硬币对（两枚硬币摆成一摞）。每次移动操作可以操纵一枚硬币向左或向右跳过两枚与它相邻的硬币（两枚单独的硬币或已经摆在一起的硬币对），落在接下来的硬币上，形成一摞；不允许三枚硬币摆在一起。相邻硬币之间的距离不管多远都可以忽略不计。求使问题有解的 n 的取值范围，并设计一个算法，计算最少需要移动多少次。

71. 标记方格 I

在一张无限大的方格纸上标记 n 个方格，使得每个所标记的方格都拥有正偶数个标记过的邻居。邻居关系指的是水平或竖直方向上两个紧挨的方格，对角线方向上的不算。所有标记的方格必须形成一个连续的区域，即区域内任意两点之间都可以找到一条由相邻的方格所形成的路径。如图 2.16 所示就是 $n=4$ 时的答案。问 n 怎样取值才能使本题有解？

72. 标记方格 II

在一张无限大的方格纸上标记 n 个方格，使得每个所标记的方格都拥有正奇数个标记过的邻居。邻居关系指的是水平或竖直方向上两个紧挨的方格，对角线方向上的不算。所有标记的方格必须形成一个连续的区域，即区域内任意两点之间都可以找到一条由相邻的方格所形成的路径。如图 2.17 所示就是 $n=4$ 时的答案。问 n 怎样取值才能使本题有解？

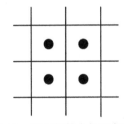

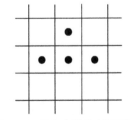

图 2.16 拥有偶数个标记邻居的
4 个标记过的方格

图 2.17 拥有奇数个标记邻居的
4 个标记过的方格

73. 逮公鸡

在如图 2.18 所示的棋格上进行逮公鸡游戏，棋子 F 代表农场主在棋盘左下角；棋子 R 代表公鸡在棋盘右上角。农场主和公鸡交替走棋直到公鸡被逮住。每次走棋，农场主和公鸡都可以移动到上下左右方向上邻近的方格中，当农场主移动到公鸡所在的格中时公鸡被逮住。

（a）如果农场主先走，他能逮住公鸡吗？如果可以，设计一个算法计算最少需要走多少步棋，如果不可以，解释其原因。

（b）如果农场主后走，他能逮住公鸡吗？如果可以，设计一个算法计算最少需要走多少步棋，如果不可以，解释其原因。

当然，我们假定公鸡不会主动配合农场主逮住自己。

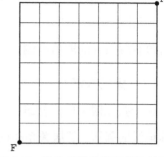

图 2.18　逮公鸡游戏棋子的初始位子

74. 地点选择

在本书概览部分算法设计辅导中，我们讨论过柠檬水摊设点问题，现在思考这个问题更为普遍的情况，(x_1, y_1)，(x_2, y_2)，…，(x_n, y_n) 表示在经纬交错的城市街道上 n 个房子的方位（实例可参见图 1.10a）。目标是设计一个算法找到一个地点 (x, y)，让所有房子到该点的曼哈顿距离的总和最小，计算方法为 $|x_1-x|+|y_1-y|+ \cdots +|x_n-x|+|y_n-y|$。

75. 加油站检查问题

加油站检查员需要检查一条直线高速公路上的 n 个加油站（$n>1$），这 n 个加油站两两之间的距离相等，按前后顺序分别记为 1 到 n。检查员从油站 1 出发，油站 1 之后还需要再访问一次。油站 n 需要访问两次，需要注意的是，油站 n 可以但不一定作为整个检查工作的终点。至于油站 2 到油站 $n-1$，这些中间油站的检查次数要完全相同。我们举一个具体例子，检查员可以从油站 1 到油站 n，然后折返回油站 1，最后再到油站 n 以此结束此次检查工作（这里假定检查员每经过一个加油站都会对其进行检查）。问这个检查路线是不是满足上述所有检查要求的最短路线。如果是，证明其原因；如果不是，找出那条最短的路线。

76. 高效的车

在国际象棋里的车，可以水平移动到它当前位置所在行的任意一格，或者垂直移动到它当前位置所在列的任意一格。那么，对于一个 $n \times n$ 的象棋盘来说，车要通过所有格子所需最小的步数是多少？（注意，并不需要开始和结束的位置在同一格中；另外，对于开始和结束的格子来说，默认为是通过了的。）

77. 模式搜索

执行以下乘法运算:

$$1 \times 1, \quad 11 \times 11, \quad 111 \times 111, \quad 1111 \times 1111$$

当使用更长的 1 的字符串时,你所观察到的输出结果的模式还成立吗?

78. 直三格板平铺

一个直三格板是一个 3×1 的瓦片平铺。很显然,只要 n 能够被 3 整除,任何人都能够通过直三格板平铺成一个 $n \times n$ 的正方形。那么,对于一个大于 3 而又不能被 3 整除的 n 来说,是否能够利用直三格板和一个叫做单格板的 1×1 瓦片平铺,来构成一个 $n \times n$ 的正方形?如果可以的话,请解释如何做;如果不行的话,请解释为什么。

79. 储物柜门

在走廊上有 n 个储物柜,按顺序编号从 1 到 n。开始的时候,所有储物柜的门都是关上的。你在储物柜前一共经过 n 次,每次都从 1 号储物柜开始。在第 i 次中,$i=1, 2, \cdots, n$,翻转每一个排在第 i 个储物柜的门[①],也就是说:如果该门是关闭着的,打开它;如果它是打开的,关闭它。这样,经过第一轮之后,所有的门都是打开的了;在第二次中,你只是翻转编号为偶数的储物柜(2 号,4 号……),所以在第二次以后,所有的偶数门都是关闭的,而所有的奇数门都是打开的;在第三次当中,你关闭 3 号储物柜的门(在第一次当中打开的),打开 6 号储物柜的门(在第二次当中关闭的),以此类推。那么,在最后一次之后,哪些门是打开的?哪些门是关闭的?打开的门总共有多少个?

80. 王子之旅

考虑这样一个特殊的棋子——我们管它叫"王子"吧——它能够向右移动一格,或者向下移动一格,或者向左上方侧移一格。找出所有的 n 值,使得在一个 $n \times n$ 的棋盘中,在一次"旅途"中,"王子"能够访问到棋盘中所有的方格,而且每个方格只访问一次。

81. 再论名人问题

一个名人,是指在一个 n 个人构成的群体中,他一个人也不认识,但是该群体的

---

① 即翻转编号为 i 的整数倍的储物柜的门。——译者注

其他人都认识他。我们的任务是仅仅通过向人们询问问题"你认识他/她吗？"，来鉴别一个名人。请设计一个高效的算法来找到一个名人，或者确定这一群体中没有名人。对于一个 n 个人构成的群体来说，你设计的算法最多需要询问多少遍该问题？

82. 头像朝上

有 n 枚硬币排成一排，头像和背面是随机的。每次翻动，可以将任意连续的硬币翻面。请设计一个算法，使得所有的硬币都头像朝上，所使用的翻动次数最少。在最差的情况下，需要翻多少次？

83. 受限的汉诺塔

有 n 个不同大小的盘子和 3 根柱子。最初，所有的盘子都按大小顺序放置在第一根柱子上面，最大的在最下面，最小的在最上面。现在想要将所有的盘子都移动到第三根柱子上面去。一次只能移动一个盘子，而且禁止将大盘子放在小盘子上面。此外，每次移动要么在中间柱子上面放置一个盘子，要么从中间柱子上面取走一个盘子，如图 2.19 所示。请设计一个算法来解决该问题，使得所使用的移动次数最小。

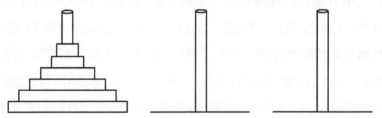

图 2.19   受限的汉诺塔之谜：通过中间柱子，将左边柱子上的所有盘子转移到右边的柱子上

84. 煎饼排序

存在 n 个大小各异的煎饼，它们彼此重叠在一起。允许你用一个平底铲，将其塞到其中一个煎饼下，并把铲子上面所有的煎饼都翻转过来。我们的目标是把煎饼按大小排序，使得最大的在最下面。图 2.20 显示在 $n=7$ 时该问题的一个实例。请设计一个算法来解决该谜题，并且得出该算法在最糟糕的情况下所需要的翻转次数。

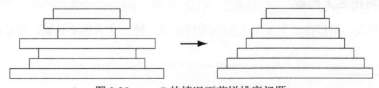

图 2.20 $n=7$ 的情况下煎饼排序问题

85. 散布谣言 I

有 n 个人，各自都知道一个不同的谣言。他们想要通过发送电子消息来与彼此分享这些"新闻"。要想保证每一个人都知道所有的谣言，那么他们所需要发送的电子消息数最少是多少？假设每一次发送，发送者都将他或她所知道的所有谣言都发送了，并且每个消息只能有一个接收者。

86. 散布谣言 II

有 n 个人，各自都知道一个不同的谣言。他们想要通过一系列的双边对话（比如说，通过电话）来分享所有的谣言。请设计一种有效（在通话的总数上）的算法来解决该问题。假设每一次对话过程中，通话双方会交换所知道的所有谣言。

87. 倒置的玻璃杯

桌子上有 n 个玻璃杯，都是倒置过来的。允许你每次翻转其中的 $n-1$ 个玻璃杯。现在找出所有的 n 值，使得所有的玻璃杯都能朝上，并且描述一下能使翻转次数最小的算法。

88. 蟾蜍和青蛙

在一个有 $2n+1$ 个格子的一维板上，前 n 个格子里有 n 个代表蟾蜍的纸牌，在后 n 个格子里有 n 个代表青蛙的纸牌。蟾蜍和青蛙依次按以下方式运动：蟾蜍或者青蛙滑动到空格子里，或者隔着另外一种生物跳进空格子里（蟾蜍不能跳过它们自己，青蛙也是）。蟾蜍只能向右边跳，青蛙只能向左边跳。最终的目的是让它们交换位置。例如，当 $n=3$ 时，该问题如下所示。

| T | T | T | F | F | F | $\Longrightarrow$ | F | F | F | T | T | T |

请设计一种算法，完成该任务。

89. 纸牌交换

这种纸牌游戏是在一个有 $2n+1$ 行和 $2n+1$ 列的二维板上进行的。板上所有的 $(2n+1)^2$ 个位置，除了最中间的一个，被两种不同颜色的纸牌占满了，比如白色（W）和黑色（B）。在前 n 行当中，前 $n+1$ 个位置被 W 占用，接着是 n 个 B。在第 $n+1$ 行，前 n 个位置被 W 占用，然后是一个空格位置，再接着是 n 个 B。在后

n 行中，前 n 个位置被 n 个 W 占用，后 $n+1$ 个位置被 B 占用。纸牌 W 可以水平向右或者垂直向下移动，纸牌 B 可以水平向左或者垂直向上移动。每次移动可以滑动到相邻的空格位置，或者跳过一个相反颜色的纸牌到空位置上去。纸牌不允许跳过相同颜色的纸牌。最终把所有的纸牌都交换到与其初始颜色相反的位置上去（如图 2.21，表示的是当 $n=3$ 时的情况）。

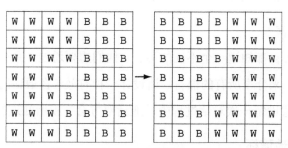

图 2.21　当 $n=3$ 时的纸牌交换谜题

90. 座位重排

有一行 n 个椅子的座位被 n 个小孩占着。设计一个算法，能够得到所有小孩的各种座次安排。假设每次只能让两个坐在一起的孩子彼此交换座位。

91. 水平的和垂直的多米诺骨牌

求出所有的 n 值，要求在平铺一个 $n \times n$ 的平板时，使得水平的多米诺骨牌和垂直的多米诺骨牌的数量一样多。

92. 梯形平铺

一个等边三角形被多条平行线划分为多个更小的等边三角形，使得它的每一条边都被等分成 $n>1$ 份相等的段。最顶上的等边三角形被砍掉以后，当 $n=6$ 时，就产生了一个如图 2.22 所示的区域。该区域需要被一个由 3 个同样的等边三角形（与组成该区域的小三角形一样大小）组成的梯型平铺来铺满（平铺并不要求它

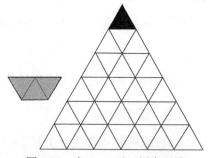

图 2.22　当 $n=6$ 时，用来平铺梯形（灰色形状）的区域

们朝向相同，但是要求它们完全覆盖该区域，并且没有重叠）。请计算出所有满足条件的 n，并且针对这些 n 提出一个可行的平铺算法。

93. 击中战舰

在一个 10×10 的板上，要击中一艘战舰（4×1 格的长方形）最少需要开火几次？战舰可能处在板上的任意位置，其方向既可以是水平的，也可以是垂直的。你可以假设附近没有其他的战舰（所谓一次开火，是指对着板上的任意一格发射）。

94. 搜索排好序的表

100 个不同的数字被写在 100 张卡片上，每张卡片一个数字。卡片被排列成 10 行 10 列，在每一行（从左至右）每一列（从上至下）都是递增的顺序。每一张卡片都是面朝下的，所以你看不见写在卡片上的数字是多少。现在请问你能不能设计一个算法，使得你在翻动卡片次数小于 20 的情况下，即可以确定一个给定的数字是否被写在其中的一张卡片上？

95. 最大-最小称重

给定 $n>1$ 个物品以及一个没有秤砣的天平秤，请你在 $\lceil 3n/2 \rceil - 2$ 次称重中，找出最轻的物品和最重的物品。

96. 平铺楼梯区域

找出所有的 n 值（$n>1$），使得楼梯区域 S_n（如图 2.23 所示为 $n=8$ 的情形）能够使用右边的三格板平铺而成。

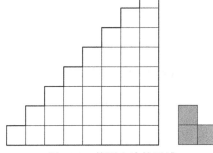

图 2.23　使用右边的区域（灰色）平铺楼梯区域 S_8

97. Topswops 游戏

下面是一个人玩的纸牌游戏。它使用同一花色的 13 张扑克牌；每张牌都有一个数值：纸牌 A 是 1，纸牌 2 是 2……J，Q，K 分别是 11，12，13。游戏开始前，我们得先洗牌。然后重复以下动作：翻起这副牌的最上面那张，如果这张牌是 A，则停止；如果该牌不是 A，则记录值 n，n 是刚刚翻起的牌的值，然后将该副牌的前 n 张牌以相反的顺序重新放入到这副牌中。下面是该规则的一个示例：

$$5\,7\,10\,K\,8\,A\,3\,Q\,J\,4\,9\,2\,6 \Rightarrow 8\,K\,10\,7\,5\,A\,3\,Q\,J\,4\,9\,2\,6。$$

请问，这副牌在任意的初始状态下，该游戏是否会在有限次数以后停止？

98. 回文计数

在如图 2.24 所示的菱形排列中，以下回文
能够有多少种不同的读法：

WAS IT A CAT I SAW

你能够从任何一个 W 开始读，而且能够朝任
意方向读——上、下、左、右——通过相邻的字母。
在一个序列中同一个字母能够被多次使用。

```
          W
        W A W
      W A S A W
    W A S I S A W
  W A S I T I S A W
W A S I T A T I S A W
W A S I T A C A T I S A W
W A S I T A T I S A W
  W A S I T I S A W
    W A S I S A W
      W A S A W
        W A W
          W
```

图 2.24　回文计数之谜的字母排列

99. 倒序排列

有 n 张卡片排成一行，并且有 n 个不同的数字写在卡片上（每张卡片上一个），
使得卡片呈降序排列状态。现在允许你交换任何一对卡片的位置，只要它们之间只
有一张卡片即可。对于什么样的 n 值，在这样一组操作序列以后，能使得卡片呈升
序排列？如果这样 n 值存在的话，请设计使得交换次数最小的算法。

100. 骑士的走位

在一个无限大的国际象棋棋盘上，一个骑士在走了 n 步以后，能够到达多少个
不同的方格（骑士的运动轨迹是 L 形的：朝上、下、左、右中的任一方向走两步，
然后朝垂直方向走一步）？

101. 房间喷漆

曾经有一个国王喜欢下国际象棋。他有一座宫殿，宫殿的平面图被设计成类似
8×8 的棋盘，其中 64 个房间的四面墙上都有门（如图 2.25 所示）。一开始，所有
房间内的地板都被漆成了白色。后来国王下令将地板重新喷漆让它们颜色交替，像
棋盘上的格子一样。为此，国王的漆匠需要走过整个宫殿把经过的房间的地板从白
到黑，从黑到白进行喷漆。漆匠可以离开宫殿再从另外的门进来。请问漆匠是否有
方法能够执行这个命令，使得重喷房间的次数不超过 60 次？

102. 猴子和椰子

5 名水手和一只猴子由于海难被困在一个孤岛上。第一天，他们收集了一些椰子供
第二天吃。当天夜里，一名水手醒来，他给了猴子一个椰子，然后将剩下的椰子分成 5
等份，自己留下其中一份，将剩下的放到一起又回去睡觉了。后来，其余 4 个水手也做

了同样的事情：拿一个椰子给猴子，自己拿走剩余椰子的五分之一。第二天早上，他们同样分了一个椰子给猴子，然后分了剩下的椰子。请问开始时最少有多少个椰子？

103. 跳到另一边

在一个 5 × 6 的棋盘上，图 2.26 中所标出的 15 个位置被棋子占据。我们的任务是将斜线上方的所有棋子，移动到斜线下方。在每一次移动的过程中，棋子可以越过一个相邻的棋子跳到没有被占据的格子中。跳跃的方向可以是垂直、水平或对角线方向。这个任务能完成吗？

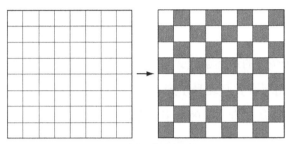

图 2.25　房间喷漆问题

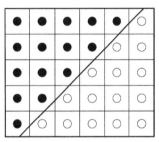

图 2.26　跳到另一边谜题中的棋盘

104. 堆分割

（a）假设有 n 个筹码堆在一起，将这些筹码分成两小堆并计算两堆数量的乘积。把每一堆再分成两小堆，并计算它们的乘积，直到分成 n 个一个筹码的堆。在得到 n 堆筹码时，把所有的乘积加起来求总和。请问如何分割才能获得最大的乘积和？最大值等于多少？

（b）如果每次分割时，计算两堆筹码数量的和，并且目标是得到所有数量和的最大值，应该如何修改（a）的解决方案？

105. MU 问题

考虑由 M、U 和 I 三个符号组成的字符串。先由字符串 MI 开始，然后有限次地使用下列规则变换字符串：

规则 1　在以 I 结尾的字符串后面添加 U。例如，MI 变成 MIU；

规则 2　把 M 后的字符串复制一次（也就是说，把 Mx 变成 Mxx），如 MIU 变成 MIUIU；

规则 3　把 III 替换为 U。例如，MUIIIU 变为 MUUU；

规则 4　删掉 UU。例如，MUUU 变为 MU。

请问，利用以上规则能够得到字符串 MU 吗？

106. 开灯

一盏灯由 n 个开关控制，只有所有的开关都闭合时灯才会亮起。每个开关都由一个按钮控制，按下按钮就会转换开关的状态，但是无法知道当前开关处于何种状态。设计一个算法计算在最坏的情况下最少需要按多少次按钮才能打开灯。

107. 狐狸和野兔

有一种我们称之为"狐狸和野兔"的追逐游戏。这个游戏是在一个一维的棋盘上进行的，棋盘从左到右有 30 个格子，并且编号 1 到 30。一个代表狐狸的棋子从 1 号格子开始，代表野兔的棋子可以从任意 $s>1$ 的格子起跑。它们交替移动，狐狸先开始。在每次移动过程中，狐狸可以向左或向右移动到相邻的格子，而野兔则向左或向右跳过两个格子落到第三个格子里。野兔不能落到狐狸占据的格子里。如果它无法移动就会输掉比赛。当然，野兔和狐狸都不能跳到棋盘外。狐狸的目标就是抓住兔子，如果轮到狐狸移动时，狐狸和野兔位于相邻格子里，狐狸就赢了。而兔子的目标就是不被抓住。请找出狐狸能够赢得比赛的所有情况下 s 的值。

108. 最长路径

如果某人需要将一份声明贴满一条街上等距离的 n 个柱子，那么最好的方法就是从第一个柱子开始，一个接一个贴到最后一个柱子。那么，完成这个工作最坏的方法（也就是最长的路径）是什么？不要求从第一个柱子开始，到最后一个结束，但是需要经过所有的柱子。

109. 双 n 多米诺骨牌

多米诺骨牌是一种小的双面都带有点数的矩形牌。它们可以用来玩各种各样的桌上游戏。标准的"双六"多米诺骨牌有 28 张：它们代表了未排序的从(0, 0)到(6, 6)的值对。通俗地讲，双 n 多米诺骨牌就包含了未排序的从(0, 0)到(n, n)的所有组合。

（a）计算双 n 多米诺牌的数量。

（b）计算双 n 多米诺牌的所有牌的点数总和。

（c）设计一个算法能够利用双 n 多米诺牌的所有牌构建一个首尾相接的环（当然，相邻面的点数必须相等）或者证明这样的算法不存在。

110. 变色龙

研究人员把三种变色龙放到一个岛上：其中，10 只棕色的，14 只灰色的和 15 只黑色的。当两只不同颜色的变色龙相遇时，它们会变为第三种的颜色。请问所有的变色龙是否有可能都变成同一种颜色？

2.3 较难谜题

111. 反转硬币三角形阵

考虑一个由硬币或其他类似硬币组成的等边三角形，如图 2.27 所示（假设这些硬币的中心正好处在等边三角形的顶点上）。设计一个算法能够用最少次数移动硬币使三角形翻转，每次只能移动一枚硬币到新位置。请给出计算最少移动次数的简洁公式。

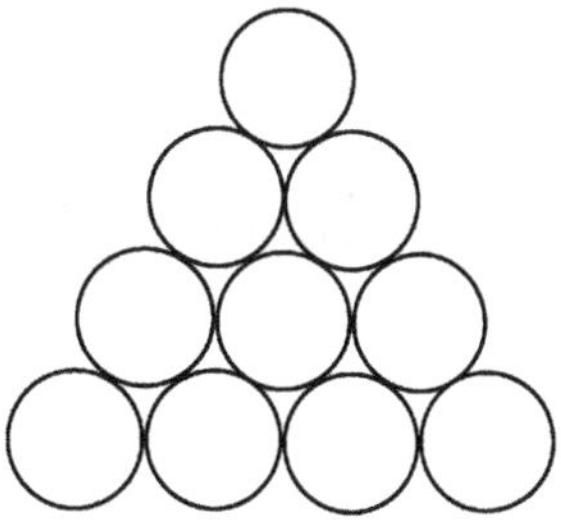

图 2.27 待翻转的等边硬币三角形

112. 再次讨论多米诺平铺问题

在一个缺失了两个颜色相反的方形的 $n \times n$ 的象棋棋盘上，用 2×1 的多米诺牌铺满，求所有可能的 n 值。

113. 拿走硬币

在桌上有一条 n 枚硬币组成的线；这些硬币中有些正面朝上，其余的反面朝上，也没有特定的顺序。本题的目标就是通过一系列操作将所有硬币拿走。在每次操作过程中，可以拿走任何一枚正面朝上的硬币，但之后跟它相邻的所有硬币都要翻转。这里的相邻是指在最初互相挨着的硬币，如果执行一系例操作后硬币之间出现缺口，那么它们不再视为相邻。例如，下面的一系列操作就解决了如图 2.28 所示的硬币序列问题。（被拿走的正面朝上的硬币用粗体表示）

```
T   H   H   T   H   H   H
T   H   H   H   _   T   H
H   _   T   H   _   T   H
_   _   T   H   _   T   H
_   _   H   _   _   T   H
_   _   _   _   _   T   H
_   _   _   _   _   H   _
```

图 2.28　排列的硬币

请指出初始硬币序列有解的充分必要条件。对于那些有解的序列，为其设计一个求解算法。

114. 划线过点

给定 $n \times n$ 的点阵（就是 n 条连续的水平线和 n 条连续的垂直线的交叉点），$n>2$，请一笔画出 $2n-2$ 条直线穿过所有点（不能从纸上抬起笔尖）。你可以重复穿过同一个点，但是不能重画同一条线的任何部分。（如图 2.29 所示，$n=4$ 时，一种"贪婪"解决方案需要 7 条线，没有满足题目中 6 条线的要求）

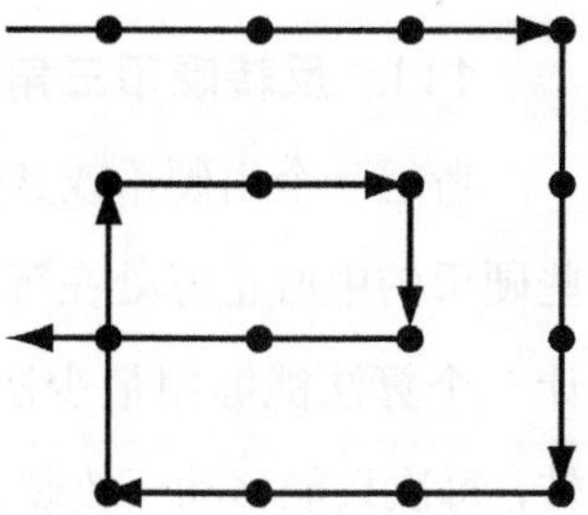

115. Bachet 的砝码

找出 n 个砝码 $\{w_1, w_2, \ldots, w_n\}$ 的最优集合，保证能够

图 2.29　7 条线穿过 16 个点

为 $1 \sim W$ 的整数负载在天平上称重。分别考虑下面的情况：

（a）砝码只能放到空盘子中。

（b）砝码可以放在任意盘子中。

116. 轮空计数

在一个单轮淘汰的游戏当中，开始有 n 个玩家，n 不等于 2 的幂。游戏过程中，如果其中一些玩家没有对手，那么他们就要轮空，直接进入下一轮。请确定在如下两种不同的轮空定义之下的总的轮空次数。

（a）第一轮给尽量少的人轮空以保证第二轮剩余的人数等于 2 的幂。

（b）每一轮给尽量少的人轮空以保证在这一轮有偶数个玩家。

117. 一维跳棋

考虑在一个有 n 个格子的序列里玩孔明跳棋的一维版本，n 是大于 2 的偶数。初始时，除了一个格子以外，其他格子都放入棋子，每个格子一个棋子。在每次移动过程中，一个棋子可以跳过相邻棋子向左或向右落到空格子中。跳过之后，被越过的棋子就要从棋盘上拿走。我们的目标就是通过一系列的动作让棋盘上只剩一枚棋子。找出所有有解的谜题中初始时空格子的位置。

118. 六骑士

在一个 3×4 的象棋棋盘上有 6 个骑士：最下面一行有 3 个白骑士，最上面一行有 3 个黑骑士。要交换骑士的位置，得到图 2.30 右图所示的位置，最少需要移动多少次？在任何时候，每个格子都只能有一个骑士。

119. 有色三格板平铺

为下面的任务设计一个算法：在一个 $2n \times 2n$（$n>1$）的板上，缺了一个方格。现在用只有三种颜色的直角三格板来平铺该板，使得任意两个共享一条边的三格板都不能是相同颜色。记得直角三格板是一个 L 形状的由三个相邻的方格组成的图形块（见图 1.4）。

120. 硬币分发机

一台机器有一排盒子。开始时，在最左边的盒子里放 n 枚硬币。然后，机器按下面的过程分发硬币：每次把一个盒子里的两枚硬币，换成右边盒子里的一枚硬币，直到每个盒子里都不超过一枚硬币。例如，如图 2.31 所示，机器分发 6 枚硬币时总是选择最左边多于两枚硬币的盒子。

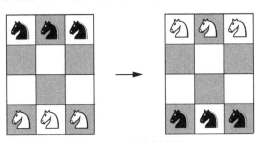

图 2.30 六骑士谜题　　　　图 2.31 六枚硬币的例子

（a）硬币最终的分发结果取决于机器处理硬币对的顺序吗？

（b）分发 n 枚硬币最少需要多少个盒子？

（c）分发停止之前机器进行了多少轮分配？

121. 超级蛋测试

一家公司发明了一种非常结实的鸡蛋。为了做宣传，它想要用100层的建筑物确定这种鸡蛋最高可以从多少层楼上落下不会摔破。为此，公司为测试人员提供了两个一样的鸡蛋。当然了，鸡蛋在打破之前可以实验很多次。那么，为了确定在各种情况下最高的安全楼层，最少需要测试多少次？

122. 议会和解

在一个议会当中，每个成员最多有三个对手（我们假设敌意总是相互的）。下面的论题是真还是假：能否将议会分成两部分以保证每个议员在自己所在的那部分中的对手都不多于1个？

123. 荷兰国旗问题

有 n 个三种颜色的方格图案：红、白和蓝。设计一个算法重新组合这些图案保证所有红色图案首先出现，随后是所有白色，最后是所有蓝色方格。唯一允许的操作就是检查方格颜色并交换两个方格。试着用最少的交换步骤。

124. 切割链条

你有一个 $n>1$ 个回形针组成的链条。那么最少得拿走多少个单个的回形针，使得你能够用得到的一段一段链条，来创建 $1\sim n$（包含这两个数字）之间的任意整数长度的链条呢？

125. 对5个物品称重7次来排序

有5个不同重量的砝码和一个天平。通过不多于7次称重这些砝码，把它们按照重量的升序排序。

126. 公平切分蛋糕

有 $n>1$ 个朋友想要分吃一块蛋糕，要求每个人对自己分得的蛋糕满意。为这个任务设计一个算法。

127. 骑士之旅

是否有这种可能，国际象棋中的骑士能走遍 8×8 棋盘中的所有方格，每个方格仅经过一次，并且结束时的方格离开始时的方格骑士仅需移动一步？（这样的一次旅行称作闭合的或可重入的。注意只有当骑士落入某方格时，才认为此方格被访问过，跃过该方格则不算作访问它。）

128. 安全开关

有一排安全开关，共 n 个，用于保护一处军事设施的入口。可以对开关进行以下操作。

（i）最右边的开关可以随意地打开或关闭。

（ii）对其他的开关也可以进行打开或关闭操作，但需要满足两个条件：其右边紧靠着的开关状态为"打开"，而其右边的所有其他开关状态全为"关闭"。

（iii）一次只能操作一个开关。

设计一个算法，在所有开关的初始状态为"打开"时，使用次数最少的操作来关闭所有开关（切换一个开关称为一次操作），并求出最少次数的值。

129. Reve 之谜

已知有 8 个不同大小的圆盘和 4 根木桩。开始时，所有的圆盘都放在第一个木桩上，并且按照圆盘的大小顺序排列：最大的圆盘放在底端，最小的圆盘放在顶端。目标是通过一系列的移动，将所有圆盘移到另一个木桩上，每次只能移动一个圆盘，并且不允许将较大的圆盘放在较小的圆盘上。设计一个算法要求通过 33 次移动解决这个问题。

130. 毒酒

一个恶毒的国王被告知他的 1000 桶酒中有一桶被下了毒。毒酒的毒性非常强劲，不论如何稀释，微小的剂量也能在整整 30 天时让一个人死掉。国王准备牺牲他的 10 个奴隶来找出有毒的酒桶。

（a）5 周之后，国王希望举行一个宴会，能否在宴会之前找出有毒的酒桶？

（b）国王能否在只牺牲 8 个奴隶的情况下找出有毒的酒桶？

131. Tait 筹码谜题

有一排沿直线摆放的筹码，共 $2n$ 个，相邻的筹码之间没有空余的位置。筹码以黑（B）白（W）交替的方式放置，如"BWBW…BW"。对筹码进行重新排列，使所有的白色筹码在所有的黑色筹码的前面，且相邻的筹码之间没有间隙："BBB…WWW"。只能成对地移动筹码，每次可以将一对相邻的筹码移动到空位置上，但不能改变它们的顺序。设计一个算法，对于任意的 $n \geq 3$，可以用 n 次移动解决这个问题。

132. 跳棋军队

有一种跳棋的变种游戏是在一张无限大的二维棋盘上进行的，有一条水平线将棋盘一分为二。在一个起始位置，一些跳棋（跳棋军队的士兵）被放置在水平线分割线以下，最终目标是通过水平或垂直的跳动，使其中的一枚跳棋（军队的侦察兵）穿越分割线，并尽可能地到线的上端。每一次移动，一枚跳棋可以水平或竖直地跳过一枚相邻的棋子并落在一个空的棋格中。跳过之后，被跳过的那枚相邻棋子会从棋盘上移除。例如，如图 2.32（a），要将一枚跳棋移动到分割线以上的第 1 行，只要 2 枚跳棋就足够了。如果要将一枚跳棋移动到分割线之上的第 2 行，4 枚跳棋是充分必要条件，如图 2.32（b）所示。

为下面的两个要求各设计一种初始时棋子位置的放置方案：

（a）有 8 枚跳棋，将其中的一枚跳棋移动到分割线之上的第 3 行。

（b）有 20 枚跳棋，将其中的一枚跳棋移动到分割线之上的第 4 行。

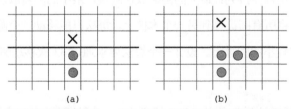

图 2.32　跳棋军队解决方案　（a）让一枚跳棋前进到分割线上第 1 行。
（b）让一枚跳棋前进到分割线上第 2 行。×表示目标方格。

133. 生命的游戏

本跳棋游戏是在一张无限大的二维方格棋盘上进行的，有"生存"与"死亡"两种状态，每一个方格总是处于其中的一种状态。经过初始的布局，选出一些初始时处于"生存"状态的方格并标记，比如说用黑点标记出来。然后通过一定的规则，进行一系列新的布局——我们称之为"繁衍"。这些规则会被同时应用到当前这一代的所有方格中。每一个方格与自己相邻（水平、竖直或对角相邻）的 8 个方格进行交互。每一步中，方格的状态会根据以下规则发生变化。

（i）**因人口稀少而死亡**　对于任意一个方格，如果与它相邻的处于"生存"状态的方格数目小于 2，则这个方格就会"死亡"。

（ii）**因过度拥挤而死亡**　对于任意一个方格，如果与它相邻的处于"生存"状态的方格数目大于 3，则这个方格就会"死亡"。

（iii）**幸存**　如果一个方格有 2 个或 3 个处于"生存"状态的方格与其相邻，则此方格可以进入下一代。

（iv）**新生**　任意一个"死亡"的方格，如果正好有 3 个处于"生存"状态的方格与其相邻，则此方格会获得新生，被置为"生存"状态。

（a）找出起始时"生存"方格的最小布局，使每一代的繁衍情况保持不变（这样的布局称为"静止的生命"）。

（b）找出起始时"生存"方格的最小布局，会在两种状态之间来回变换（这样的布局称为"振荡器"）。

（c）找出起始时"生存"方格的最小布局，使得"生存"方格能够沿着棋盘移动（这样的布局称为"太空飞船"）。

134. 点着色

为下面的任务设计一个算法，网格上给定 n 个任意的点，并将它们涂上黑、白两种颜色，要求在每一条直线上，不管是水平的还是竖直的，黑色点和白色点的数目相同或者相差一个。

135. 不同的配对

一个幼儿园的老师需要对 $2n$ 个孩子进行分组，组成 n 对来进行日常散步。为这个任务设计一个算法，要求在 $2n-1$ 天内不出现相同的分组。

136. 抓捕间谍

在一种电脑游戏中，一个间谍被放置在一条一维直线上，在时间"0"时，间谍在位置 a。每经过一个时间间隔，间谍移动 $|b|$ 个单位长度，如果 $b \geqslant 0$，则向右移

动；如果 $b<0$，则向左移动。a 和 b 都是固定整数，但是你不知道它们是多少。你可以通过在每个时间间隔（从时间"0"开始）询问间谍当前是否在你所选择的位置来识别间谍的位置。例如，你可以询问间谍当前是否在位置 19，你会得到一个确切的"是"/"否"的回复。如果回复"是"，说明你找到了间谍的位置，如果回复"否"，你可以在下一个时间间隔询问间谍是否在你上次选择的位置或另一个位置。设计一个算法，要求通过有限次数的提问找出间谍的位置。

137. 跳跃成对 Ⅱ

有 n 个硬币排成一行，目的是通过一系列的移动将这些硬币组成 $n/2$ 对。第一次移动，一个硬币需要跳过 1 个与其相邻的硬币；第二次移动，一个硬币需要跳过 2 个相邻的硬币；第三次移动，一个硬币需要跳过 3 个与其相邻的硬币，以此类推，直到经过 $n/2$ 次移动后形成 $n/2$ 对硬币。（每一次移动，硬币可以随意向左或向右跳跃，但必须落在一个硬币上。从 1 对硬币上跳过视为跳过了 2 个硬币。相邻硬币之间的空余位置都可以忽略。）找出所有能使这个问题有解的 n 的值，并设计一个算法，对于所有可行 n 值，可以通过最少的移动解决这个问题。

138. 糖果分享

幼儿园中，有 n 个小朋友围成一个圆圈而坐，并面对着站在圆圈中心的老师。开始时，每个小朋友手上都有偶数块糖果，当老师吹响口哨时，所有小朋友同时将自己手中糖果的一半分享给左边相邻的小朋友。如果糖果分享后有小朋友手上的糖果数为奇数，老师会给该小朋友一块糖果凑成偶数个。随后，老师会再一次吹响口哨，重复先前的过程，直到所有小孩手上的糖果数相同时，游戏结束。这个游戏会永远持续下去吗？还是最终会停止？

139. 亚瑟国王的圆桌

亚瑟国王想要安排 n（$n>2$）个骑士在他的圆桌旁入座，要求任何一个骑士都不坐在仇敌旁边。假设每个骑士的朋友数量都不少于 $n/2$，且友谊和敌对关系是相互的，问如何安排座位才能符合国王的要求？

140. 重温 n 皇后问题

将 n 个皇后放置在一个 $n×n$ 的象棋棋盘上，并且要求任意 2 个皇后都不在同一行、同一列和同一对角线上。对任意的 $n>3$，设计一个线性时间算法解决这个问题。

141. 约瑟夫问题

有 n 个人站在一个圆圈中，并从 1 到 n 进行编号。从编号为 1 的人开始计数，每隔一个人将被淘汰出圆圈，直到仅剩下一个人。应该站在圆圈的什么位置才能成为最后留下的人？

142. 12 枚硬币

有 12 枚外观相同的硬币，要么全是真币，要么仅有一枚是假币。我们并不知道假币比真币重还是轻，你可以使用一个没有砝码的两盘天平秤，确定是否所有的硬币都是真币。如果有假币，找出那个假币并判断假币和真币相比孰轻孰重。设计一个算法，能够在使用最少称量次数的情况下解决这个问题。

143. 被感染的棋盘

在一个 $n×n$ 的国际象棋棋盘上，病毒通过感染棋盘上的方格进行传播，如果一个方格有两个相邻的方格被感染（水平相邻或竖直相邻，对角地相邻不考虑在内），则该方格也会被病毒感染。如果病毒想要感染整个棋盘，那开始时最少需要有多少方格被病毒感染？

144. 拆除方格

一个 $n×n$ 方格的平板由 $2n(n+1)$ 根牙签拼接而成，这些牙签被用作平板中大小为 1×1 的方格的边（如图 2.33 所示）。设计一个算法，要求在移除最少的牙签的前提下，破坏所有方格的边界，不管方格的大小如何。

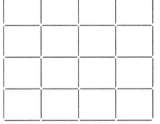

图 2.33　拆除方格谜题中 4×4 平板

145. 十五谜题

这个著名的难题由 15 个从 1 到 15 编号的方砖组成，这些方砖被放进一个 $4 × 4$ 的盒子中，盒子一共有 16 个方块，还有一块空余出来。任务是通过滑动盒子中的方砖对其进行重新排列，使方砖顺序摆放，滑动过程中一次只能移动一个方砖。当初始状态如图 2.34 所示时，此谜题是否有解？

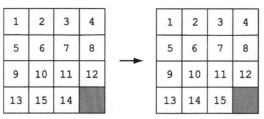

图 2.34　十五谜题的初始位置布局和目标位置布局

146.　击中移动目标

在一种电脑游戏中，有一个射击者和一个移动的目标。射击者可以击中位于同一条直线上的所有 n（$n>1$）个藏身点，目标可以藏身其中。游戏过程中，射击者始终看不见目标；他只知道在两次连续射击的时间段里，目标会移动到相邻的藏身点。设计一个能保证射击者击中目标的算法，或证明不可能存在此种算法。

147.　编号的帽子

在一所大学的新年晚会上，有 n（$n>1$）个数学家。他们密谋用下面的赌局去挑战前来参加聚会的校长。校长可以在数学家们穿戴的聚会帽上写上 0~n-1（包括 0 和 n-1）中的任一个数，这些数字不一定都不相同。当每个数学家看过其他数学家帽子上的数字之后（除了自己帽子上的数字），数学家们之间不能进行任何交流，也不能和游戏之外的人交流，他们会在一张纸上写出自己帽子上的数字并交给校长。当然，他们也不能去看其他人所写的数字。只要他们中有一个人写出正确的数字，他们就赢得了这次赌局，校长会在下一年的经费预算中给他们所在系增加 5% 的科研经费。如果他们没有一个人猜对，那么他们系的经费将会被冻结 5 年。这些数学家是在吹牛呢？还是他们真的有方法能赢得这次赌局？

148.　自由硬币

狱卒将要释放两个被关押的程序员 A 和 B，前提是他们能够赢得下面的猜谜游戏。狱卒放置了一个 8×8 方格的平板，并在每个方格中放入一枚硬币，其中的一些正面朝上，另一些反面朝上。当 B 不在场的时候，狱卒会告诉 A 哪一个方格将被选出来给 B 猜。离开房间前，囚犯 A 必须将平板上的一枚硬币翻转过来，也只能翻一枚。然后 B 进入房间，指出哪一个方格是由狱卒选出来让自己猜的。A 和 B 可以提前商量并计划好策略，一旦游戏开始，他们之间就不能进行任何交流。当然，进入房间后，B 可以查看平板，如果需要的话，也可以做一些计算。囚犯能够赢得游戏并获得自由吗？

149. 卵石扩张

有一种单人游戏，在一个无限大的平板上进行，平板的第一象限被划分成正方形网格。开始时将一个卵石放在平板的角落处，每次操作，如果玩家想从平板上移除一个卵石，可以将两个卵石放在与目标卵石紧挨着的两个位置上，一个在其右边，另一个在其上方，当然这两个位置都必须是空的。此游戏的最终目标是移除楼梯形区域 S_n 中的所有卵石，该区域是由 n 个从平板角落开始的连续对角线组成（如图 2.35 所示）。

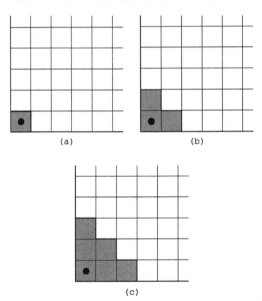

图 2.35 卵石扩张游戏的起始位置——(a)表示 $n=1$ 时的情况，
(b)表示 $n=2$ 时的情况，(c)表示 $n=3$ 时的情况

例如，当 $n=1$ 时，清除区域 S_1 的操作方法如图 2.36 所示。

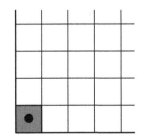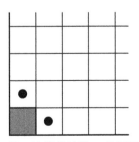

图 2.36 卵子扩张游戏中 $n=1$ 时，第一次操作清除 S_1 的情况

150. 保加利亚接龙

拿出 n 枚硬币（n 为三角形数，即 $n=1+2+\cdots+k$，k 为正整数），把它们随意分成 s 组（$s\geq1$），对分组的数量和每个分组中的硬币数量都没有具体要求。不断地进行以下操作：从每一个分组中各取一枚硬币并放入一个新的分组中。证明：不论 n 枚硬币的初始分配情况如何，经过上述操作的有限次迭代之后，最终总会得到 k 组硬币，并且每个分组中分别含有 $1,2,\cdots,k$ 个硬币（出现上述的分组状态之后，再重复上述操作，硬币的分组情况会保持不变）。例如，图 2.37 描述了 10 枚硬币的操作过程，开始时 10 枚硬币被分为 2 组，一组 6 枚硬币，另一组 4 枚硬币。游戏中并不要求分组的顺序，所以可以根据分组中硬币的数量以递减的方式排列分组，如图 2.37 所示。

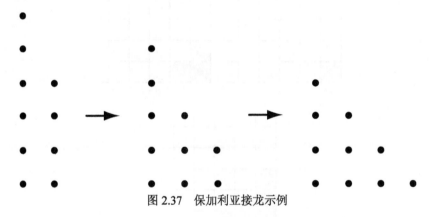

图 2.37　保加利亚接龙示例

第 3 章
Chapter 3

提示

1. **狼羊菜过河** 思考每一种实际场景下唯一可以渡河的物品，以此来解答该谜题。

2. **手套选择** 想象存在一个坏心肠的对手，让你在得到所需之前不得不挑出最多数目的手套。注意手套不是袜子，有左右之分。

3. **矩形切割** 切割出的三角形不需要是相同尺寸的。

4. **士兵摆渡** 先解决只有一个士兵摆渡的情况。

5. **行列变换** 答案是"不能"，思考其原因。

6. **数数的手指** 扮演小女孩数数，数足够多的数，发现其中的规律，让答案变得明了。

7. **夜过吊桥** 答案是"可以"，解答过程没有什么特别的技巧。

8. **拼图问题** 相似的问题在本书概览算法分析技术的章节中可以找到。

9. **心算求和** 至少有两种方法可以用来计算总值，这两种方法都在本书概览中算法分析技术的章节中讨论过。

10. **硬币中的假币** "三次"并不是该谜题正确的答案。

11. **假币堆问题** 答案是"一次"。充分利用秤能称出实际重量这一条件。

12. **平铺多米诺问题** 答案是"不行"。

13. **被堵塞的路径** 利用本书算法设计策略章节中讲解的**动态规划法**来解答该问题。

14. **复原国际象棋棋盘** 为了解决这一问题，棋盘的哪些部分必须要切割？

15. **三格骨牌平铺问题** 三个问题中只有一个问题的答案是"可以"。

16. **煎饼制作** 最快制作三个煎饼的方法是什么？并且注意当 $n=1$ 时是一个特例。

17. **国王的走位** 谜题题目中并没有禁止国王重复走同一个棋格。除此之外，确保你的答案对于每一个 $n \geqslant 1$ 的值都是正确的。

18. **骑士的征途** 观察骑士所跳的每一个棋格的颜色。

19. **页码计数** 把页码作为输入，设计一个计算页码数总和的公式。

20. **寻找最大和** 使用**动态规划法**。

21. **正方形的拆分** 对于某些 n 的取值，并不存在拆分的可能。注意拆分出的小正方形并不需要是一样的尺寸。

22. **球队排名** 利用本书概览算法设计策略章节中的一个策略就可以轻易地得到所需要的排序

23. **波兰国旗问题** 充分利用一次交换两枚棋子这一条件。

24. **国际象棋棋盘着色问题** 除了车以外的其他棋子，都可以用贪婪法找到一个很直观的解决方案。对车而言，一个简单的解决方案也并不难找。

25. **科学家在世的最好时代** 需要好好利用字母表排序的索引。

26. **寻找图灵** 计算在 TURING 后面的"单词"的数量要容易一些。

27. **Icosian 游戏** 始终记住你所走的路径不需要遍历所有的边，只需要遍历所有的顶点。此题可以使用**回溯法**，需要些运气和足够的耐心。

28. **一笔画** 在本书概览算法分析技术章节中，哥尼斯堡七桥问题的分析思路是本题的解题关键。

29. **重温幻方** 参见本书概览算法设计策略辅导章节中幻方的论述。

30. **棍子切割** 着重考虑如何处理棍子切割后的最长片段。

31. **三堆牌魔术** 将第一次分成三堆的牌记为 $a1,a2,\cdots,a9$, $b1,b2,\cdots,b9$, $c1,c2,\cdots,c9$, 以此来跟踪整个魔术过程。

32. **单淘汰赛** 先考虑 n 为 2 的幂时的情况。

33. **真伪幻方** 一个 $n \times n$ 的表格中有 $(n-2)^2$ 个 3×3 的子方格, 回答第一个问题时先考虑 4×4 表格的情况。

34. **星星的硬币** 此谜题可以使用贪婪法求解或使用在本书概览算法设计策略章节中提到的"纽扣和丝线"算法。

35. **三个水壶** 此谜题可用六步解出。

36. **有限的差异** 针对 $n=2$、3 和 4 对此问题进行求解, 以此投石问路。

37. **$2n$ 筹码问题** 此问题在本书第 1.1 节中分而治之法的部分有所讨论。

38. **四格骨牌** 平铺问题所有问题中有 4 个答案是可以的。

39. **方格遍历** 两个方格板中有一个存在遍历路径, 另一个不存在。

40. **四个调换的骑士** 算法设计策略辅导中有本题更为经典的版本。

41. **灯之圈** n 的取值不同, 答案不尽相同。先考虑一些 n 取小值的例子体会不同。

42. **狼羊菜过河问题的另一个版本** 先解决 $n=1$ 时的情况, 考虑所有筹码排列组合的可能。

43. **数字填充** 用例子中给出的数字进行尝试。

44. **孰轻孰重** 没有要求你甄别出哪枚是假币, 仅要求判断假币较其他真币的轻重。

45. **骑士的捷径** 最小移动步数是显而易见的。证明最优化反而有些难度, 只要找到正确测量起点和终点距离的方法, 就可以简化问题。

46. **三色排列** 对于任意 $n \geq 1$ 的取值, 解决该问题的算法都存在。

47. **展览规划** 第一个问题的答案很明显。第二个问题的解答可以用本书概览算法分析技术的章节中讨论过的一种思想得到。

48．**麦乐鸡数字** 有 6 个整数不是麦乐鸡数字。本题的算法可以通过分治法的策略得到。

49．**传教士与食人族** 需要渡河往返 11 次。注意在本书概览算法设计策略的章节中论述过一个相似的问题。

50．**最后一个球** 考虑奇偶性。

51．**缺失的数字** 一旦你有的大致的想法，努力简化它，使得足够简单到可以心算。

52．**数三角形** 思考每次迭代新添加的三角形的数目。在本书概览算法分析技术的章节中讨论过一个相似的例子。

53．**弹簧秤甄别假币** 通过只秤一部分硬币能够得到怎样的信息？

54．**矩形切割** 你可能需要先解决棍子切割（谜题#30），这是该问题的一维版本。

55．**里程表之谜** 第一个问题可以通过标准的排列组合求解。第二个问题有一个聪明的解决方法，不用通过任何复杂的运算求解。

56．**新兵列队** 第一个问题很容易回答，所期望的列队方法和帅克所用的是不同的，而且本谜题有两种方法求解。

57．**斐波那契的兔子问题** 利用以往月份的兔子数目构建一个表示 n 月之后兔子数目总数的公式。

58．**二维排序** 用小二维数组的扑克求解问题，以求获得一些关键的启示。

59．**双色帽子** 假设只有一顶帽子是黑色的。戴此顶帽子的囚犯怎么才能自己觉察出来？其他的囚犯呢？回答好这些问题，概括一下自己的思路以求解问题。

60．**硬币三角形变矩形** 前 n 个奇数求和公式 $Sn=1+3+...+(2n-1)=n^2$ 对于求解这道谜题很有帮助。同时，这个公式也可以帮助你把这个以直角为顶，用一行行平行于斜边的硬币行所构成的硬币三角形变得可视化。

61．**对角线上的棋子** 虽然 n 取小值的一些情况具有一定的参考意义，但是更好的方法是从这些棋子的移动中找出不变的规律。

62. **硬币收集**　**动态规划法**最适合用于此处。

63. **加减归零**　利用求和公式 $1+2+...+n=n(n+1)/2$，分奇偶情况思考本题。

64. **构建八边形**　先解决只有 8 个点的情况。

65. **猜密码**　使用特定规律的比特序列来猜，每猜一次都可以确定密码中的一比特。

66. **留下的数字**　考虑奇偶情况。

67. **均分减少**　你可以使用贪婪算法，但是需要证明该算法确实对此问题奏效。

68. **数位求和**　解决本问题的一般情况会更为简单，即计算 $1\sim10^n$ 之间的所有整数之和。对此，有至少 3 种不同的解法来解决这一问题。

69. **扇区上的筹码**　考虑奇偶情况。

70. **跳跃成对 I**　你可以考虑使用**回溯法**来寻找移动硬币的最小值。

71. **标记方格 I**　n 有 6 个值对于此题无解，这 6 个值中有 3 个是显而易见的。

72. **标记方格 II**　答案对于 n 为奇数和偶数的情况是不一样的。

73. **逮公鸡**　农场主怎样才能在公鸡试图躲避的情况下逮住公鸡？什么样的算法才能使得逮住的情况尽可能快地出现？

74. **地点选择**　对于这个问题，有一个比本书第一部分所述高效得多的算法。假定所有房子都位于同一街道，思考 n 取小值的情况，可以让你更容易找到解决本谜题普遍情况的方法。

75. **加油站检查问题**　你需要分别考虑该问题关于 n 为奇数和偶数的情况。

76. **高效的车**　利用贪心算法可以构建出一个最佳的路线，但是要证明该线路的最优性，并不简单。

77. **模式搜索**　对十进制和二进制数来说，答案是不同的。

78. **直三格板平铺**　答案是"是"。

79. **储物柜门**　手动跟踪该算法，比如说当 $n=10$ 的时候，研究该算法的结果，应该能帮助你回答这两个问题。

80. **王子之旅**　使用该算法可以使得对于任何正数 n 来说，王子能够访问到 $n \times n$ 棋盘中所有的方格，且每个方格只访问一次。注意，该谜题的叙述中没有要求该路线是首尾相连的，也就是说，没有要求最终的方格即开始的方格。

81. **再论名人问题**　该问题的一个简化版本已经在本书的第 1 个示例中解决了。

82. **头像朝上**　想想连续的头像和背面序列。

83. **受限的汉诺塔**　该谜可以通过一个与该谜的经典版本相类似的递归算法（详见第 2 个示例）来解决。

84. **煎饼排序**　你的算法虽然不一定是最佳的，但是应该比穷举法更高效。

85. **散布谣言 I**　当 $n=4$ 时，最小的消息数是 6。

86. **散布谣言 II**　存在几种算法满足条件，在 $n > 3$ 时，需要 $2n-4$ 次对话。

87. **倒置的玻璃杯**　考虑奇偶性。

88. **蟾蜍和青蛙**　该谜题可以通过一系列独特的移动来解决，因为其他的移动明显都会走到死胡同里。你也可以利用互联网上的一些关于该迷题的动画。

89. **纸牌交换**　找到一个跟该谜题相似的谜题，然后用前面谜题的算法为后面的谜题找出一个可行的算法。

90. **座位重排**　存在一个简单的算法，能够通过交换相邻元素的位置来生成全排序。

91. **水平的和垂直的多米诺骨牌**　这个问题的关键部分就是要证明：如果 n 是不能被 4 整除的偶数时，在一个 $n \times n$ 的板上，不可能存在水平和垂直的相等的多米诺骨牌的平铺。这可以通过一个不变量来实现。

92. **梯形平铺**　平铺存在的必要条件在这里也是充分条件。

93. **击中战舰** 用尽量少的数目标记板子上的格子，使得任何一个 4×1 的矩形至少包含一个被标记的格子。

94. **搜索排好序的列表** 答案是"是"。

95. **最大–最小称重** 考虑当 $n=4$ 时的实例，然后进行进一步的探讨。

96. **平铺楼梯区域** 平铺存在的必要条件在这里不是充分条件。

97. **Topswops 游戏** 答案是"是"：游戏在有限次的迭代以后，总会停止。

98. **回文计数** 首先数出"CAT I SAW"有多少种读法要更简单一些。

99. **倒序排列** 解决一些小的 n 值谜题，将会给你指明正确方向。

100. **骑士的走位** 标记一个区域的形状，使得其包含问题中所求的方格。同时，对任意的 $n > 2$，答案能够用相同的公式表达。

101. **房间喷漆** 答案是存在这种方法。

102. **猴子和椰子** 尽管有很多种绝妙的解决办法，但是最直观的方法是列出等式求最小正整数解。

103. **跳到另一边** 答案是不行。

104. **堆分割** 考虑一些小的例子可能会有帮助。

105. **MU 问题** 答案是不可能。

106. **开灯** 可以考虑将每个开关看作比特串中的一位，但也不一定非要这样做。

107. **狐狸和野兔** 狐狸能够在可能的 s 值的 1/2 的路程内抓住兔子。

108. **最长路径** 你可以尝试用贪婪策略来解决这个问题。

109. **双 n 多米诺骨牌** 头两个问题都可以通过简单求和解决。多米诺环可以通过递归或归结为一个知名的图问题得到解决。

110. **变色龙** 观察两个变色龙相遇后每种变色龙数量的变化。

111．反转硬币三角形阵　将第 k $(1 \leqslant k \leqslant n)$ 行作为反转三角形的底，然后选择最佳的 k 值来找到最佳方法。

112．再次讨论多米诺平铺问题　答案是很简单的，对于结果正确性的证明就不太容易了，因为缺失的两个方形可以出现在棋盘的任何地方。

113．拿走硬币　考虑一些小例子，对找到正确的通用策略应该会有所帮助。

114．划线过点　考虑 $n=3$ 时的解决方案，并推广到其他情况。值得注意的是，对线条的唯一限制条件是它们必须是直的。

115．Bachet 的砝码　两种版本的问题都可以用贪婪方法很容易猜到答案。如何证明解是最优的是本题的核心所在。

116．轮空计数　第一个问题的答案可以通过解一个简单的等式解决。第二个问题的解可以从第一个问题中抽取出来。

117．一维跳棋　不考虑对称的解决方法的话，空格可能在两个棋盘位置中的一个；每个都能推导出剩余棋子出现的两个最终位置。

118．六骑士　参见本书概览设计策略章节，其中讨论了一个更简单的 Guarini 谜题。

119．有色三格板平铺　你可能会用到本书概览第 1.1 节中无色三格骨牌平铺的策略。

120．硬币分发机　把箱子从左到右从 0 开始编号并且用位字符串来表示最终的分配结果。

121．超级蛋测试　考虑函数 $H(k)$，代表在 k 次试验中能够解决该问题的最大楼层数。

122．议会和解　开始时用任意方法将议员分成两派，调整每派的配置使之达到要求的状态。

123．荷兰国旗问题　你可能会想到先解决波兰国旗问题 (#23)，该问题解决了两种颜色图案的问题。

124．切割链条　首先反向考虑这个问题，找出拿掉 k 个回形针后，解决方法中链条的最大长度。对于 $k=1$，最大长度等于 7。

125．对 5 个物品称重 7 次来排序　尽管问题能够在 7 次称重内解决，每次比较两个砝码，但是没有实现这个目标的正确方法的通用的排序算法。

126．公平切分蛋糕　当 n=2 时有一个简单但非常聪明的解决方法，可以将该解决方法扩展到一般情形。

127．骑士之旅　这个问题有很多很多不同的解决方法，可以假设骑士都是从棋盘的角落处开始遍历。你能找到一种方法，需要在移动时使骑士尽可能地靠近棋盘的边缘。

128．安全开关　可以从解决该问题的一些具体的实例入手，然后使用**减而治之**的策略找出一般性的方法。

129．Reve 之谜　可以参考汉诺塔问题的解决方法，使用相似的算法解决这个问题（参考本书第 1 章概览的 1.2 节）。

130．毒酒　首先，两个问题的答案都是肯定的，任务是设计足够高效的算法，能在给定的约束条件下完成任务，事实上并不需要整 5 周时间。

131．Tait 筹码谜题　可能需要对此谜题的多个实例进行分析才能确定一个有效的解决方案，尤其是 $n=3$ 时的解决方法很具有迷惑性，而 $n=4$ 时的解决方法开始具有普遍性。可以尝试使用**减而治之**的策略来解决这个问题，但需要注意当 n 取值较小时的特殊性。

132．跳棋军队　对问题中一些已知实例的解决方案进行分析。

133．生命的游戏　"静止的生命"布局、"振荡器"布局和"太空飞船"布局所需的最小的"生存"状态方格数分别为 4、3 和 5。

134．点着色　使用**减而治之**策略。

135. 不同的配对 可以通过使用一个 2×n 的表格或在圆周上标记等距点来解决此谜题。

136. 抓捕间谍 先从下面的简单情况入手：假设你知道间谍从位置"0"处开始移动，但是你只能在时间"1"开始时提出问题。

137. 跳跃成对 II 逆向思考既有助于回答提出的问题，又能帮助设计出需要的算法。

138. 糖果分享 考虑以下两种极限情况：1）小孩最多可能拥有的糖果数量；2）小孩最少能够拥有的糖果数量。

139. 亚瑟国王的圆桌 使用迭代改进策略，将相互敌对且坐在一起的骑士对的数量看成单变量。

140. 重温 n 皇后问题 分别考虑 n 除以 6 所得不同余数的 6 种情况。$n \bmod 6 = 2$ 和 $n \bmod 6 = 3$ 两种情况与其余情况相比较为复杂，在皇后的放置上需要使用调整的贪心算法。

141. 约瑟夫问题 分两种情形考虑幸存者的位置 $J(n)$：1) n 为偶数；2) n 为奇数。

142. 12 枚硬币 至少需要进行三次称量才能解决这个难题。

143. 被感染的棋盘 谜题的答案是 n，需要证明这个数字是感染整个棋盘的充分必要条件。

144. 拆除方格 通过特定的方式将多米诺骨牌平铺在整个平板上有助于找出解决方案。对于一个 4×4 平板，最少需要移除 9 根牙签才能完成目标。

145. 十五谜题 通过找出一个不变量来证明对于给定的条件此题无解。

146. 击中移动目标 存在满足条件的算法。假设从 1 至 n 对躲藏点进行编号，首先考虑目标在偶数编号位置时的情况。

147. 编号的帽子 利用每个数学家看得见的帽子上的数字之和。

148. **自由硬币** 可以通过使用一种基于位字符串的典型计算操作来赢得比赛。

149. **卵石扩张** 只有当 $n=1$ 和 $n=2$ 时，才能达到游戏的目标。找到一个不变量来证明对任意的 $n>2$，无法达成目标。

150. **保加利亚接龙** 首先，证明算法创造了一个硬币分配的循环，循环中，硬币堆按照硬币数量不递增的顺序排列。接下来，通过跟踪循环中每个硬币的移动轨迹，证明对于数量为三角形数的硬币，循环仅包含一种分配状态。

第4章
Chapter 4

答案

在**名言对号入座**中所引用名言的原作者顺序依次为威廉·庞德斯通、乔治·波利亚、马丁·加德纳、高斯和斐波那契。

1. 狼羊菜过河

答案: 用字母 M、w、g 和 c 分别代表人（始终和船在一起）、狼、羊和菜，图 4.1 描述了解决这一谜题的渡河的两种答案。

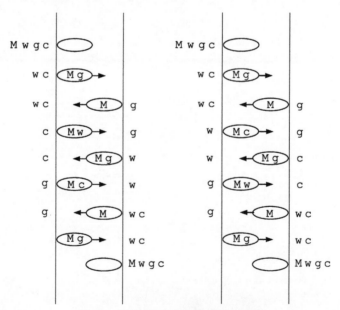

图 4.1　狼羊菜过河谜题的两种答案

评论: 绝大多数谜题并不会有如此简单的答案。此题是一个很罕见的例外，人仅在第三次渡河时有一次选择的机会（选择带狼还是带菜）。此题可以利用状态空间图进行求解（见[Lev06, Section 6.6]），与算法设计策略的辅导中两个嫉妒的丈夫谜题的解法相似。本谜题的渡河状态还可以用立方体的顶点表示（见[Ste09, p.256]）。这些可供选择的状态表示方法都说明七次渡河是最小的可能解。

这个经典的谜题收录在 *Alcuin's collection*——已知最早的拉丁文数学问题合集中，这本书在本书最开始的概览章节中有所提及。关于该谜题在世界上其他地方的出现，参见[Ash90]。在现代，它已经变成了谜题集的标准内容（例如，[Bal87, p.118]；[Kor72, Problem 11]）。令人惊叹的是，这个谜题到现在依然能够吸引数学家和计算机科学家的研究兴趣（见[Cso08]）。

2. 手套选择

答案：问题（a）和（b）的答案分别是 11 和 19。

a．最坏的情况是，在挑出至少一双匹配的手套之前，你已经挑出了 5 只黑手套、3 只棕手套和 2 只灰手套——都是同一只手的。接下来挑出一只将必然会匹配出一双手套。因此，答案是 11 只。

b．最坏的情况是，在每个颜色中都挑出一双匹配的手套之前，你已经挑出了全部的 10 只黑手套，全部的 6 只棕手套和 2 只同一只手的灰手套。接下来挑出的灰手套将必然匹配。因此，答案是 19 只。

评论：这个谜题是一个对算法效率最坏情况分析的例子。

在绝大多数的谜题书中，此类问题的一种是不同颜色的球（例如，[Gar78, pp. 4-5]）。不同颜色的手套，较之本题多了些额外的变化，参见[Mos01, Problem 18]。

3. 矩形切割

答案：一个矩形可以被切割成 n 个直角三角形，n 为大于 1 的任意整数。

当 $n=2$ 时，矩形可以沿着自身的对角线进行切割（图 4.2a）。如果 $n>2$，第一刀可以沿着矩形的对角线切割，后续的 $n-2$ 刀每一刀都是将已有的直角三角形切成两个新的直角三角形，方法是沿着垂直于斜边的高线切割，如图 4.2b 所示。

我们可以先考虑 n 为偶数的情况：现将矩形切割成 $n/2$ 个更小的矩形（比方说，

平行于矩形底边横切 $n/2-1$ 刀），然后沿着每个小矩形的对角线将它们切成两个直角三角形（见图 4.2c）。如果 n 是奇数，我们可以用前面的方法先将矩形切成（$n-1$）个直角三角形，然后任意选择其中一个直角三角形沿着斜边上的高线再切一刀。

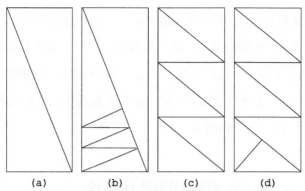

图 4.2　矩形切割成直角三角形。第一类方法对应
（a）$n=2$（b）$n=7$。第二类方法对应（c）$n=6$（d）$n=7$

评论：第一个答案基于增量法（由底向上的**减一策略**）。第二个答案可以看是一个变而治之的例子，将奇数情况的问题转变成为较为简单的偶数情况的问题。

4. 士兵摆渡

答案：首先，两个男孩乘船到达岸的另一边，然后，其中一个男孩划船返回。这时，一个士兵可以划船去对岸并待在那里，让另一个男孩划船返回。这 4 次摆渡简化了整个问题的规模——需要摆渡的士兵的数目——减少了 1 个。因此，这 4 次摆渡会重复 25 遍，问题将通过 100 次摆渡得到解决。（当然，扩展到更普遍的情况，对于 n 个士兵，则需要摆渡 $4n$ 次）。

评论：这个简单的谜题是算法设计中减而治之（减一）策略的一个很好的阐释；该策略在本书的最开始的概览中论述过。

此谜题历史悠久且非常有名。由 Henry E. Dudeney 在 1913 年出版的 *Strand Magazine* 中发表（另见 [Dud67, Problem 450]）；它还被一部俄国的谜题集收纳 [Ign78, Problem 43]，该谜题集于 1908 年第一次出版。

5. 行列变换

答案：答案是"不能"。

行变换维持行上的数字不变，列变换维持列上的数字不变。如图 4.3 所示，不是所给阵列变换前后的情况：例如，5 和 6 在变换前阵列的同一行，但在变换后阵列的不同行上。

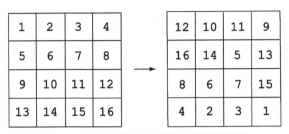

图 4.3 行列变换前和变换后的数字阵列

评论：本谜题是应用不变量的一个很好的例子，需要注意的是，不变量问题与较之更为常见的奇偶性问题和着色问题是不一样的。

本谜题与 *A. Spivak's collection* 的 Problem 713 很相似 [见 Spi02]。

6. 数数的手指

答案：将停在她的食指上。

以下是她用手指计数的过程：

手指	大拇指	食指	中指	无名指	小指	无名指	中指	食指
计数	1	2	3	4	5	6	7	8
计数	9	10	11	12	13	14	15	16
计数	17	18	19	20	21	22	23	24
计数	25	26	27	28	29	30	31	32

可以清楚地看到，计数每 8 个数字就会落到同一根手指上。因此解答本谜题只需要找到 1000 除 8 的余数，这个余数为 0。这意味着当女孩数到 1000 时，计数将落在食指（上一个数数的手指是中指），这与数任何能被 8 整除的数字的情况相同。

评论：本谜题属于一种相对罕见的谜题类别，通过给定算法（此处为手指数数的方法），对于特定的输入（此处为数字 1000），判断输出。

该谜题源于 Martin Gardener 的 *Colossal Book of Short Puzzles and Problems* [Gar06, Problem 3.11]。另一个与此相似的谜题是由 Henry Dudeney 所搜集的 *536 Puzzles & Curious Problems* [Dud67, Problem 164]。

7. 夜过吊桥

答案：此谜题的过桥顺序如图 4.4 所示。

另一种可行的解法是，第一次到达对岸之后，先由 2 返还手电筒，然后第二次到达对岸之后，再由 1 返还手电筒。

事实上，17 分钟是完成过桥所需的最短时间。显然（同时可以严格证明），两人过桥其中一人必须返还手电筒，要不然的话，所有人早就直接过桥到对岸了。因此，三次两人过桥加上两次一人过桥对于四个人要在最短时间到达对岸的要求来说是必须的。如果手电筒来回都是由最快的人传递，那么这个人必须参与每一次过桥，则总时间为 (10+1)+(5+1)+2= 19 分钟。如果两次回程返还手电不都是由最快的人做，那么回程的时间至少是 2+1=3 分钟，所有人到另一边的时间至少是 10+2+2=14 分

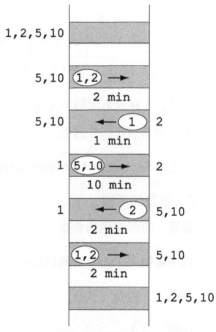

图 4.4　谜题夜过吊桥的答案：标签 1、2、5、10 分别表示过桥的四个人，箭头指示过桥的方向（手电始终是随身的）。

钟，因为有一次两人中有那个最慢的人，花费 10 分钟，同时另外两次两人过桥每次至少 2 分钟。因此，所有花费的总时间至少为 17 分钟。

评论：正如我们在最开始的概览中论述的一样，这个谜题并不能简单直接地应用贪婪法来解答。这也是为什么许多人觉得此题实际比看上去要难得多的原因之一。

此谜题，也被称作桥和电筒问题，在几年前曾被网上热议；它被作为一道微软面试的谜题收录在 William Poundstone 的书中[Pou03, p.86]。Torsten Sillke 的网站 [Sillke]上有一系列与这道谜题相关的有趣材料，包括关于此题最早在 Levmore 和

Cook 书中的引用[Lev81]，以及此谜题的一个更为普遍情况的算法，即 n 个人在同样的约束条件下过桥，对每个人过桥的次数不做限制。该算法的最优化证明由 Günter Rote 在 2002 年出版[Rot02]。想要做进一步的延伸，参见 Moshe Sniedovich 的网站[Sni02] 以及 Roland Backhouse 的论文 [Bac08]。

8. 拼图问题

答案：答案是 499 次"拼接"。

每一次"拼接"都将拼图"组"的数目减少了 1。因此，在 k 次"拼接"之后，不管拼接是怎么样的顺序，所剩下的拼图"组"个数将变为 $500-k$。因此将整个拼图拼完，需要"拼接" 499 次。

评论：这个解答与更为人熟知的掰巧克力块谜题（见第 1.2 节）一样基于**不变量**的思想。

此谜题由 Leo Moser 投稿，发表在 1953 年 1 月的 *Mathematics Magazine*（p.169）；之后又收录在[Ave00, Problem 9.22]。

9. 心算求和

答案：总和等于 1000。

目标是计算（心算）出如图 4.5 所示表格中所有数字的总和。

第一种方法基于对正方形对称性的观察，关于对角线（右上角和左下角方向）对称的对应方格中数字的和为 20，如：1+19，2+18，2+18，等等。这样，数字和一共有(10×10-10)/2=45 对（对角线上的数字不计算在内），所以，所有对角线之外的数字的总和等于 20×45 =900。加上对角线上的 10×10 =100，所有数字的总和为 900+100 =1000。

第二种方法是逐行计算每行的和值（或逐列计算每列的和值）。第一行的和值正如第 1.2

1	2	3		...				9	10
2	3						9	10	11
3						9	10	11	
					9	10	11		
				9	10	11			
⋮			9	10	11				⋮
		9	10	11					
	9	10	11						17
9	10	11						17	18
10	11			...			17	18	19

图 4.5　心算求和的数字表格

节所述的那样，等于10×11/2=55。第二行的和值为55+10，因为第二行的每一个数都比上一行对应的数大1。同理可以计算其他各行的值。因此，所有数字总和等于55+(55+10)+(55+20)+⋯+(55+90)=55×10+(10+20+⋯+90)=55×10+10×(1+2+⋯+9)=55×10+10×45=1000。

评论：第一种算法使用了Carl Gauss计算100以内整数的和一样的技巧，正如第1章中讲述的一样。我们强调过，和值公式对于算法分析是极其有用的。在第二种算法中我们使用了该公式两遍以简化求和计算的难度。

本谜题与*Wall Street interview question book*中的问题1.33很相似[Cra07]。

10. 硬币中的假币

答案：答案是称两次。

从所给硬币中取出两组3枚硬币，将这两组硬币放于天平的两端。如果它们重量相等，则假币一定混在剩下的2枚硬币之中，称这两枚硬币的重量，轻者就是假币。如果第一次称重没有获得平衡，则假币一定混在轻一些的那3枚硬币中。任取出两枚放置于天平两端。如果它们重量一样，那么该组中的剩下一枚是假币；如果它们重量不一样，那么轻一些的是假币。由于本谜题无法只用一次称重解决，以上算法所需的两次称重是最优的。

评论：由于 $8=2^3$，而且将问题的规模两等分通常会获得极其高效的算法，这就不难理解为什么许多人用三次称重而不是两次称重的方法来求解本题。本题是一个很罕见的例子，可以通过比2大的因子来对问题进行简化。本题还强调了一个处理特定数字信息问题时会遇到的窘境，即，有些时候是可以利用给定数据的特点来解题，但有时也会出现被误导的情况。

本谜题还存在另外一种解法，使得第二次称重不依赖于第一次称重的结果。用字母A、B、C、D、E、F、G、H来标记硬币。第一次称重，比较ABC和FGH。第二次称重，比较ADF和CEH。如果ABC=FGH（第一次称重的结果是平衡），所有这6枚硬币都是真的，因此第二次称重等同于比较D和E的重量。如果ABC<FGH，则只有A、B和C可能是假的。因此，如果第二次称重ADF=CEH，则B是假币；如果ADF<CEH，则A

是假币；如果 ADF>CEH，则 C 是假币。至于 ABC>FGH，刚才的分析同样适用。

很明显，此谜题有一个更为一般化的版本，就是针对任意数目的硬币。不过，division-into-thirds 算法的最优化证明需要引用到更为高阶的技术，例如决策树（如 [Lev06, Section11.2]）。

根据 T. H. O'Beirne[Obe65, p. 20]，本谜题可以追溯至第一次世界大战。现如今，在美国的面试中常常见到它的身影。若你对更难的硬币称重问题感兴趣，参见谜题 12 枚硬币（#142）。

11. 假币堆问题

答案：本谜题只需要一次称重。

将硬币堆从 1 到 10 进行标记。从第一堆硬币中取出一枚硬币，从第二堆中取出两枚，以此类推，直到从最后一堆硬币中取出 10 枚硬币。称出所有这些取出来的硬币的总重量。与 550 做差（550 是（1+2+3+⋯+10）=55 枚真硬币的重量），差值就指示着假币堆的标号。例如，如果取出硬币的重量是 553 克，则 3 枚硬币是假币，因此是第三个硬币堆是假币。

评论：这个解决方案是基于**表示变更**的思想。

此谜题被收录在 Martin Gardner 的 *Scientific American* [Gar88a, p. 26]第一册专栏集以及 Averbach and Chein 的 *Problem Solving Through Recreational Mathematics* [Ave00, Problem 9.11]。

12. 平铺多米诺问题

答案：所要求的平铺方法不可能实现。

本题可用反证法证明。假设这样的平铺方法可以实现，由于方格板是对称的，我们假设它的左上角是被如图 4.6 所示的一块横置的多米诺牌 1 所覆盖，那么，第二行第一列的方格必然是被一块竖直排放的多米诺牌覆盖，因此，同行第二列会是一块横放的多米诺牌。按照这个思路推演下去，我们会得到图 4.6 所示的平铺图。在多米诺牌 13 之下放一块横置的多米诺牌，变成了唯一的选择，这与没有两张多米诺牌并排形成 2×2 的正方形的题目条件相矛盾。

评论：这个谜题是一个相当罕见的证明不存在性的例子，没有基于任何在第 1.2 节中所提到过的**不变量**的思想。

本谜题是 [Fom96, p. 74] 中的 Problem 102。

13. 被堵塞的路径

答案：是 17 条路径。

最简单的解题方法是应用**动态规划法**——第 1.1 节算法辅导中所提及的算法设计策略中的一种。方法是找出 A 到每一个围栏以外的交叉路口的最短距离（见图 4.7）。从将 A 点赋值为 1 开始，每行按从左往右的顺序逐行计算这些数值。如果一个交叉口的左边和上边有相邻交叉点，则它的值由相邻交叉点的值求和得到；如果一个交叉口只有一个相邻交叉点，那么它的值和相邻交叉点的值一样。

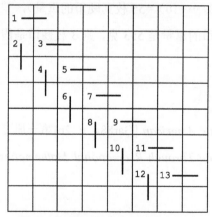

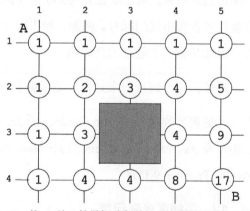

图 4.6　平铺多米诺问题的反证过程　　图 4.7　从 A 到 B 的最短路径统计，堵塞区域标为灰色

评论：一个相似的问题在本书概览的算法设计策略章节中有所讲述。路径统计是**动态规划法**很著名的一类应用（如，参见 [Gar78, pp. 9—11]）。其他动态规划的应用通常没有这么直观。

14. 复原国际象棋棋盘

答案：切分成 25 块。

标准的国际象棋棋盘没有 2×1 或 1×2 同色的区域，因此每一个 4×4 的区域水

平方向和竖直方向都需要切割。4 次水平方向和 4 次竖直方向的切割将棋盘切成 25

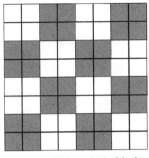

块，这就是最少的切分块数：4 个 1×1 的方格，12 个 1×2 的矩形，以及 9 个 2×2 的正方形（每个棋格着色都与标准棋盘一样）。重组复原整个棋盘有很多种方法。例如，可以将棋盘边界上的 8 个 1×2 的矩形旋转 180°，并将 4 个 2×2 的正方形旋转 90°。

评论：此谜题来源于 Serhiy Grabarchuk 的 *The New Puzzle Classics*[Gra05, p. 31]。

图 4.8　优化切分以重组复原国际象棋棋盘

15. 三格骨牌平铺问题

答案：问题（a）和（b）的答案是"错误"，问题（c）的答案是"正确"。

（a）答案是"错误"，因为 3×3 的方格板不能被直角三格骨牌平铺。虽然板的一角，如左下角，能以三种方法平铺，剩下的每一个空间都只能再平铺一块直角三格骨牌。

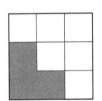 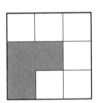 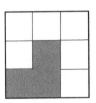

图 4.9　三种开始平铺 3×3 方格板的方法，用一块直角三格骨牌覆盖左下角

（b）答案是"错误"，因为任何 $5n×5n$ 方格板的方格总数都不能被 3 整除。

（c）一个理想的平铺方式可以通过将板子划分成若干个 2×3 的矩形，每一个矩形用两个三格骨牌就可以平铺。（如图 4.10 所示示例）

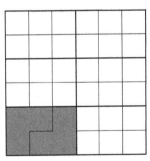

评论：第一个问题的答案是对最小实例的穷举检查。（此处，最小的实例是一个例外，所有 $3^n×3^n$ 的方格板，对于 $n>1$，都可以被三格骨牌平铺[Mar96, p. 31]）。第二个问题的答案基于**不变量**的思想。第三个问题的解答可以认为是一个**分而治之**的具体应用。

图 4.10　用三格骨牌平铺 6×6 方格板

此谜题与 Ian Parberry 编纂的 *Problems on Algorithms* 中的 Problem 50 类似 [Par95]。

16. 煎饼制作

答案: 对于所有的 $n>1$, 所需要的最小时间是 n 分钟, 对于 $n=1$, 所需时间为 2 分钟。

如果 n 是偶数, 答案非常明显: 对每一对煎饼, 都同时煎炸, 先是第一面, 然后是另外一面。

如果 $n=1$, 那么必须要 2 分钟来煎炸好煎饼的两个面。如果 $n=3$, 按照如下方法用 3 分钟可以完成煎饼制作。首先, 煎炸煎饼 1 和煎饼 2 的第一面, 然后煎炸煎饼 1 的第二面和煎饼 3 的第一面, 最后, 同时煎炸煎饼 2 和煎饼 3 的第二面。如果 n 是奇数且大于 3, 最优的算法是先按所述的方法制作好前三个煎饼, 对于剩下的 $n-3$ 个煎饼, 由于 $n-3$ 是偶数, 按照偶数的煎炸方法即可。

对于每一个 $n>1$, 以上的算法都需要 n 分钟完成煎饼的制作。这是可行时间的最小值, 因为 n 个煎饼有 $2n$ 个面要煎炸, 任何算法都不可能在一分钟之内煎炸好 2 个以上的煎饼面。

评论: 上述的算法可以视为一个减二策略的算法。当然, 本谜题的关键在于制作三个煎饼的最优方法。

本题最早源自 1943 年的 David Singmaster 的参考文献[Sin10,Section 5.W]。David 声称该问题的历史应该比此更早。自从那时起, 它就被收录于众多的谜题书中 (例如, [Gar61, p. 96]; [Bos07, p. 9, Problem 38])。

17. 国王的走位

答案: (a) 当 $n>1$ 时, 答案是 $(2n+1)^2$, 当 $n=1$ 时, 答案为 8。

移动一步, 国王可以到达开始点毗邻的 8 个方格。移动两步, 它可以到达如下地方: 开始的方格 (先离开, 然后再返回), 毗邻于它的 8 个方格中的任意一个 (先走到一个相邻的方格然后再移动到最后所在的位置), 以及如图 4.11a 所示的 16 方格中的一个, 这 16 个方格是由点串起来所形成的正方形中的中间那个。因此, 所有移动两步所能到达的方格要么在这个正方形的边上，要么在这个正方形的内部。总之，在 $n>1$ 次移动后，国王能到达的方格位于以开始起点为中心的 $(2n+1)\times(2n+1)$ 正方形的边缘或其内部（见图 4.11a 所示为 $n=3$ 的情况）。这些方格的数目等于 $(2n+1)^2$。如果 $n=1$，国王只能到达邻近的 8 个方格，与 $n>1$ 时的情况不同，国王无法回到起始的方格。

（b）答案是 $(n+1)^2$ 个方格。

如果国王只能沿水平或竖直方向移动，在 n 步之后，不管 n 为偶数还是奇数，它总会停在一个与起始方格颜色相同或相反的方格之上。考虑国王在 n 步所能到达的最远的方格，这些方格会形成一圈边线：在这边线上的所有方格都拥有相同的颜色，并且都是国王在 n 步之后可达的（见图 4.11b）。这样算下来，国王可到的方格有 $(n+1)^2$ 个。

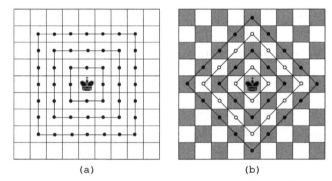

（a）　　　　　　　　　　　（b）

图 4.11　（a）3 次标准走位后国王所能到达的方格区域（包括起始方格）。（b）3 次水平和竖直走位所能到的方格区域（空心圈），4 次水平和竖直走位（实心圈加上起始方格）

评论：答案的正确性可以用数学归纳法做更为严格的证明。本书后面部分的谜题骑士的走位（#100）是针对国际象棋骑士的同一个问题。

18.　骑士的征途

答案：不可能。

骑士移动开始和结束的棋格永远是相反的颜色。所有棋盘上的格子都访问一次需要移动 63 次；由于该数字是奇数，那么整个走棋过程应该在颜色相反的棋格上开始和结束。但是棋盘左下角和右上角的棋格颜色是相同的，所以完成整个走棋过程是不可能的。

评论：此谜题是一个标准的发掘棋格颜色**不变量**的练习题。注意有这样一个谜题，要求找出一条路径使得骑士可以遍历国际象棋 8×8 棋盘上的每一个棋格，这就是本书的骑士之旅问题（#127），若是对从对角线开始并且以对角线结束不做要求的话，问题是有解的。

19. 页码计数

答案：共有 562 页。

假设 $D(n)$ 是前 n 个正整数（页码）十进制数的总和。最开始的 9 个数字都是一位的，因此对于 $1 \leqslant n \leqslant 9$，$D(n)=n$。对于 10～99 这 90 个数字，是两位数。因此，

$$D(n)=9+2(n-9), \quad 10 \leqslant n \leqslant 99$$

在此区间内，$D(n)$ 最大的值是 $D(99)=189$，这意味着，需要三位数的加入才能得到题目所给的 1578。总共有 900 个三位数字，我们可以得到公式

$$D(n)=189+3(n-99), \quad 100 \leqslant n \leqslant 999$$

求解以下这个方程，我们就能得到答案

$$189+3(n-99)=1578$$

答案是 $n=562$。

评论：本书还将此谜题作为一个算法分析的简单例子囊括其中。

相似的问题在趣味数学的相关书籍中经常可以见到。

20. 寻找最大和

答案：使用第一章概览中讨论过的标准**动态规划法**，计算从顶点下降到底边的路径上相邻数字总和的最大值。从顶点开始，很明显顶点的和值就是这个数字本身。然后计算由顶向下的和值，比方说，沿着三角形的每一行从左至右。对于在行首或行尾的数字，取前一行上相邻数字已经计算好的和值与自身加和；对于不是行首或行尾的数字，取前一行上两个相邻数字的已经计算好的和值中较大的那个与自身加和。当对三角形底边上所有数字的和值都计算完毕后，选择最大的那一个。

图 4.12 阐述了对谜题所给出的数字三角形采用**动态规划算法**计算的过程。

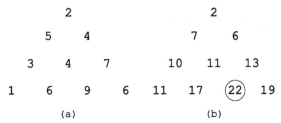

图 4.12 寻找最大和谜题的动态规划算法示意图。（a）给出的数字三角形。
（b）沿下降路径计算最大和值后的数字三角形（22 为最终解）

评论： 这个谜题来源于欧拉计划的网站[ProjEuler]。

21. 正方形的拆分

答案： 一个正方形可以被拆分成 n 个更小的正方形，此处，$n>1$ 但 n 不等于 2、3 和 5。

考虑到正方形的四个直角都必然会成为更小正方形的一部分，明显 n 为 2、3 和 5 时都是无解的。$n=4$ 的解是显而易见的，见图 4.13a。这个解可以推广到所有的偶数 $n=2k$，在所给定的正方形中，沿着相邻的两个边划出 $2k-1$ 个等大的小正方形，每个小正方形的边长等于大正方形边长的 $1/k$。图 4.13b 展示了该解法对于 $n=6$ 时的情况。

如果 $n>5$ 且 n 为奇数，意味着 $n=2k+1$，这里 $k>2$，那么 $n=2(k-1)+3$。我们可以先把给定的正方形按照上边偶数的方法拆分成 $2(k-1)$ 个小正方形，然后选择任意其中一个（例如，左上角的那个），划分成 4 个更小的正方形，这样所获得的正方形的总数就多了 3 个。图 4.14 展示了该拆分方法对于 $n=9$ 时的情况。

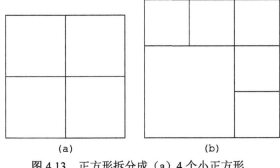

图 4.13 正方形拆分成（a）4 个小正方形
（b）6 个小正方形

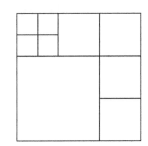

图 4.14 正方形拆分成 9
个小正方形

评论： 我们分别对 n 为偶数和奇数的情况进行了思考和解答，把奇数情况转变成相对简单一些的偶数情况是本题的难点。

此谜题收录在 7 本书中（如[Sch04, pp. 9–11]）。有一个与之相关的但更难的问题——将正方形拆分成大小不同的小正方形，参见[Ste04, Chapter 13]，该书很好地阐释了这类问题的历史和相关结论。

22. 球队排名

答案： 使用以下递归算法解题。如果 $n=1$，那么问题直接得以解决。如果 $n>1$，通过任意选择 $n-1$ 个球队作为一个组来递归地进行解题。扫描一遍这 $n-1$ 个球队的名单，将不包含在内的那个球队的名字插入到名单中第一个输给它的球队的队名的前面。如果没有这样一支球队——说明没在名单上的那只球队输给了名单上所有的球队，那么应该把那支球队的名字插在名单的底部。

评论： 这个算法是一个减而治之策略的完美阐释。它也可以反过来实现，由底向上（增量地），最开始的名单只有一个球队，然后依次插入第 2 个、第 3 个、……、第 n 个球队到名单之中，每次插入球队名字都选择在名单中第一个输给它的球队的名字前面，如果没有这样一支球队——说明没在名单上的那只球队输给了所有在名单上的球队，那么应该把那支球队的名字插在名单的底部。

至于本题的起源，所知道的是这个谜题自产生之日起距今有相当长的一段历史。例如，该谜题有一个国际象棋锦标赛的版本（象棋是可以和棋而终的）收录在 E. Gik 的书中 [Gik76, p. 179]。

23. 波兰国旗问题

答案： 这是本谜题多个解法中的一个。找到最左端的白棋和最右端的红棋。当最左端的白棋位于最右端的红棋右侧时，算法停止；如果不是这样，交换两棋的位置并重复以上操作。

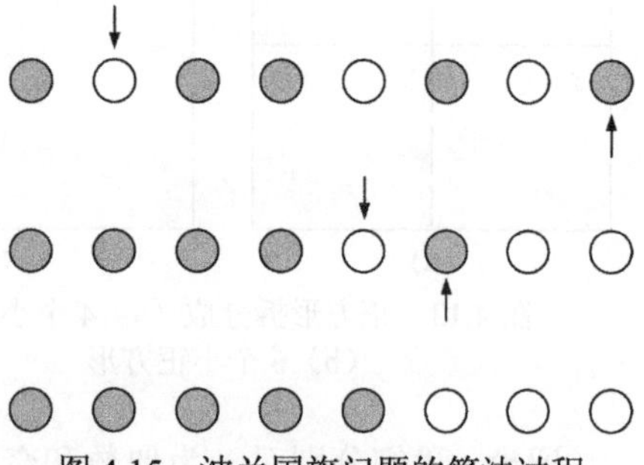

图 4.15 阐述了这个算法的过程。

评论： 以上算法同最重要的排序算法之一的快速排序算法的核心部分相似（如

图 4.15　波兰国旗问题的算法过程

[Lev06, Section 4.2]）。可以认为它是一个**分而治之**的算法，因为在每一次迭代过程中，问题的规模都在逐渐变小。

该谜题的一个简化版本是本书的荷兰国旗问题（#123）。

24. 国际象棋棋盘着色问题

答案：（a）对于骑士来说，$n>2$ 时所需的颜色数目为 2：显然需要多于一种颜色，标准国际象棋棋盘的两色着色已经是这个问题的答案。对于 $n=2$ 的情况，颜色数目是 1，因为在如此小的棋盘之上两个骑士无法威胁到对方。

（b）主教仅仅威胁在同一对角线上的棋格，而不威胁其他区域中的棋格，至少需要 n 种颜色来为从左上角到右下角这一主对角线上的每一个棋格的颜色。一种最简单的着色方法是将棋盘的每一列都着色成与同一列主对角线上棋格相同的颜色。因此，对于主教而言，所需的颜色数为 n。

（c）国王威胁的是每一个毗邻自己一个格的区域。对于 2×2 大小的棋盘，至少需要 4 种颜色来着色。将棋盘分成若干个这样的区域（有些区域可能会是小的矩形，把它们当成 4×4 的区域来看待，所不同的是，有一些方格在棋盘外面），将每个 2×2 的区域都用同样的方式都着成 4 种颜色。对于国王而言，所需颜色数是 4。

（d）车威胁所有同行和同列的棋格，至少需要 n 种颜色来为一行或一列着色。这个数字是充分且必须的。所对应 n 种颜色最简单的着色方法是使得任何两个同色的棋格既不位于同行也不位于同列。比方说，先将第一行漆成 n 种颜色，然后逐行将颜色向右循环平移一列。图 4.16 给出了 $n=5$ 时的一个例子。

1	2	3	4	5
5	1	2	3	4
4	5	1	2	3
3	4	5	1	2
2	3	4	5	1

图 4.16　用 5 种颜色将 5×5 的棋盘着色，使得没有任何两个位于同行或同列的棋格是同色的

评论：对于骑士和主教，所给出的答案是非常直观的，国王的着色可以认为是基于贪婪法的策略。至于车的着色，它使用了 n 阶的拉丁方：一个 $n×n$ 的矩阵用 n 个不同的符号按特定方式填充，使得每一个符号在每一行每一列都仅仅出现一次。骑士、主教和国王的最少着色问题是比较简单的，但皇后的最

少着色问题完全不是这么回事（见 [Iye66]）。

25. 科学家在世的最好时代

答案：概括来说，该问题可以做如下表述：对于给定 n 个区间 (b_1, d_1), …, (b_n, d_n)——b_i, d_i 代表索引中第 i 个人的出生和死亡的年份，找出所给区间中拥有最多交集数目的子区间。所有的区间都是开区间，如果 $d_i = b_j$，则认定第 i 个区间的右括号先于第 j 个区间的左括号。如果若干个区间有相同的左括号，则这个左括号的个数就按这样的区间的个数来计。同理，对于相同的右括号也是同样的处理方式。

将这些区间标记在一条直线上，有助于将问题变得可视化，如图 4.17 所示。这些括号序列隐藏着解决本谜题的关键。不难发现，从左到右扫过一遍括号序列就可以得到本题的答案，碰到左括号将计数加一，碰到右括号将计数减一：当触及答案区间的左括号，计数到达自身的最大值时，答案区间的右括号就是接下来紧挨的那一个。

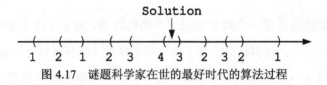

图 4.17　谜题科学家在世的最好时代的算法过程

评论：在时间轴上将输入的数据标记成可视化的区间，这是第一章概览中**变而治之策略**的应用。

26. 寻找图灵

答案：598。

由这 6 个字母所组成的单词的总数等于 6!=6×5×4×3×2×1 =720。按字母顺序排列的话，TURING 之后的单词要么是 U*****，要么是 TURN**，*代表 6 个字母中还没在单词中的那些字母的组合。由于可以是任意组合，所以，之后的单词分别有 5!=5×4×3×2×1 个和 2!=2×1 个。因此，在 TURING 之后的单词个数等于 5!+2!=120+2=122 个。这意味着 TURNING 的位置是 720 − 122=598，如果所有单词是按照 1 到 720 排序的话。

评论：本谜题是很著名的问题排列排名（permutation ranking）的一例。通过**减一算法**来求解本题，见[Kre99,pp. 54–55]。

27.　Icosian 游戏

答案：本谜题有 30 种答案，其中的一种答案如图 4.18 所示。

评论：本谜题代表了令人着迷的图论问题中比较特殊的一类问题。问题的关键在于哈密尔顿回路（Hamilton circuit）——由一系列相邻的顶点（由边相连接）所组成的回路是否存在，从该回路的某个顶点开始，可以依次遍历一次其余各个顶点，然会再回到起始顶点。某些图拥有哈密尔顿回路，例如，本题就是哈密尔顿回路的一个例子，而某些图则没有。目前没有一个有效的算

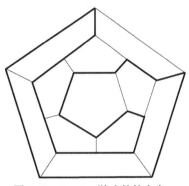

图 4.18　Icosian 游戏的答案之一

法可以判断哈密尔顿回路在一个任意给定的图中是否存在。事实上，大多数的计算机科学家不相信会有这样一个算法。尽管人们花费了 50 多年寻找这一猜想的证明，并且在 2000 年设立了 100 万美金作为解决这一问题的奖赏，但目前依然无解。

28.　一笔画

答案：通过在第 1.2 节中对哥尼斯堡七桥问题的分析，我们可以得到图形能够一笔绘出（笔不离纸且不重复之前画过的线条）的条件——要求当且仅当该图中的多重图是相连的，并且满足以下两个条件中的一个：

● 　所有多重图中的顶点都是偶数维度（以顶点为端点的边的条数为偶数）——这样，一笔绘图可以从任意的顶点开始并以同一点结束。

● 　所有顶点中仅有两个顶点是奇数维度——这样，一笔绘图将从这两个顶点中的一个开始，以另一个顶点结束。

（a）第一个图形满足条件，能被一笔绘出：图形（图 4.19a）本身是连通的，并且所有的顶点是偶数维度。

有一个很著名的构造欧拉回路的算法。任意选取一个顶点，沿着没有访问过的边前进，直到所有的边都遍历过一遍，或者，留一些没能访问的边，直到回到起始

的顶点。如果是后一种情况，将遍历过的回路从原来的图中移出，然后选择一个顶点，要求该顶点是剩下的图和所移出的回路所共有的顶点，递归地重复上述的操作（顶点的存在与否取决于图形的连通性以及该图形的顶点是否都是偶数维度）。一旦从剩下的图中构建出一个欧拉回路，我们就将它与最开始的回路拼接在一起构成整个图的欧拉回路。

例如，图 4.19a 中从顶点 1 开始沿着顶点外的边，我们得到一个回路：

1–2–10–9–13–12–15–14–6–7–3–4–1

接下来选择顶点，比方说，选择顶点 4，它是剩下图中的共有顶点，我们从剩下的图中得到如下欧拉回路：

4–5–9–8–12–11–7–8–4

将两个回路拼接，得到整个图的欧拉回路（如图 4.19b 所示）：

1–2–10–9–13–12–15–14–6–7–3–4–5–9–

8–12–11–7–8–4–1

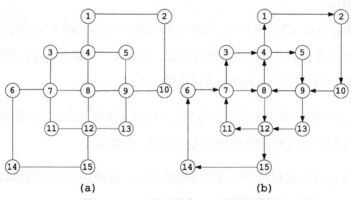

图 4.19 （a）图形本身（b）欧拉回路

（b）第二个图形满足条件，可以一笔绘出：将它设想成为一张图（如图 4.20a 所示），它是连通的而且所有的顶点都是偶数维度，除了 3 和 8。从顶点 3 开始，使用同样的算法，我们得到路径：

3–4–7–11–10–9–6–2–3–7–10–6–3–10

接下来选择顶点，比方说，选择顶点 2，它是剩下图中的共有顶点，我们从剩下的图中得到如下欧拉回路：

2-1-4-8-11-12-9-5-2

将后面得到的回路与开始得到的回路拼接，得到了整个图的欧拉路径（如图 4.20b 所示）：

3-4-7-11-10-9-6-2-1-4-8-11-12-9-5-2-3-7-10-6-3-10

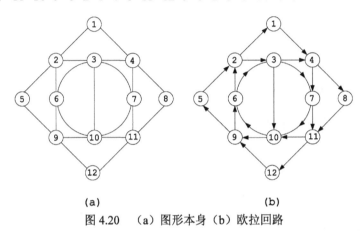

(a) (b)

图 4.20　（a）图形本身（b）欧拉回路

（c）第三个图形无法一笔绘出，因为该图有超过两个顶点拥有奇数维度。

评论：通过以上算法每次创建欧拉回路的大小是无法预计的，该算法应该归到**减不定数目**这一类别。

一笔画是谜题书中的一类常见问题，欧拉原理的应用可以追溯到 Peter G. Tait (1831–1901)，他是一名杰出的苏格兰数学家和物理学家 [Pet09, p. 232]。

29. 重温幻方

答案：第一，最有用的一步是找出问题中幻方的公共和值。这个和值，有时候被称为魔幻和值，等于所有数字的总和除以总的行数：(1+2+⋯+9)/3=15。

第二，中央的格子必须是 5。事情上也确实如此，假定行 1、行 2 和行 3 上的数字分别记为 a、b、c；d、e、f；g、h、i，把第二行、第二列和两条主对角线上的所有数字加在一起，我们得到：

$$(d+e+f)+(b+e+h)+(a+e+i)+(g+e+c)$$
$$=3e+(a+b+c)+(d+e+f)+(g+h+i)=3e+3\times15=4\times15,$$

这意味着 $e=5$。所剩下的就是如何围绕着它安排数字对（1,9）、（2,8）、（3,7）。

考虑到表格的对称性，本质上，只有两种不同方法来放置 1 和 9：在表格的角上和不在表格的角上（如图 4.21 所示）。

1		
	5	
		9

	1	
	5	
	9	

图 4.21　在 3×3 的幻方中放置 1 和 9 的两种方法

但是图 4.21 左图的数字安排并不能形成一个幻方：如果我们放置一个小于 5 的数字在右上角，那么第一行的和值将不可能达到 15，如果我们放一个大于 5 的数在那，则最后一列将会碰到同样的问题。

因此，我们放弃图 4.21 中的第一个填充方法，专心研究第二个。将 1 和 9 放在与 5 相同的行或相同的列，还有另外的三种方法，如图 4.22 所示。

	1	
	5	
	9	

9	5	1

	9	
	5	
	1	

1	5	9

图 4.22　在 3×3 的幻方中放置 1、5 和 9 的 4 种方法

含有 1 的行或列必须用 6 和 8 来填充，并且填充的方法有两种。这样，剩下的空格所要填的数字就被唯一确定了。所有的 8 个 3 阶幻方如图 4.23 所示。当然，所有的这些幻方都是对称的，其中一个可以通过将另一个旋转和翻转得到。

6	1	8
7	5	3
2	9	4

2	7	6
9	5	1
4	3	8

4	9	2
3	5	7
8	1	6

8	3	4
1	5	9
6	7	2

8	1	6
3	5	7
4	9	2

4	3	8
9	5	1
2	7	6

2	9	4
7	5	3
6	1	8

6	7	2
1	5	9
8	3	4

图 4.23　8 个 3 阶幻方

评论：自从幻方在古代中国出现以来，人们已经为此着迷了上千年。虽然已经发明出对阶数 $n>2$ 的幻方的一些构造算法，但是对于任意阶的幻方的数字计算公式仍未被发现。关于幻方更多的信息，读者可以参考某些专题论文（例如，[Pic02]），以及许多趣味数学书籍的相关章节（例如，[Kra53, Chapter 7]），以及众多以此为专题的万维网网站。

30. 棍子切割

答案：对于长度为 100 的棍子，最少的切割次数为 7 次。

由于同时切割多根棍子是可行的，因此我们只需考虑找到一个切割算法将最长的那根棍子变成长度为 1 的小段。这意味着在每次迭代过程中，最优的算法必须将最长的棍子连同其他长度大于 1 的棍子一起按对半进行切割（或尽量接近对半分）。如果棍子的长度 l 是偶数，那就切成两半，每根长 $l/2$；如果 l 是奇数并且大于 1，那就分别切成长度 $\lceil l/2 \rceil = (l+1)/2$ 和 $\lceil l/2 \rceil = (l-1)/2$。整个迭代过程将结束于最长的棍子被切成长度 1 的时候，此时，其他的部分也已经切割成长度为 1 的小段了。

这样一个最优算法的切割（迭代）次数等于 $\lceil \log_2 n \rceil$，或者是等于满足 $2^k \geq n$ 的 k 的最小值。对于 $n=100$ 而言，切割次数为 7，$\lceil \log_2 100 \rceil = 7$，而且 $2^7 > 100$ 并且 $2^6 < 100$。

评论：这是一个充分发掘**减半**策略最优性的谜题。这种策略也应用在第一章概览的猜数字游戏中。关于本谜题的二维版本，参见本书的谜题矩形切割（#54）。

31. 三堆牌魔术

答案：题中所选的扑克将必然位于观众最后一次选择的牌堆的正中间。

我们把第一次分牌之后的所有扑克标记为 a1，a2，…，a9；b1，b2，…b9；c1，c2，…，c9（如图 4.24a 所示）。如果所选的牌位于牌堆 1，那么经过第二次洗牌后，牌将如图 4.24b 所示。注意所有经过第一次分牌位于牌堆 1 的扑克现在都位于各个牌堆的中部。如果这一轮选择的牌位于牌堆 3——说明所选牌是 a3，或 a6，或 a9——它们必然会位于最后一次牌堆的正中间（如图 4.24c 所示）。在最后一轮指出哪堆牌包含所选牌将唯一确定那张牌是什么。至于其他情况（所选牌并不是在第一轮位于牌堆 1 和第二轮位于牌堆 3 的情况），很容易看出其间的道理都是相同的。

牌堆 1	牌堆 2	牌堆 3	牌堆 1	牌堆 2	牌堆 3	牌堆 1	牌堆 2	牌堆 3
a1	b1	c1	b1	b2	b3	b1	b4	b7
a2	b2	c2	b4	b5	b6	a1	a4	a7
a3	b3	c3	b7	b8	b9	c1	c4	c7
a4	b4	c4	a1	a2	a3	b3	b6	b9
a5	b5	c5	a4	a5	a6	a3	a6	a9
a6	b6	c6	a7	a8	a9	c3	c6	c9
a7	b7	c7	c1	c2	c3	b2	b5	b8
a8	b8	c8	c4	c5	c6	a2	a5	a8
a9	b9	c9	c7	c8	c9	c2	c5	c8
(a)			(b)			(c)		

图 4.24 三堆牌魔术揭秘

评论：许多扑克魔术都包含一定的算法设计分析理念。本谜题阐述了一个对给定算法进行分析进而解决问题的过程。

根据 Ball 和 Coxeter 的资料[Bal87, p. 328]，这个魔术被记载在 Bachet 所编纂的 17th-century classic [Bac12, p. 143]。同时也被 Maurice Kraitchik 的 *Mathematical Recreations*[Kra53, p. 317]所收录。

32. 单淘汰赛

答案：（a）所需比赛总数等于 $n-1$：每一次比赛淘汰一名失败者，为决出一名冠军，会有 $n-1$ 名失败者产生。

（b）如果 $n=2^k$，那么比赛的总轮数等于 $k=\log_2 n$：每一轮都淘汰一半的选手，一轮一轮地进行直到剩下的选手个数为 1。如果 n 不等于 2 的幂，那么答案就是使得 2 大于或等于 n 的幂，用标准的数学标记法为 $\lceil \log_2 n \rceil$。假如 $n=10$，那么比赛的总轮数等于 $\lceil \log_2 10 \rceil = 4$。

（c）第二名选手是仅输给冠军，而没有输给其他人的选手。这些选手可以通过以下方式组织单淘汰赛。用树来表征所有完成的比赛，找到代表冠军的叶子节点，然后假设冠军输掉了自己的第一场比赛，沿此节点向上组织选手比赛直至到达根节点。所有这些比赛总数不会超过 $\lceil \log_2 n \rceil - 1$ 场。

评论：锦标赛可以当做是一个算法，对此，有一个关键的概念要搞清楚——如何衡量比赛的进程？是按照比赛的场数还是按照整体比赛的轮数。对于步的计数的不同解释将决定不同的计算过程。还需要指出的是，锦标赛树在计算机科学中还有一些有趣的应用（见[Knu98]）。

Martin Gardner 把一个类似的谜题收录在他所著的 *aha!Insight* 中[Gar78, p. 6]。本书中谜题轮空计数（#116）中的轮空，指的是选手由于没能被分配对手而直接晋级的情况。

33. 真伪幻方

答案：问题（a）和（b）的答案分别为 $n=3$ 和 $n \geqslant 3$。

（a）因为 3×3 幻方的中央方格必须填充数字 5（参见谜题重温幻方（#29）的答案），所以只有 $n=3$ 能满足题目要求，总共有 8 个阶数为 3 的幻方。

（b）当 $n=3$ 时，答案是很明显的，因为所有的 3×3 幻方同时也是伪幻方。如果我们用幻方的数字填充 $n \times n$ 表格左上方 3×3 的部分，然后再把第一列的内容复制到第四列，那么这个由前三行与 2，3，4 列所构成的 3×3 的区域将是一个伪幻方。相似的，如果我们把第一行复制到第四行，2，3，4 行与前三列的区域将是一个伪幻方。如此这般，我们可以得到解决谜题的如下算法。

用组成幻方的数字填充左上角 3×3 的区域。然后用 1，2，3，…，$n-3$ 列的内容填充 4，5，…，n 列。接下来，用 1，2，…，$n-3$ 行的内容填充 4，5，…，n 行。图 4.25 是 $n=5$ 时的一个例子。

从另一个视角来看，这个算法也可以看成是用 3×3 的幻方对整张表格进行平铺，如果有超出表格的部分，则忽略掉它们。

4	9	2	4	9
3	5	7	3	5
8	1	6	8	1
4	9	2	4	9
8	1	6	8	1

图 4.25 当 $n=5$ 时真伪幻方谜题的答案

评论：本算法的思路基于增量原则（见第 1 章概览），是对最小规模 $n=3$ 时的情况进行的一系列扩展。

34. 星星的硬币

答案：所能放置硬币的最大数是 7。

我们将第一枚硬币放在顶点 6 上，然后把它移动到顶点 1，记做 6→1（如图 4.26 所示）。

这将使得顶点 4、6 与顶点 1 相连的两条边不能再适用于另外一枚硬币的放置。

按照这种贪婪法的逻辑思路，我们应该最小化这些不能使用的边的数目，最大化仍然可以用于移动硬币的边的数目，以此来放置硬币。这意味着第一枚硬币之后的每一枚硬币，都应该沿着一条可用的边，放置到拥有一条不能用的边的顶点上。实现这一目的的最简便方法是让后一枚硬币停在前一枚硬币曾经放过的地方。例如，7 枚硬币可以按照如下顺序放置：

6→1，3→6，8→3，5→8，2→5，7→2，4→7。

很明显，我们无法放置 8 枚硬币，因为在 7 枚放好之后，没有一个可以占用的顶点用于第 8 枚硬币的移动。

我们也可以通过"纽扣和丝线"方法来"展开"图形。（这个方法在第 1 章中表示变更部分有所阐述）。把图 4.26 中顶点 2 提起然后翻至左侧，把顶点 6 提起然后翻到右侧，便得到图 4.27a 中的图形。再提起顶点 8 和顶点 4 朝相反方向翻折，最终得到图 4.27b 中的图形。以上所述的答案，以及其他若干种等效的答案，在图形变换之后都能很快地直接得出。

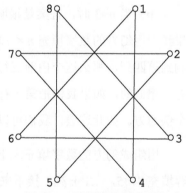

图 4.26 用于放置硬币于其顶点的八芒星

评论：以上的两个解法分别使用了**贪婪法**和**表示变更**。

关于本谜题的其他版本，被称为 Octogram Puzzle，已经流传了几个世纪（见 [Sin10, Section 5.R.6]）。在现代，有几本书将其收录其中，诸如[Dud58, p. 230], [Sch68, p.15], 和[Gar78，p.38]。它与在第 1.1 节关于算法设计策略的章节中讨论过的 Guarini 谜题很类似。

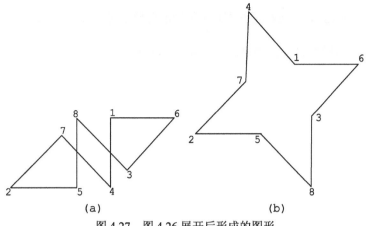

图 4.27　图 4.26 展开后形成的图形

35. 三个水壶

答案：图 4.28 展示了解决本谜题的 6 步过程。

　　虽然这个答案可以通过反复试验得到，但其实存在一个系统的解答方法。我们可以用 3 个非负整数来表示水壶的状态，分别表示在 3 品脱、5 品脱和 8 品脱水壶里的水量。因此，我们从一个三位数 008 开始。我们认为所有的变形都是从一个现有的状态变到另一个可能的新状态。为了做到这一点，我们需要利用队列——计算机科学中的一种基本数据结构。

步骤	8品脱水壶	5品脱水壶	3品脱水壶
	8	0	0
1	3	5	0
2	3	2	3
3	6	2	0
4	6	0	2
5	1	5	2
6	1	4	3

图 4.28　三个水壶谜题的答案

　　队列就是一串项目的列表，正如字面上的意思一样，操作列表就像是顾客的队伍之于收银员：顾客按照他们到达的顺序接受服务。项目从队列删除的一端叫队首，新的项目加进来的另外一端叫队尾。

　　在求解过程中，我们用三位数 008 作为一个队列的初始状态，然后重复以下操作直到碰到所期望的状态出现——第一次变形出含有 4 的三位数。对于队首的状态，找出所有从它可以变形出的新状态，做好标记后加入到队列之中，然后将队首的状态删除。当所期望的状态达成后，根据标记回溯找出最短的变形序列，从而解答谜题。

这个算法的操作过程按照谜题中所给的数据得到如下队列，下标表示变换之前的状态：

$008|305_{008}$，$053_{008}|053$，035_{305}，$350_{305}|035$，350，$323_{053}|$　350，323，$332_{035}|$ 323，$332|332$，$026_{323}|026$，$152_{332}|152$，$206_{026}|206$，$107_{152}|107$，$251_{206}|251$，$017_{107}|$ 017，341_{251}

从 341 回溯，我们可以得到以下变换序列，通过最少的 6 步解决了谜题。

$008 \rightarrow 053 \rightarrow 323 \rightarrow 026 \rightarrow 206 \rightarrow 251 \rightarrow 341$

评论：该解题过程相当于对谜题的状态空间图进行了广度优先遍历（如，[Lev06, Section 5.2]）。为了简化起见，我们并没有画出这张状态空间图，但是该算法本身很明显有一种穷举搜索的意味。

有一些关于这个非常古老的谜题的小信息，它的变化和后续发展能在在线专栏上的两篇 MAA 中找到：一篇是由 Alex Bogomolny 所著[Bog00]，里面还包含一个小型演示程序的链接，另一篇由 Ivar Peterson 所著[Pet03]。这个谜题还能通过一个使用三维坐标系作为表征的神奇方法进行求解，由 M. C K. Tweedie 发现[Twe39]（另见[OBe65, Chapter 4]）。

36. 有限的差异

答案：当 n 为偶数时，本谜题有解。当 n 为奇数时，本谜题无解。

如果 n 是偶数，表格第一行都填加号，行 2 和行 3 都填减号，行 4 和行 5 再次都填加号，以此类推，直到最后一行都填减号。按照这样的方式，每一个格子都会只有一个在上面或者在下面相邻的格子拥有与自己相反的符号。当然，还有其他的解法，可以把前面所说的方法中的加号减号交换位置，或者将行改成列，再应用上述方法。

如果在左上角放置一个加号，我们就不得不在它周围的格子里放一个加号和一个减号。一种情况是加号放在了同一行，减号放在了同一列；另外一种情况是与之对称的。可以证明，如果在行 1 的开头两格放加号，在行 2 的第 1 格放减号，那么行 1 剩下的部分将不得不填满加号，行 2 剩下的部分将不得不填满减号。由于行 2 的第 1 格已经有一个相邻的加号在它上面，行 2 的第 2 格将不得不再填一个减号。此时，由于行 1 第 2 格有了一个相邻的减号在它下面，行 1 的第 3 格必须是一个加号。如此下去，行 1 剩下的格子全部都填了加号，行 2 剩下的格子全部填了减号。接下来，行 3 的格子必须都填减号，因为行 2 已经有相邻的加号在行 1。这意味着，行 3 不可能是最后一行，它的后面必须紧跟着填满加号的行 4。行 4 可以是最后一行，要么后面继续跟着全是加号的一行，以此类推，继续下去。（同样的道理可以通过数学归纳法进行更为正式的证明。）证明本谜题除了所给出的答案之外没有其他答案，而且这答案是当 n 为偶数时得到的，n 为奇数的时候题目是无解的。

评论：本谜题是受了 $n=4$ 时实例的启发，原题见于 A. Spivak's collection [Spi02, Problem 67b]。

37. $2n$ 筹码问题

答案：$2n$ 个筹码需要放置在棋盘的 n 行和 n 列之上。而且每行每列最多只能有两个筹码，这意味着每一行和每一列都会有且仅有两个筹码。

对于偶数情况，$n=2k$，有一种解法就是对于前 k 列和后 k 列采用相同的方式放置 n 个筹码。（假设棋盘的行和列都分别从顶向下，从左到右用数字标号。）放置两个筹码在列 1 和列 $k+1$ 的前两行上，两个筹码在列 2 和列 $k+2$ 的行 3 和行 4 上，然后依此类推，直到最后两个筹码放置于列 k 和列 $2k$ 的行 $n-1$ 和行 n 上（图 4.29 是 $n=8$ 时的例子）。

对于奇数情况，$n=2k+1$，$k>0$，有一个解法是放置两枚筹码在列 1 的行 1 和 2，两枚筹码在列 2 的行 3 和 4，如此这般，直到两枚筹码被放置在列 k 的行 $n-2$ 和 $n-1$。接下来，分别放置两枚筹码在列 $k+1$ 的第一行和最后一行。然后，放置 k 个筹码在棋盘的右半部分，让这些筹码的分布与已经放好的左半部分的筹码分布关于棋盘中央方格成中心对称。两枚筹码放置于列 $k+2$ 的行 2 和 3，两枚放置于列 $k+3$ 的行 4 和 5，依此继续，直到最后一列的行 $n-1$ 和 n（图 4.29b 是 $n=7$ 时的例子）。

对于 $n \geq 4$ 的情况，问题可以参考重温 n 皇后问题（#140）的两种解法来解答。

但是这不是解答 $2n$ 筹码问题的一个明智的方法，因为本问题要比 n 皇后问题容易得多。

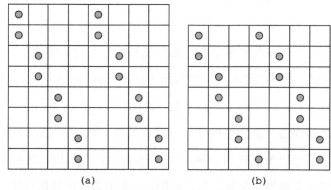

图 4.29　$2n$ 筹码问题对于（a）n=8（b）n=7 的答案

评论：Sam Lody[Loy60, Problem 48]认为该谜题对于 8×8 的棋盘需要加一个额外的条件，两个筹码必须放置在棋盘中央的两个方格内。Henry Dudeney [Dud58, Problem 317]则添加了一个更为严苛的条件，即不能有位于同一直线上的 3 个筹码出现，直线范围不仅仅是行和列，也包括对角线。上述两位作者都给出了对于 8×8 棋盘的答案。Dudeney 的版本对于任意大小的棋盘是无解的。关于此谜题更为深入的探讨，参见 Martin Gardner 的 *Penrose Tiles to Trapdoor Chiphers* 书中的第 5 章 [Gar97a]。

38. 四格骨牌平铺问题

答案：图 4.30 展示了用直条四格骨牌，正方形四格骨牌，L 型四格骨牌和 T 型四格骨牌平铺 8×8 棋盘的方法。只有四分之一的棋盘被平铺，只需要重复完成剩下的四分之三棋盘即可。

用 Z 型四格骨牌去覆盖整个 8×8 棋盘是不可能实现的。图 4.30e 中，这样放置一块 Z 型四格骨牌在棋盘的角上，接下来必须沿着边线继续多平铺两块，我们发现第一行剩下的两个方格将不可能被盖住。

至于最后一道小题，用 15 块 T 型四格骨牌和 1 块正方形四格骨牌是无法平铺整个 8×8 棋盘的。原因如下，棋盘有深浅两色棋格，一块 T 型四格骨牌所覆盖的深色方格数是奇数，加上 T 型四格骨牌的总数也是奇数，但是正方形骨牌所覆盖的深色方格数是偶数。因此，15 块 T 型四格骨牌和 1 块正方形四格骨牌所覆盖的深色方格数是奇数，但是整块 8×8 棋盘所拥有的深色方格数是偶数。

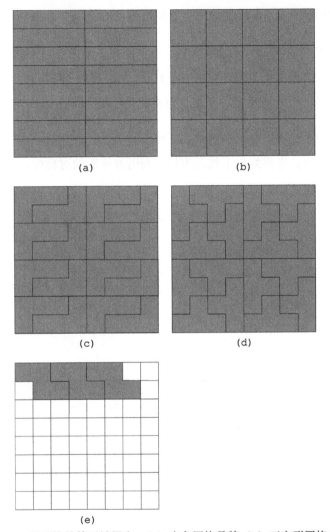

图 4.30　用四格骨牌平铺棋盘。(a) 直条四格骨牌 (b) 正方形四格骨牌
(c) L 型四格骨牌 (d) T 型四格骨牌 (e) Z 型四格骨牌

评论：可以认为直条四格骨牌、正方形四格骨牌、L 型四格骨牌和 T 型四格骨牌平铺 8×8 棋盘的方法基于穷举法或分治法。对于证明 15 块 T 型四格骨牌和 1 块正方形四格骨牌不可能平铺 8×8 棋盘则体现了**不变量**的思想。

该谜题来源于 Solomon Golomb 所写的关于多联骨牌的一篇极具开创性的论文 [Gol54]。

39. 方格遍历

答案：遍历图 2.11a 中棋盘的所有方格是不可能的。

如果将这个方格板按照两色交替着色成棋盘的话（如图 4.31a 所示），深色格子的总数会比浅色格子的总数多 3 个。由于遍历每一个方格时格子的颜色必然是交替的，所以这样一个遍历路径对于这个方格板来说是不存在的。

由于图 2.11b 中浅色方格的总数比深色方格多 1，所以遍历所有方格的路径必然开始于浅色方格，也将终止于浅色方格。利用方格板的对称性，可以得到这样一条遍历路径，如图 4.31b 所示。

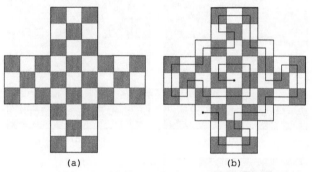

(a) 　　　　　　　　 (b)

图 4.31　（a）对给定的第一块方格板着色（b）第二块方格板的着色以及遍历路径

评论：解法利用了着色—— 一个发掘**不变量**经常使用的方法（参见第 1 章中关于算法分析技术的内容）。

需要注意的问题是判断哈密尔顿路径在此图中是否存在，路径上的各点表示棋盘的方格，边是彼此相邻方格的"连接"。不同于哈密尔顿环路（参见 Icosian 游戏（#27）的解答），哈密尔顿路径是不要求回到起点的。没有了这一条件的约束，使得问题更加简单，然而，没有有效的算法可以判断一个给定的图形是否存在哈密尔顿路径，此处也是一样。

问题（b）是基于 A. Spivak's collection 的 Problem 459[Spi02]。

40. 四个调换的骑士

答案：本谜题无解。

正如第 1 章中关于算法设计策略的内容所讲的一样，此谜题的最初状态可以方便地用图重新表征出来，如图 4.32 所示。

骑士只能沿顺时针（或逆时针）去往图中相
邻的顶点：两个同色的骑士，接下来是另外一种
颜色的两个骑士。由于题目的目标是四个骑士不
同颜色两两交错，所以本谜题无解。

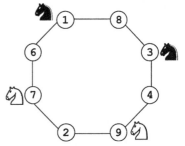

评论：这道谜题的解法利用了两大算法解题
思想：**表示变更**（棋盘的图）和**不变量**（骑士的
顺时针顺序）。

图 4.32　谜题四个调换的骑士用图
重新表征的初始状态

这是第 1 章中 Guarini 谜题的一个变体，来源于[Fom96, Problem 2, p. 39]。一
个相似的经典谜题在 M. Gardner 的 *Aha!Insight* 中可以看到[Gar78, p. 36]。

41. 灯之圈

答案：如果 n 能被 3 整除，需要轻击的开关数最少为 $n/3$，如果 n 不能被 3 整
除，需要轻击的开关数最少为 n。

不难意识到，决定灯最终亮暗状态的是每一个开关被轻击次数的奇偶性，而不
是操作开关的顺序。因此，把所有灯点亮，所需要判断和决定的是哪些开关需要被
轻击一次，哪些开关保留关状不变。为了点亮一盏灯，我们要么轻击一下这盏灯所
对应的开关同时留两旁的开关状态不变，要么同时轻击这三个开关。可见，需要轻
击的开关数最少是一个。我们把灯和所对应的开关从 1 到 n 编号——比方说，顺时
针为序。那么为了保证灯 1 始终是亮的，它两旁的开关（编号是 2 和 3）必须要么
同时轻击，要么同时什么也不变。考虑前一种情况，开关 3 和开关 $n-1$ 也必须同时
轻击；以此类推，我们发现所有的开关都必须轻击一次。

下面考虑后一种情况——当开关 1 被轻击而开关 2 和开关 n 则没有被轻击——
为了能让灯 2 亮着，开关 3 不能被轻击；为了点亮灯 3、灯 4 和灯 5，开关 4 需要
被轻击。以此类推，开关 1，4，…，$3k+1$，…，$n-2$ 每隔 3 个开关就需要轻击一次，
当然这仅仅对于 n 是 3 的倍数时成立。对于这一类 n 值，仅轻击 $n/3$ 个开关必然要
比轻击全部的 n 个开关要少。

评论：虽然我们能够通过穷举法的思想来解决这一谜题，但本题还有一个更为普通的版本，把这些灯的亮暗从某一给定的状态变到另外一个指定状态——这就需要使用一些更复杂的方法。

此谜题是 *Math Central* 的 2004 年 11 月的月度谜题，*Math Central* 是加拿大里贾纳大学的一个在线数学服务网站，它主要面向于从事数学教学的老师和学生[MathCentral]。该网站提到，在德国吉森的数学博物馆里展示了一个 $n=7$ 的谜题实物版本。本题的二维版本——Merlin's Magic Squares and Lights Out——要比这个一维的版本出名得多。

42. 狼羊菜过河问题的另一个版本

答案：用 W、G、C 和 H 分别代表狼、羊、菜和猎人。这样，本谜题有两个相互对称的答案。

WCWC…WCHGHG…HG 和 GHGH…GHCWCW…CW。

可以发现有一点很关键，那就是 W 只能在 C 的旁边，G 只能在 H 的旁边。当 $n=1$ 时，这直接对应着谜题的两个对称的解：WCHG 和 GHCW。

当 $n=2$ 时，答案可以通过在 $n=1$ 的答案基础上前后添加 WC 和 GH 得到，即 WCWCHGHG 和 GHGHCWCW。总体来说，对于任意给定的 n 值，答案都可以在 $n=1$ 答案的基础上前后添加 $n-1$ 次 WC 和 GH 得到。

事实上，除上面所述的之外，没有其他答案的可能。就像当 $n=1$ 时的答案一样，所有的答案都必须有一个 W 筹码和一个 G 筹码在所有筹码序列的两旁。我们可以通过反证法来证明这点。假设，存在一个相反的答案，同时考虑到答案自身的对称性，如果答案是有 n 个 W 在整个筹码序列中，那么意味着有 $n+1$ 个 C 在其周围，当然这是不可能的。因此，所有的答案都必须要求 W 和 G 在两边的最外侧；剩下的 $n-1$ 个 W 和 n 个 C 交错形成 CWCW…C 的序列，剩下的 $n-1$ 个 G 和 n 个 H 交错形成 HGHG…H。最终，只有一种方法将 CWCW…C 和 HGHG…H 放置在 W 和 G 的中间，同时，也只有唯一的一种方法将 CWCW…C 和 HGHG…H 放置在 G 和 W 的中间，从而形成了上述两个答案。

评论：本谜题的解答可以认为是一种自底向上的**减而治之**：从解答问题小规模的情况开始，然后延展这个答案以解决整个问题。

根据 M. Kraitchik 的 *Mathematical Recreations* [Kra53, p. 214]所记载，这个谜题源自于 Aubry，他思考了问题对于 $n=3$ 时的情况。

43. 数字填充

答案：开始时先将数字序列按升序排序，然后重复以下操作 $n-1$ 次：如果第一个不等号是 "<"，将第一个（最小的）数字放到第一个空格中；如果是 ">"，则将最后一个（最大的）数字放到第一个空格中。之后，将这个数字从序列中删除。最终，当序列只剩下唯一的数字时，将它放置在最后一个空格中。

评论：以上算法基于两种算法设计策略——**变而治之**（预排序）和**减而治之**（逐步减少序列中数字的个数）。需要注意的是，这不是谜题的唯一解。

此谜题被放在 *Math Circle* 的网页上[MathCircle]。

44. 孰轻孰重

答案：本谜题可以通过两次称重解决。

开始时，如果硬币总数 n 是奇数，则将一枚硬币拿出，如果 n 是偶数，则拿出两枚，放在一旁。然后，将剩下总数为偶数的硬币分成等量的两组分别放到天平的两端。如果它们的重量相同，则所有的这些硬币都是真币，假币在拿出去的硬币中。我们拿回放在一旁的一枚或两枚硬币，用等量的真币在天平的两端相称：如果前者轻，说明假币是较真币轻一些的，反之，说明假币重一些。

如果第一次称重的结果并不是平衡，就选取轻一些的硬币组，如果这组里的硬币数目是奇数，就加一枚一开始放在一旁的硬币进去（必然是真币）。把这些硬币分成等量的两组，再称重。如果重量还是一样，说明这些都是真币，而且假币要比真币要重一些；如果重量不一样，说明这组硬币里面有假币，而且假币要比真币轻一些。

由于本谜题明显不能通过一次称重解决，以上算法是称重次数的最小可能值。

评论：此谜题提供了一类罕见问题的一个例子，对于这类问题，无论问题的规模（此处为硬币的数目）多大，解决方法的步骤始终是那么几步不变（两次称重）。本书中同样类型的另外一个例子是假币堆问题（#11）。

本谜题收录在 Dick Hess 所写的一本谜题书中 [Hes09,Problem 72]，还收录在俄国的一本面向中学生的谜题集 [Bos07, p. 41,Problem 4]中。

45. 骑士的捷径

答案：最少的移动步数是 66 步。

虽然骑士不能沿着直线朝目标走，但它可以每移动两次就停在主对角线的棋格上。因此，如果它起始和终止的位置分别是（1，1）和（100，100），以下的 66 步走棋

$$(1，1)-(3，2)-(4，4)-...-(97，97)-(99，98)-(100，100)$$

就是本谜题的答案。（骑士每移动两次就回到对角线上，这个次数 k，可以通过公式 $1+3k=100$ 得到。）

考虑到骑士走棋的实质，使用所谓的曼哈顿距离（Manhattan distance）来衡量棋盘上两个棋格间的距离是一个非常便利的方法。本题中，曼哈顿距离的计算就是求两个棋格间行数加列数的和值。骑士从始到终的曼哈顿距离是$(100-1)+(100-1)=198$。由于骑士每次移动所能减少的曼哈顿距离不会超过 3，所以骑士至少需要用 66 步走棋来到达它的目的地，以此证明上述答案的确是最优的。

评论：本谜题的算法中每一步走棋的目的是都尽可能地减少曼哈顿距离，可以认为该算法是贪心算法（参见概览中关于算法设计技术的内容）。当然，本题的答案并不唯一。本书谜题骑士的走位（#100）所处理的是对于任意 $n \times n$ 棋盘这一更为普遍的情况。

46. 三色排列

答案：如果 $n=1$，那么问题已经得到解决——在列上的所有三枚筹码分属三种不同的颜色。如果 $n>1$，我们将演示如何将筹码重排，使得第一列的三个筹码分属于三种不同的颜色；通过一次次重复这个方法，减少方格板上所剩下的未排列好的筹码列数，以此来解决问题。

考虑第一列上的筹码。此处有三种可能的情况：（i）所有三个都属于不同颜色，（ii）有两个同色，（iii）有三个同色。对于情况（i），显然不需要对第一列做任何事情。

考虑情况（ii），假设两枚同色的筹码，比方说是红色，位于第一列的前两行，

第一列的第三行是一枚白色的筹码（参见以下示意图）。在方格板上有 n 枚蓝色的筹码，并且在第三行中的蓝色筹码不可能超过 $n-1$ 枚，所以至少有一枚蓝色的筹码位于前两行。因此，可以从第二列开始扫描前两行直到发现蓝色的筹码；发现之后，把它与第一列上的红色筹码作交换。

最后考虑情况（iii），假设第一列的三枚筹码都是红色的。由于三行之中必然有一行包含红色之外的筹码，我们逐行扫描，比方说，在第三行找到了这样一个筹码，与第一列的红色筹码作交换。我们发现情况（iii）就转换成了情况（ii）。

情况（ii） 情况（iii）

评论：本谜题的解法利用了**减一**和**变形**的思想，这些思想在概览中关于算法设计策略的内容中都阐述过。

本谜题被收录在 A. Spivak's collection 中 [Spi02, Problem 670]。

47. 展览规划

答案：（a）参观整个展览必须参观每一个房间并且每个房间都只经过一次，所以观众进入和离开每一个房间必然是经过不同的门。这意味着整个展览最少必须开 17 扇门，包括一个展览的总的入口和一个总的出口。

（b）将 16 个房间的布局图着色成 4×4 的象棋棋盘（见图 4.33），很显然，任何穿越整个展览的路径必然是一系列两色交替的方格序列。由于总共有 16 个房间要参观，起始的和最终的方格必然是相反的颜色。设置展览对外进出门的房间可能的组

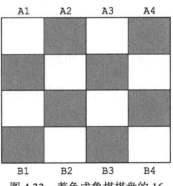

图 4.33 着色成象棋棋盘的 16 间房间的布局图

合有（A1，B1），（A1，B3），（A2，B2），（A2，B4），与之对称的有（A4，B4），（A4，B2），（A3，B3），（A3，B1）。图 4.34 分别展示了对应上述 4 对组合的各条参观路线。当然，路线沿途经过房间相交的地方所对应的门都是打开着的。

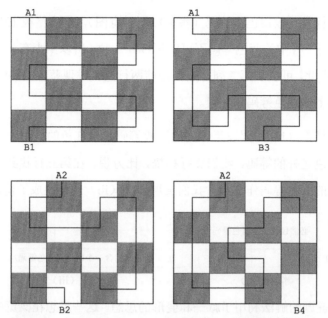

图 4.34 针对标记好的出入口遍历每一个房间的 4 条路径

评论: 虽然本谜题的解答过程可以通过寻找 4×4 象棋棋盘中的哈密尔顿路径来诠释,但是使用标准的方格着色法来直接求解问题会更为简单。

48. 麦乐鸡数字

答案: (a) 很明显,只有以下 6 个数字不是麦乐鸡数字:1,2,3,5,7 和 11。

(b) 对于(a)中 6 个数字以外的任何麦乐鸡数字 n,可以根据以下算法,由包含 4,6,9 和 20 块麦乐鸡的盒子的组合得到。

如果 $n \leqslant 15$,适用于以下组合:

$4 = 1×4$, $6 = 1×6$, $8 = 2×4$, $9 = 1×9$, $10 = 1×4 + 1×6$, $12 = 3×4$(或 $2×6$),
$13 = 1×4 + 1×9$, $14 = 2×4 + 1×6$, $15 = 1×6 + 1×9$。

如果 $n > 15$,可以通过同样的方法对 $n-4$(例如,递归)进行求解,然后加上一盒 4 块麦乐鸡的盒子到答案(麦乐鸡盒子组合)中。

另外一种解法是避免递归的方法——可以找出 $n-12$ 除 4 的商值 k 和余数 r(例如,$n-12=4k+r$,其中 $k \geqslant 0$ 且 $0 \leqslant r \leqslant 3$),得到 n 的表达式 $4k+ (12+r)$。利用上述 4 种对于 $12+r$ 的组合一种,加上 k 个 4 块麦乐鸡的盒子,我们就得到了麦乐鸡数字 n 的组合。

评论：上述算法是基于减而治之（减 4）的算法策略。算法本身完全没有用到
20 块盒子（因为 20 刚好是 4 的倍数）。很显然，所有以上算法中任何 5 个 4 块麦
乐鸡盒子都可以由一个 20 块麦乐鸡盒子所代替。

总而言之，给定一个由不同自然数字构成的数字组合（这些数字的最大公因数
是 1），找出无法用这些数字的线性组合表示的最大的那个正整数，这类问题被称
为 Frobenius Coin 问题（例如，[Mic09, Section 6.7]）。

49. 传教士与食人族

答案：本题可以通过创建状态空间图进行求解（如图 4.35 所示）。

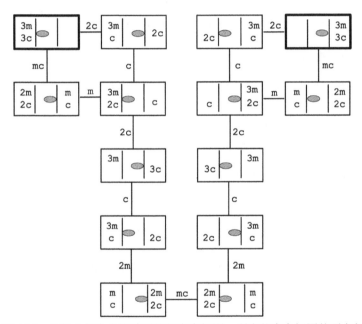

图 4.35　传教士与食人族谜题的状态空间图。所有状态空间图的顶点都
用矩形表示，两条竖线表示河，深色的椭圆表示船的位置。初始和终
止状态用粗线标出。线上的标签表示渡河的乘客

从起始状态的顶点到最终状态的顶点总共有 4 条路径，每一条都是 11 条边，
这代表着渡河的最小次数的答案。

$2c \to c \to 2c \to c \to 2m \to mc \to 2m \to c \to 2c \to c \to 2c$

$2c \to c \to 2c \to c \to 2m \to mc \to 2m \to c \to 2c \to m \to mc$

$mc \to m \to 2c \to c \to 2m \to mc \to 2m \to c \to 2c \to c \to 2c$

$$mc \rightarrow m \rightarrow 2c \rightarrow c \rightarrow 2m \rightarrow mc \rightarrow 2m \rightarrow c \rightarrow 2c \rightarrow m \rightarrow mc$$

评论：以上的渡河方案能够实现，要满足至少传教士中的一名和食人族人的两名会划船。

基于创建状态空间图解答本题，是解决这类问题的标准方法。本题另外一种图形解法参见[Pet09, p. 253]。

此谜题是中世纪 the three river-crossing puzzles 19 世纪的变种，被收录在 Alcuin of York（c.735—804）的一本趣味谜题集中。这个问题与三个吃醋的丈夫问题很类似，相应的两个吃醋的丈夫问题在本书第 1 章中有过阐述。关于其他的参考和变化，详见 David Singmaster 的参考书目[Sin10, Section 5.B]。

50. 最后一个球

答案：问题（a）剩下的球必然是黑色的，问题（b）剩下的球必然是白色的。

（a）不难发现，无论是什么颜色的两个球从袋中移出，球的总数都少一个，黑球个数的奇偶性将发生改变，白球个数的奇偶性则不变。因此，如果算法以 20 个黑球和 16 个白球开始，当袋中只剩下一个球时，它不可能是白球，因为 1 是奇数而 16 是偶数。

（b）如果开始时是 20 个黑球和 15 个白球，剩下的唯一的球必然是白球，因为白球开始时的总数是奇数而且白球的奇偶性总是保持不变。

评论：很明显，该算法是基于考察奇偶特性的**不变量**。需要注意的是，虽然对于大多数谜题来说，不变量是用来证明题目无解的，但本谜题并不属于这类情况。

本谜题的另一个例子可以在[techInt]—— 一个介绍面试问题的网站上找到。

51. 缺失的数字

答案：1～100 之间的所有连续整数的和值为 $S=1+2+\cdots+100=100 \times 101/2 = 5050$（参见概览中关于算法分析技术的内容），缺失的数字 m 可以通过减去报出数字的总和得到，$J=1+2+\cdots+(m-1)+(m+1)+\cdots+100$，则 $m=S-J$。因此吉尔可以通过计算杰克报出数字的总和，然后做差求出缺失的那个数字。例如，如果缺失的数字是 10，$J=5040$，那么，m 可以通过 5050-5040 得到。

在脑中计算三位数和四位数的求和并不是一件简单的事情,算法可以通过仅计算最后两位的总和来进行简化。这是基于 J 的 100 个可能取值的观察,从下表中可见,范围为 4950~5049,可以用它自身的后两位唯一地表示。所缺失的数字 m 可以轻松地从这个公式得到。

$$m = \begin{cases} 50 - j, & 0 \leqslant j \leqslant 49, \\ 150 - j, & 50 \leqslant j \leqslant 99。 \end{cases}$$

其中,j 是由 J 的后两位形成 0~99 之间的整数。因此有

m	1	2	⋯	49	50	51	⋯	49	100
J	5049	5048	⋯	5001	5000	4999	⋯	4951	4950
j	49	48	⋯	1	0	99	⋯	51	50
$50 - j$	1	2	⋯	49	50		⋯		
$150 - j$						51	⋯	99	100

更正式的一些的话,以上公式是由以下取模公式计算得到的:

$$(S-J)\bmod 100 = (S \bmod 100 - J \bmod 100)\bmod 100,$$

其中,$S \bmod 100 = 50$,$j = J \bmod 100$,分别是 S 和 J 除以 100 的余值。对于所缺失数字 m 的取值(在 1~99 之间),我们有如下公式:

$$m = m \bmod 100 = (S - J)\bmod 100 = (50 - j)\bmod 100$$
$$= \begin{cases} 50 - j, & 0 \leqslant j \leqslant 49, \\ 150 - j, & 51 \leqslant j \leqslant 99, \end{cases}$$

而且如果 $m = 100$,仍然可以使用上边的第二个公式,因为此时 $J = 5050 - 100 = 4950$,$j = 50$,所以,$m = 150 - j = 100$。

评论:本谜题的这个解法使用了**变而治之**的策略——用 S 和 J 后两位数的差值唯一地表示了缺失的数字。

这个从一系列正整数中找出一个缺失数字的问题非常地著名。这个谜题被美国 National Public Radio 在 2004 年 12 月 6 日的脱口秀"Car Talk"中介绍给听众[CarTalk]。

52. 数三角形

答案:在 n 次迭代之后,将有 $\frac{3}{2}(n-1)n + 1$ 个小三角形。

下面的表格展示了最开始经 n 次算法迭代后,小三角的数目 $T(n)$

n	$T(n)$
1	1
2	$1+3=4$
3	$4+6=10$
4	$10+9=19$

不难发现（并可以通过推演法证明），对于任何 $n>1$，在第 n 次迭代时所新添加的新的小三角形数目为 $3(n-1)$。这意味着小三角形在 n 次迭代后的总数为

$$1+3\times1+3\times2+\cdots+3(n-1)$$
$$=1+3(1+2+\cdots+(n-1))\frac{3}{2}(n-1)n+1。$$

评论：本谜题是一个相当直观的算法分析练习。在概览中算法分析技术的章节中讨论过一个相似的例子。

此谜题来源于 A. Gardiner 的 *Mathematical Puzzling* [Gar99，p. 88，Problem 1]。

53. 弹簧秤甄别假币

答案：甄别出假币所需要的最小称重次数为 $\lceil \log_2 n \rceil$。

考虑从给定的 n 枚硬币中选出 $m \geqslant 1$ 枚硬币组成任意硬币子集 S。如果 S 的总重量等于 gm，S 中的所有硬币都是真币；反之，S 中的一枚硬币是假币。对于前一种情况，在非 S 中找假币，对于后一种情况，在 S 中找假币。如果 S 包含所给硬币中的一半（或接近一半），经过一次称重，我们就能在硬币一半数目的子集中继续甄别假币。重复这样的对半操作并称重 $\lceil \log_2 n \rceil$ 次，直到原先给定的硬币总数 n 变到 1。（在最坏情况下，对于 $n > 1$，称重的次数为 $W(n)=W(\lceil n/2 \rceil+1$，由于 $W(1)=0$，我们得到答案 $W(n)=\lceil \log_2 n \rceil$。）

评论：以上算法基于**减半**策略。和本书第 1 章概览中的谜题猜数字（二十个问题）的算法几乎完全一样。

找假币是趣味谜题中常见的一类问题。这个用弹簧秤的版本较之天平的版本更为少见，关于本谜题更为深入的讨论，参见 C. Christen 和 F. Hwang 的论文[Chr84]。

54. 矩形切割

答案：任何对于 $h \times w$ 矩形的竖直（水平）切割都会得到一个宽（高）不小于

$\lceil w/2 \rceil$（$\lceil h/2 \rceil$）的新矩形。$\lceil \log_2 n \rceil + \lceil \log_2 m \rceil$ 次切割对把给定的 $m \times n$ 矩形变成 mn 个 1×1 的正方形是必须的，这个切割次数对于实行以下的算法也是足够的。首先，对所有宽度大于 1 的矩形，尽量靠近中轴线，沿格线在竖直方向做 $\lceil \log_2 n \rceil$ 次切割。然后，对所有宽度等于 1 长度大于 1 的矩形，尽量靠近中轴线，沿着格线在水平方向做 $\lceil \log_2 m \rceil$ 次切割。

评论：本题的一维版本参见棍子切割（#30），本谜题充分利用了**减半**的优势。需要注意本题有一个变体要求不允许堆叠，即不允许同时切割多个矩形（见概览中算法分析技术部分中的掰巧克力块谜题），该问题的求解利用了完全不同的思想——**不变量**。

关于这个谜题最早的引用见 1880 年 David Singmaster 的参考书目[Sin10, Section 6.AV]。它考虑的是将 2×4 矩形用三刀切割成 8 块 1 单位长度的正方形。此谜题更为普遍化的例子收录在 James Tanton 的书中 [Tan01]，他在书中给出了切割最少次数求解公式的归纳证明（p.118）。

55. 里程表之谜

答案：第一个和第二个问题的答案分别是 468,559 和 600,000。

第一个问题的答案可以通过计算所有里程数的总数和没有 1 的里程数的总数的差值得到。很明显，所有里程数的总数等于 10^6。所有不包含 1 的里程读的总数可以通过对 6 个示数位分别填充除 1 以外的其他 9 个数字得到，因此有 9^6 个这样的读数。所以，含有 1 的所有里程读数的总个数等于 $10^6 - 9^6 = 468,559$。

现在回答第二个问题，我们容易发现，10 个显示数字（0 到 9）在里程读数中出现的次数是一样的。所以，"1" 显示的总次数可以通过计算所有读数显示位数的总数的十分之一得到：$0.1 \times (6 \times 10^6) = 600\,000$。

评论：本谜题的要点在于，在某些情况下，通过发掘问题的特殊性来进行算法分析，要比应用第 1.2 节中介绍的各种技术要容易得多。

本谜题的第二个问题是 U.S. National Public Radio 的脱口秀 "Car Talk" 在 2008 年 10 月 27 日向听众提出的一个谜题[CarTalk]。

56. 新兵列队

答案：帅克必须意识到他所下的命令是使得

$$\frac{1}{n}[(h_2 - h_1) + (h_3 - h_2) + \cdots + (h_n - h_{n-1})] = \frac{1}{n}(h_n - h_1) \tag{1}$$

最小化。其中，n 是新兵的总数，h_i，$i=1, 2, \cdots, n$，是站在第 i 个位置上的新兵的身高。由于 $(h_n - h_1)/n$ 可能是负数，它的最小化意味着它是绝对值最大的负数。当 h_1 和 h_n 分别为最高的和最矮的士兵的身高时，就可以达到这一目的，但如此一来，其他人的身高对于整个表达式（1）将没有任何影响。

理想的列队方式是，最小化相邻两人身高差的量级，即

$$\frac{1}{n}(|h_2 - h_1| + |h_3 - h_2| + \cdots + |h_n - h_{n-1}|) \tag{2}$$

由于 n 是固定不变的，所以系数 $1/n$ 可以忽略。表达式（2）的和在士兵身高按升序或降序排列时达到最小值，得到的是最高身高和最矮身高的差值 $h_{max} - h_{min}$。可以认为，其他的排列方法让以 h_{min} 和 h_{max} 为端点的各个身高分段的总和发生了一些重叠，使得最终的结果要比 $h_{max} - h_{min}$ 大，用数学归纳法来严格证明这一点并不困难。

评论：等式（1）左边的和式 $(h_2-h_1)+(h_3-h_2)+\ldots+(h_n-h_{n-1})$ 给人感觉像一副展开的望远镜，所以被称为望远镜级数。它在算法分析的某些场合下是很有用的工具。

谜题中提到的帅克，是捷克作家 Yaroslav Hašek (1883—1923)所写的世界名著《好兵帅克》的主人公。在这部讽刺小说里，帅克被描绘成一个头脑简单的士兵，渴望执行任务，但是结果往往适得其反。

57. 斐波那契的兔子问题

答案：12 个月之后，将有 233 对兔子。

假设 $R(n)$ 表示在 n 个月底后兔子的对数，很明显，$R(0)=1$，$R(1)=1$。对于所有的 $n>1$，兔子的对数 $R(n)$，等于 $n-1$ 个月后的对数 $R(n-1)$，加上 n 月底新出生兔子的对数。根据问题的假设，n 月底新出生兔子的对数等于 $R(n-2)$，即在 $n-2$ 月底的兔子对数。因此，我们得到递推关系

当 $n>1$ 时，$R(n) = R(n-1) + R(n-2), R(0) = 1, R(1) = 1$

下表给出了 $R(n)$ 序列的前 13 个值，称之为斐波那契数列，数字之间的递推关系由上述公式定义。

n	0	1	2	3	4	5	6	7	8	9	10	11	12
$R(n)$	1	1	2	3	5	8	13	21	34	55	89	144	233

评论：$R(n)$ 与正规的斐波那契序列的定义稍有不同，虽然都是使用相同的递推公式 $F(n)=F(n-1)+F(n-2)$，但是两者的初始条件不一样，$F(0)=0$ 且 $F(1)=0$。显然，对于 $n \geqslant 0$，$R(n)=F(n+1)$。还需要注意的是，我们可以用下面两个著名的斐波那契数字公式中的任意一个来计算 R_{12}（如[Gra94,Sectwn6,6]）：

$$R(n) = F(n+1) = \frac{1}{\sqrt{5}} \left[\left(\frac{1+\sqrt{5}}{2} \right)^{n+1} - \left(\frac{1-\sqrt{5}}{2} \right)^{n+1} \right]$$

和

$$R(n) = F(n+1) = \frac{1}{\sqrt{5}} \left(\frac{1+\sqrt{5}}{2} \right)^{n+1} \text{ 近似取值于最近整数}$$

从算法的角度来看，本谜题指定了算法，要求判断输出。这是一个相对罕见的算法谜题；对于绝大多数的谜题，其目的都是设计一个算法而不是判断给定算法的输出。

此谜题书出现在 *The Book of Calculation* (*Liber Abaci*)，这是一本由意大利数学家斐波那契于 1202 年所写的著作（这本书另一个更重要的作用是促进了阿拉伯数字在欧洲的使用）。这个问题的序列是人类有史以来所发现的最有趣也是最重要的数字序列，不仅仅因为它具有许多令人着迷的特性，而且因为它常常很意外地应用于许多自然科学领域。现在有大量的书和网站，以及一本特殊的杂志，叫做 *Fibonacci Quarterly*，专门研究斐波那契数列及其相关的应用。特别是由英国数学家 Ron Knott [Knott]建立的网站，其中包含一系列斐波那契数列相关的谜题。

58. 二维排序

答案：零。

这个出乎意料的结果源于以下这个特性：如果两个 n 个元素的序列 $A=a_1,a_2,\cdots,a_n$ 和 $B=b_1,b_2,\cdots,b_n$，A 中的所有元素都小于等于 B 中相对应的元素（$a_j \leqslant b_j$，$j=1, 2, \cdots,$

n），那么对于所有 $i=1,2,3, \cdots,n$，A 中第 i 个最小的元素将小于等于 B 中第 i 个最小的元素。例如，如果

$$A:\ 3 \quad 4 \quad 1 \quad 6,$$
$$B:\ 5 \quad 9 \quad 5 \quad 8,$$

那么，A 和 B 中最小的元素分别是 1 和 5，第二小的元素是 3 和 5，第三小的是 4 和 8，第四小的是 6 和 9。当然，获得这些值最简单的方法，是对序列排序：

$$A':\ 1 \quad 3 \quad 4 \quad 6,$$
$$B':\ 5 \quad 5 \quad 8 \quad 9。$$

为了证明这一特性，假设 $b_i'=b_j$，b_i' 是 B 中第 i 小的元素，同时位于序列 B 中第 j 个位置（例如，在上例中，$i=3$，$b_3'=b_4=8$，B 序列中第 3 小的元素，在第 4 的位置上）。由于 b_i' 是 B 中第 i 小的元素，在 B 中必然有 $i-1$ 个元素小于或等于 b_i'（上例中，是 5 和 5。）对于每一个这样的元素，包括 b_i' 本身，在 A 中在对应的位置上有 i 个元素小于等于 B 中的这些元素（上例中，是 3，1 和 6）。因此，b_i' 至少大于等于 A 中的 i 个元素。这意味着 $a_i' \leqslant b_i'$，a_i' 是 A 中第 i 小的元素，否则，就如上述所言，A 中必然（至少）有 i 个元素比 a_i' 小。

就像序列 A 和序列 B 一样，扑克矩阵的每一行都按牌的大小第一次排好序后，此时考虑扑克牌中的任意两列 k 和 1（$k<1$）。扑克矩阵的列排序完成后，第 i 行上将含有这列上第 i 小的扑克（$i=1,2,3, \cdots, n$）。根据上述的特性，列 k 上的扑克必然要小于等于列 1 上的扑克。由于列 k 和列 1 是任意选择的，这意味着行 i 是已经排好序的。

评论：当然，这一特性对于任何进行过二维排序的矩阵都适用。Donald Knuth 把它作为 *The Art of Computer Programming* 第三卷的一个练习题[Knu98, p. 238, Problem 27]。书中，他还回溯本谜题的源头，即 Hermann Boerner 在 1955 年所写的一本书 (p. 669)。这个谜题还被 Peter Winkler 收录在自己的第二本数学谜题集中[Win07, p. 21]。在答案中，他写道："有些问题，每当你思考它们的时候，就会觉得自己介乎于模糊和清晰之间，这就是那类问题中的一个。"(p. 24)

59. 双色帽子

答案：假设只有一顶帽子是黑色的。戴黑帽子的囚犯只能看到其他囚徒都戴着

白帽子。因为他知道至少有一顶黑帽子，所以这顶黑帽子必然是他的。其他的囚犯只能看到一顶黑帽子，无法判断自己帽子的颜色。所以，只有唯一的那个看到的都是白帽子的人，在第一次列队时向前一步出列，才能让他们通过考验，获得自由。

假设有两顶黑帽子。这样的话，第一次列队应该没有人出列，因为没人能够确定自己帽子的颜色。但是，第二次列队时，那个看到一顶黑帽子的人应该会向前一步出列，这是因为第一次列队时没人出列，所有人都意识到黑帽子至少有两顶。如果一个囚犯看到只一顶黑帽子，他自然能够推断出第二顶黑帽就在自己的头上。所有看到两顶黑帽子的囚犯依然无法肯定自己帽子的颜色，因此依然待在队里，不会出列。

总而言之，如果有 k 顶黑帽子，且 $1 \leqslant k \leqslant 11$，在第 $k-1$ 次列队之前，不会有囚犯出列。但是在第 k 次列队时，所有看到 $k-1$ 顶黑帽子的囚犯都会向前一步出列，这基于以下推理：前 $k-1$ 次列队无人出列，他知道至少有 k 顶黑帽子，如果他在其他人头上看到 $k-1$ 顶黑帽子，那么意味着总共刚好是 k 顶黑帽子，其中的一顶就在自己的头上。与此同时，其他的 $n-k$ 名戴白帽子的囚犯——考虑到他们的聪明才智——将留在队列中，因为他们无法判断出自己帽子的颜色。只有聪明的人才能赢得自由！

评论：本题的解答使用了**减而治之**的思想，实现了对黑帽子数目由底向上的推断。

这个谜题的若干版本已经通过电子方式或纸质方式发表。在 W. Poundstone 的书中，有一个字面表述上稍有区别的版本 [Pou03, p. 85]。本题最早的版本 three men withspots on foreheads 出现在 1935 年，由普林斯顿的著名逻辑学家 Alonzo Church 提出。本书谜题编号的帽子（#147），是一个与本题相似但更富有挑战性的谜题。

60. 硬币三角形变正方形

答案：需要移动硬币的最小值是 $\lfloor n/2 \rfloor \lceil n/2 \rceil$。当 n 为大于 2 的偶数时，本谜题有两个答案；当 n 为大于 1 的奇数时，本题有一个答案；当 $n=2$ 时，有三个答案。

由于总的硬币数目等于 n 的平方，即 $S_n = \sum_{j=1}^{n}(2j-1) = n^2$，所以，组成正方形的 n 行每一行都含有 n 枚硬币。很自然地想到通过调整三角形每行的硬币数目来实现正方形,即从多于 n 枚硬币的 $\lfloor n/2 \rfloor$ 行中移出多余的硬币放到少于 n 枚硬币的 $\lfloor n/2 \rfloor$ 行中。从最长的有 $2n-1$ 枚硬币的行(直角三角形的斜边)中移出 $n-1$ 枚硬币到只有 1 枚硬币的那一行,然后从下一行 $2n-3$ 枚硬币中移出 $n-3$ 枚硬币放到 3 枚硬币的那一行,依此类推,如图 4.36 和图 4.37 所示,分别对应于 n 为偶数和 n 为奇数的情况(图中,直角顶点朝上之下的硬币行水平且平行于底边)。显然,在最小硬币移动数目的算法中,每一步要么是从需要变短的行中移出一枚硬币,要么就是把硬币加到需要变长的硬币行中。

图 4.36 对于 S_4 硬币正方形的两个相对称的解法。+和−分别
代表添加和移走硬币。静止不变的硬币用黑点表示

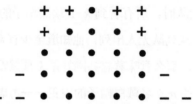

图 4.37 对于 S_5 的硬币正方形的解法

完成变形所需要移动的硬币总数 $M(n)$ 可以通过以下计算方法得到:

$$M(n) = \sum_{j=1}^{\lfloor n/2 \rfloor} (n-(2j-1)) = \sum_{j=1}^{\lfloor n/2 \rfloor} n - \sum_{i=1}^{\lfloor n/2 \rfloor} (2j-1)$$

$$= n\lfloor n/2 \rfloor - \lfloor n/2 \rfloor^2 = \lfloor n/2 \rfloor (n-\lfloor n/2 \rfloor) = \lfloor n/2 \rfloor \lceil n/2 \rceil.$$

移动最少的硬币来获得正方形,还有一个较优的方法。就是,针对平行于三角形直角边的奇数条硬币行,将其中行数为偶数的硬币移出,以此来组成正方形,这个方法所移动的硬币数目等于

$$\overline{M}(n) = \sum_{j=1}^{n-1} j = (n-1)n/2 > \lfloor n/2 \rfloor \lceil n/2 \rceil, \quad n > 2。$$

当 $n=2$ 时, $\overline{M}(2) = M(2) = 1$,并且此时问题有三个不同的答案,如图 4.38 所示。

评论: 由 S. Grabarchuk 撰写的本谜题的一个例子可参见网站 Puzzles.com [Graba]。

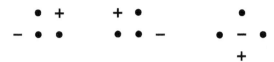

图 4.38　对于 S_2 硬币正方形的三个解法

61.　对角线上的棋子

答案：当且仅当 $n-1$ 是 4 的倍数或 n 是 4 的倍数的时候，本谜题有解。所需要移动的步数等于 $(n-1)n/4$。

对每一个棋子距离底边的行数进行求和，我们可以计算出当前所有棋子距离底边的整体距离。所有棋子在初始位置的时候，这个距离等于 $(n-1)+(n-2)+\cdots+1=(n-1)n/2$；当所有棋子都达到底边时，这个距离等于 0。由于每一次移动减少的距离值为 2，说明距离的奇偶性始终不发生改变。因此，要此题有解，$(n-1)n/2$ 必须是偶数。

需要注意的是，当且仅当 $n-1$ 是 4 的倍数或 n 是 4 的倍数的时候，$(n-1)n/2$ 才会是偶数。如果 $(n-1)n/2=2k$，那么 $(n-1)n=4k$，由于 $n-1$ 和 n 中间必然有一个是奇数，所以另一个必然能被 4 整除。相反地，如果 $n-1$ 或 n 是 4 的倍数，$(n-1)n/2$ 显然是偶数。

因此，谜题要有解，$n=4k$ 或 $n=4k+1(k\geqslant1)$ 是必须的。这个条件对于以下这个解法也是充分适用的。在两两相邻的列上移动 $\lceil(n-2)/2\rceil$ 对棋子——即，列 1 和列 2，列 3 和列 4，以此类推——尽可能地移动到棋盘的底端。然后移动 $\lfloor n/4\rfloor$ 对奇数列上的棋子向下走一格——即，列 1 和列 3，列 5 和列 7，以此类推（注意如果 n 或 n-1 是 4 的倍数，那么奇数列的总数是偶数）。算法相应的示意过程如图 4.39 和图 4.40 所示。

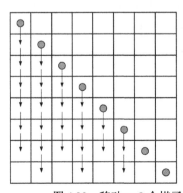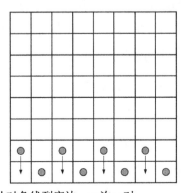

图 4.39　移动 n=8 个棋子从对角线到底边，一次一对

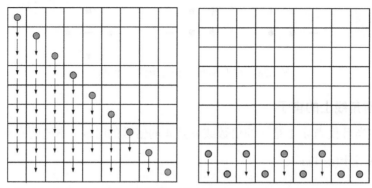

图 4.40 移动 n=9 个棋子从对角线到底边，一次一对

总之，任何解此题的算法都基于上述的一点：每一次移动都会将起始和终止的距离缩小 2。因此，任何这样的算法都要移动$(n-1)n/4$ 次。

评论：本谜题的解法利用了连续整数和值公式和奇偶**不变量**的思想。这些在概览（第 1 章）中关于算法分析技术的内容中都有过阐述。

本谜题是[Spi02]中的 Problem 448 的一般化的例子，原题探讨的是 n=10 的情况。

62. 硬币收集

答案：正如谜题提示（第 3 章）所建议的一样，我们可以使用**动态规划法**来解题。假设 $C[i, j]$是机器人到达方格板第 i 行第 j 列的方格（i, j）时所能收集到硬币的最大数目。机器人要么是从上方的方格（$i-1$, j），要么是从左侧的方格（i, $j-1$）到达这一点，这些棋格上所能收集到的最大硬币数目分别设为 $C[i-1, j]$和 $C[i, j-1]$（当然，第一行方格的上面是没有邻居的，第一列方格的左侧也是没有邻居的。对于这类不存在的邻居，$C[i-1, j]$和 $C[i, j-1]$的值都等于 0）。因此，机器人到达方格（i, j）所收集的最大硬币数目等于 $C[i-1, j]$和 $C[i, j-1]$的最大值加上一个在方格（i, j）上可能存在的硬币数。换而言之，我们可以用以下公式计算 $C[i, j]$：

$$C[i, j] = \max\{C[i-1, j], C[i, j-1]\} + c_{ij}, 1 \leqslant i \leqslant n, 1 \leqslant j \leqslant m \qquad (1)$$

其中，如果方格（i, j）中有一枚硬币的话，c_{ij}=1，否则为 0。当 $1 \leqslant j \leqslant m$ 时，$C[0, j]$=0；当 $1 \leqslant i \leqslant n$ 时，$C[i, 0]$=0。

利用以上公式，我们可以在 $n \times m$ 的表格上逐行逐列地对 $C[i, j]$进行填充，正如动态规划法所展示的一样。对应于如图 4.41a 所示的硬币布局，图 4.41b 展示了

$C[i, j]$动态规划的结果。

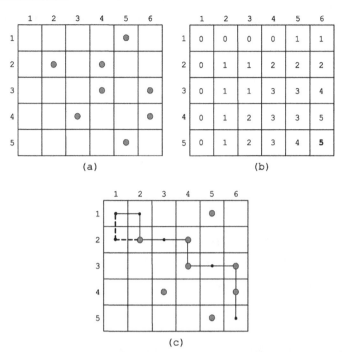

图 4.41　(a)给定硬币布局(b)动态规划算法结果(c)最大硬币收集数 5 的两条可能路径

　　要得到收集最大数目的硬币所走的路径,需要确定等式(1)的最大值来自上面的方格还是左侧的方格:对于前一种情况,路径自上而下到达方格,对于后一种情况,路径自左到右到达方格。如果两者值相等,那么最优的路径不唯一,它们都可能为最优路径中的一步。例如,图 4.41c 展示了对于图 4.41a 所示硬币分布做收集的两条最优路径。

　　评论: 本谜题有一个更简单的版本[Gin03],是**动态规划法**应用的一个很好的示例。

63.　加减归零

　　答案: 当且仅当 n 为 4 的倍数或 $n+1$ 为 4 的倍数时,本谜题有解。

　　这个问题相当于将 $1\sim n$ 这 n 个整数分成两个具有相同和值的子集:一个前面带加号的数字子集和一个前面带减号的数字子集。由于 $S=1+2+\ldots+n=n(n+1)/2$,每一个子集中数字的总和必须刚好等于 S 的一半。这意味着 $n(n+1)/2$ 是偶数是问题有解的必要条件。下面的推理将说明,该条件同时也是问题有解的充分条件。

需要注意当且仅当 n 为 4 的倍数或 $n+1$ 为 4 的倍数时，$n(n+1)/2$ 是偶数。如果 $n(n+1)/2=2k$，那么 $n(n+1)=4k$，由于 n 和 $n+1$ 中一定有一个是奇数，那么另一个就必然能被 4 整除。相反地，如果 n 或 $n+1$ 是 4 的倍数，$n(n+1)/2$ 显然是偶数。

如果 n 能被 4 整除，我们可以，比方说，把 1 到 n 的整数每四个连续整数一组，分成 $n/4$ 组，在每组内，在第一个和第四个数字前放加号，在第二个和第三个数字前放减号：

$$(1-2-3+4)+\cdots+((n-3)-(n-2)-(n-1)+n)=0。 \tag{1}$$

如果 $n+1$ 能被 4 整除，那么 $n=4k-1=3+4(k-1)$。我们可以利用相同的方法处理前三个数字：

$$(1+2-3)+(4-5-6+7)+\cdots+((n-3)-(n-2)-(n-1)+n)=0。 \tag{2}$$

简而言之，本问题可以用如下算法解答，计算 n 对 4 取模（n 除以 4 的余值）。如果余值等于 0，按照公式（1）插入 "+" 和 "−"；如果余值等于 3，按照公式（2）插入 "+" 和 "−"；其他的情况，返回结果 "无解"。

评论：这是一个非常著名的算法谜题，整个解答过程涉及很多方面，包括从 1 到 n 的和值公式以及对和值奇偶性的判断。需要说明的是，该谜题对于任意序列的版本都被称为 Partition Problem。而且，由于这个问题被认为是 NP 完全问题，所以绝大多数计算机科学家相信对此问题不存在有效的算法。

64. 构建八边形

答案：为了不失一般性，我们假设所有点由左至右按从 1 到 n 编号，如果有水平位置相同的两点存在，先编号位于下方的点（更为正规的说法是假定所有的点按照它们在所在平面上的笛卡尔坐标系的坐标依次编号）。先只考虑前八个点 $p1$，$\cdots$，$p8$，画一条直线将 $p1$ 和 $p8$ 相连，这样便产生两种可能：其他所有的六个点 $p2$，$\cdots$，$p7$，要么都在这条线的同一侧（见图 4.42a），要么分布在这条线的两旁（见图 4.42b）。前一种情况，依次连接 $p1$，$\cdots$，$p8$ 即可得到八边形，而且 $p1$ 和 $p8$ 的连线为八边形的一条边。如果点 $p2$，$\cdots$，$p7$ 位于 $p1$ 和 $p8$ 连线的两侧，则可以通过依次连接 $p1$，$p8$ 连线上侧的点构成八边形的上边界，然后依次连接 $p1$，$p8$ 连线下侧的点形成八边形的下边界（见图 4.42b）。

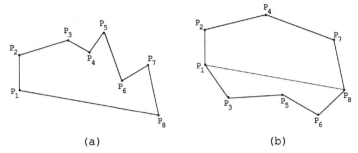

图 4.42 用 8 个给定的点构建一个简单的八边形

注意剩下的 1992 个点都将位于已构建八边形的右侧，或者仅仅是点 p9 与点 p8 位于同一垂直线上，因此，我们可以以同样的方法用点 p9, ..., p16 构建下一个八边形，并且该八边形与第一个八边形没有任何相交的部分。对于剩下的点，每八个连续的点就重复一遍这个操作，直至完成整个问题。

评论：这个解答过程使用了**预排序、分而治之**和**减而治之**的思想。这与计算机科学中著名的 quickhull 算法很相似，该算法用于生成给定点集的凸包（例，参见 [Lev06, Section 4.6]）。

65. 猜密码

答案：密码 $b_1 b_2 ... b_n$ 可以通过以下 n 个连续的问题来唯一确定：

000…0，100…0，1100…，11…10。

第一个问题的答案 a_1，透露了密码中 0 的个数。假设 a_2 是第二个问题的答案。由于前两个问题的区别仅仅在于第一个比特位，a_1 和 a_2 的不同将唯一确定该比特位上的值，即：如果 $a_1 < a_2$，则 $b_1 = 1$；如果 $a_1 > a_2$，则 $b_1 = 0$（例如，对于密码 01011，$a_1 = 2$ 且 $a_2 = 1$，那么 $a_1 > a_2$，所以 $b_1 = 0$）。对后续 $n-2$ 个问题重复上述操作，将依次判断出密码中的 $b_3, ..., b_{n-1}$。最后的比特位 b_n 可以通过第一个问题所获得的 0 的总数来判断：如果前 $n-1$ 位中 0 的个数已经满足 0 的总数，则 $b_n = 1$；反之，$b_n = 0$。

事实上，起始的 n 比特串是可以任意选定的，然后依次改变该比特串的一个比特位来提出 n 个问题，都可以达到确定密码的目的。

评论：此谜题与一个很流行的桌游 Mastermind 很相像，参见 Dennis Shasha 所写的书[Sha07]。上述的解法基于**减而治之**的策略，但这个方法对于所有 n 的值并不都是最优的。例如，任意 5 比特的密码都能通过序列 00000，11100，01110，00101（Shasha 书中第 105–106 页）。目前尚没有通用的计算公式，确定任意 n 比特密码所需要的问题数目的最小值。

66. 留下的数字

答案：留下的数字可能是任何小于 50 的正奇数。

黑板上的数字最开始的总和等于 $1+2+...+50=1275$，是一个奇数。每一次用 $|a-b|$ 来替换 a 和 b，为了不失一般性，假设 $a \leqslant b$，相当于总和减少了 $2a$：

$$S_{new}=S_{old}-a-b+|a-b|=S_{old}-b-a+b-a=S_{old}-2a。$$

这意味着如果原和值 S_{old} 是奇数的话，新的和值 S_{new} 也必然是奇数，因此从 1275 开始，不断重复这样的操作，最后的结果不可能是偶数。

进一步分析，黑板上的所有数字都是非负的，且它们都小于或等于 50，自然对于非负的 a 和 b，$|a-b|$ 总是会小于 a 和 b 的最大值。

下面展示 1～49 内（包括 1 和 49）的任意奇数，都能通过重复谜题所述的操作 49 次而得到。假设 k 为最后留下的数字，先将 $k+1$ 和 1 相减，然后对黑板上余下的数字进行如下分组，并执行谜题中所述的操作，

$$(2, 3), (4, 5), \cdots, (k-1, k), (k+2, k+3), \cdots, (49, 50),$$

如此，当擦掉这些数字时，得到了 24 个 1。然后对这些 1 再进行操作得到 12 个 0，再对这些 0 进行 11 次操作，得到一个 0。最终，黑板上剩下两个数字，k 和 0，最后得到 k。

评论：在数学圈里，本谜题是一个非常著名的基于奇偶性的问题。本书谜题加减归零（#63）是这一类型问题的另一种变形。

67. 均分减少

答案：用其他的 9 个空瓶子连续将水对分 9 次，使得最开始盛水的瓶子只剩下 $a/2^9$ 品脱的水。这是所能得到的最少水量。假设正数 m 为所有杯子中水量的最小值（开始时，$m=a$，我们的目的就是将它最小化），由于两个数的均值总会大于等于两个数中较小的那个，所以要用平均的方法来最小化 m，只能选择拿一只装有 m 品脱水的瓶子和一个空

瓶子来进行分水操作。经过 9 次和空瓶子均分水量后,将没有空瓶可用,使得 m 的值无法变得更小。因此,所能得到的 m 的最小值等于 $a/2^9=a/512$ 品脱。

评论:本谜题通过贪婪法来进行求解。所有的推理过程都基于单变量的分析,第 1 章的概览中阐述过单变量。

本谜题被选为 1984 年列宁格勒数学奥林匹克竞赛的比赛试题,还被收录在 Kvant 单变量的文章的习题中 [Kur89, Problem 6],只不过具体的文字表述有所不同。

68. 数位求和

答案:$1\sim10^n$(包括 1 和 10^n 本身)之间的所有整数之和是 $45n10^{n-1}+1$。特别的,对于 $n=6$,该值等于 27,000,001。

为了简化问题,先不考虑数 10^n,很显然,10^n 对于整个和值的贡献为 1;我们把总的和值记做 $S(n)$,将所有小于 10^{n-1} 的整数的高位都用 0 来填充,这样,所有整数都由 n 位数字构成。

一个计算 $S(n)$ 的简单方法,是将 0 和 10^n-1,1 和 10^n-2,2 和 10^n-3……配对,因为这些数字对的数字总和都等于 $9n$(数字配对技巧在 n 个正整数求和中使用过,参见本书概览)。很明显,这类数字对有 $10^n/2$ 对,所以 $S(n)$ 等于 $9n\cdot10^n/2=45n\cdot10^{n-1}$。

本谜题还可以使用求解里程表之谜(#55)的方法来求解。考虑对零的填充,总共有 10^n 个 n 位数,每一个数字(0~9)出现的次数都相同,都出现了 $n\cdot10^n/10=n\cdot10^{n-1}$ 次。所有数位上数字总和 $S(n)$,可用如下公式计算

$$0\cdot n\cdot^{n-1}+1\cdot n\cdot10^{n-1}+2\cdot n\cdot10^{n-1}+\cdots+9\cdot n\cdot10^{n-1}$$
$$=(1+2+\cdots+9)n\cdot10^{n-1}=45n\cdot10^{n-1}。$$

解决该问题的第三个方法是找出 $S(n)$ 的递归关系。显然,$S(1)=1+2+\ldots+9=45$。对应于最高位上的每一个数字,其他数位上的数字和都等于 $S(n-1)$。同时,最高位上所贡献的数字和等于 $10^{n-1}(0+1+2+\cdots+9)=45\cdot10^{n-1}$。我们得到如下递推关系:

$$S(n)=10S(n-1)+45\cdot10^{n-1},\quad n>1,S(1)=45。$$

通过迭代替换可以得到答案 $S(n)=45n\cdot10^{n-1}$(参见本书概览中算法分析的内容)。

因此，当 $n=6$ 时，$S(6)=45 \cdot 6 \cdot 10^{6-1}=27{,}000{,}000$，所以，所有数字的总和等于 27,000,001。

评论：正如 Z. Michalewicz 和 M. Michalewicz 在他们的书中所言[Mic08, pp. 61~62]，将拥有相同和值的数字配对可以被认为是一种**表示变更**，也可以认为是一种**不变量**的应用。这样的配对方法也被 B. A. Kordemsky [Kor72, p. 202]所采用。而基于递归的方法则是**减一**策略的一个应用。

69. 扇区上的筹码

答案：当且仅当 n 为奇数或 n 为 4 的倍数时，本问题有解。

首先证明该条件对于问题有解的必要性。如果 n 不是奇数，我们需要证明仅当 n 是 4 的倍数时问题有解。选择任意一个扇区作为起点，沿顺时针将所有扇区按照从 1 到 n 标号。对有筹码占据的扇区编号求和，和值记为 S（有几枚筹码在同一个扇区上，扇区的编号就会在 S 中重复计算几次——每一次对应一枚筹码）。很容易发现，如果 n 是偶数，每次移动两枚筹码到隔壁的扇区是不会改变 S 的奇偶性的。这是因为移动一枚筹码到相邻的扇区会改变 S 的奇偶性，但是若移动两枚，奇偶性将保持不变。如果本问题有解，即所有的筹码将移动到某个扇区 j（$1 \leqslant j \leqslant n$）之上，由于我们考虑的是 n 为偶数的情况，那么最终的和 $S=nj$ 也将是偶数。因此，在初始状态下，总和 $1+2+\cdots+n=n(n+1)/2$ 也必然是偶数：$n(n+1)/2=2k$。那么 $n(n+1)=4k$，因为 $n+1$ 是奇数，n 必然能被 4 整除。这证明了条件的必要性。

下面我们来证明条件的充分性。如果 n 是奇数，所有的筹码都能放到正中间的扇区上（扇区 $j=(1+n)/2$），方法如下：同时移动与中间扇区等距的各对筹码——即，1 和 n，2 和 $n-1$，…，$j-1$ 和 $j+1$，直到每一对筹码都移动到中间的扇区；如果 n 是 4 的倍数，我们可以，比方说，两枚筹码一组按顺时针，将所有位于奇数编号扇区上的筹码移动到它们相邻的偶数编号的扇区上（$n=4i$，意味整个圆盘上有偶数个奇数编号的扇区）。这时可以把扇区 2 上的筹码对向扇区 n 移动，对于扇区 n 也是同样操作，以此类推，直到所有的筹码都被收集到最后一个扇区上。

评论：这个谜题利用了奇偶性的概念，是[Fom96, p. 124]中 Problem 2 的一般形式。

70. 跳跃成对 I

答案：很明显，对于奇数枚硬币，该问题是无解的，因为最终所有的硬币都会成对出现，使得硬币的总数是偶数。考虑到所有移动的可能，不难发现，对于 $n=2$，4 和 6 的情况，该问题无解。对于 $n=8$，存在若干个答案，其中一个答案可以用回溯法反推出来：4 在 7 上面，6 在 2 上面，1 在 3 上面，5 在 8 上面。任何大于 8 的偶数枚硬币的情况（如 $n = 8 + 2k$，其中 $k > 0$）都能简化成少两枚的情况（如 $n = 8 + 2(k-1)$，其中 $k > 0$），方法是将位于 $8+2k-3$ 上的硬币移动到最后一枚硬币 $8+2k$ 上，这样就将整体的硬币个数减少了两枚。如此重复操作 k 次，就能将 $n=8+2k$ 枚硬币减少到 8 枚硬币，然后依照 8 枚硬币的解法做就可以了。

由于每一次移动都产生了一摞硬币对，很明显，这个算法是移动步数最小的算法。

评论：上述算法利用了**回溯法**和**减而治之**策略。

该谜题最早可以追溯到 David Singmaster 的参考文献[Sin10,Section 5.R.7]，这是一个早在 1727 年的日文文献。许多人研究过这个谜题，如 Ball and Coxeter [Bal87, p. 122]和 Martin Gardner [Gar89]，它被称为"最古老和最好的硬币谜题之一"(p. 12)。

71. 标记方格 I

答案：除了 $n=4$，本谜题还对所有 $n>6$ 有解（$n=9$ 例外）。

很明显，本谜题对于 $n = 1$，2 和 3 都没有答案。当 $n = 4$ 时，答案已经在题目的示例中给出。同样，对于 $n = 5$，问题也是无解的，这可以通过反证法证明。假定存在 5 个标记方格，每一个方格都有偶数个邻居，考察这些方格中位于左上角的那个。这个方格一定有一个位于右边的邻居和一个位于它下面的邻居。左下角的方格一定有一个位于右边的邻居和一个位于它上面的邻居。图 4.43 展示了这两种可能性。

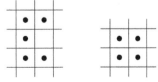

图 4.43　当 $n = 5$ 时左上角和左下角的标记方格都有偶数个邻居的两种可能

但是，左图中的 5 个标记方格，并不是每个方格都拥有偶数个邻居，对于右图，无法在这 4 个标记方格之外再标记一个方格，来满足偶数个邻居的条件。同样的分析适用于 $n = 6$ 和 $n = 9$ 的情况，说明本谜题对于这些数值的情况没有解。

$n=7$ 和 $n=11$ 时的答案如图 4.44a 和图 4.44b 所示。后者可以延伸为任意 $n>11$ 的奇数情况，将回环变大延伸两个标记方格即可，图 4.44c 所示的就是 $n=13$ 时的答案。

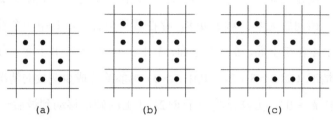

图 4.44   谜题标记方格 I 在（a）$n=7$，（b）$n=11$ 和（c）$n=13$ 时的答案

对于所有 $n>6$ 的偶数，答案是长为 $(n-2)/2$、宽为 3 的框形区域，图 4.45 展示了 $n=8$ 和 $n=10$ 的情况。

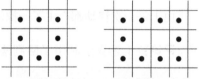

图 4.45   谜题标记方格 I 在 $n=8$ 和 $n=10$ 时的答案

评论：上述答案都基于增量的方法（自下而上应用**减而治之**策略）。当然，对于大多数 n 的取值，还有其他的解法。关于奇数个方格邻居，在下一个谜题标记方格 II（#72）中讨论。

本谜题收录在 B. A. Kordemsky 的最后一本书中 [Kor05, pp. 376–377]。

72. 标记方格 II

答案：本谜题仅对任意偶数个方格有解。

当 $n=2$ 时，答案很明显，如图 4.46a 所示。再标记两个邻近的方格，比方说——一个水平方向右面的方格，一个竖直方向上面的方格——就得到了 $n=4$ 时的答案。再次重复同样的操作，选择一个水平的邻居方格，再加上一个下面（而不是上面）的方格，便得到了 $n=6$ 的答案（图 4.46c）。通过这样的方式，我们可以得到所有对于任意偶数 n 的答案。

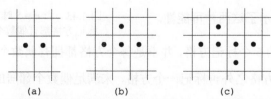

图 4.46   谜题标记方格 II 在（a）$n=2$，（b）$n=4$ 和（c）$n=6$ 时的答案

现在我们来证明对于奇数个标记方格并且每一方格都有奇数个标记邻居,是无解的。假设可能有解,我们将得到如下矛盾关系。一方面,如果将每一个标记方格的邻居数目相加,将得到一个偶数,这是因为邻居关系是相互的,每一个邻居关系都要计算两次。另一方面,由于每一个方格都有奇数个邻居,标记方格的总数是奇数,所以邻居的总数应该是奇数。

评论:对于 n 为偶数的情况,答案很显然是基于增量的方法(自下而上应用**减而治之**策略)。对于奇数 n 的不可能性证明等价于一个著名的数学命题,Handshaking Lemma:在派对上,和奇数个人握过手的人的总数一定是偶数(例,[Ros07, p. 599])。在本例中,握手的人相当于和其他方格拥有邻居关系的标记方格。

本谜题收录在 B. A. Kordemsky 的最后一本书中 [Kor05, pp. 376–377]。

73. 逮公鸡

答案:把游戏中的方格假想成 8×8 的国际象棋棋盘(见图 4.47a)。在这样的假定条件下,当农场主走棋时,只有当表示农场主和公鸡的两枚棋子位于相邻的棋格(水平或竖直方向)时,公鸡才能被逮住。值得注意的是,此时两枚棋子所在棋格是相反的颜色。最开始时,两枚棋子所在的棋格是同一颜色,所以当两枚棋子走棋时,棋格的颜色会同步变化,当农场主先走棋时,不可能逮住公鸡。

如果农场主后走,始终移动到公鸡所在对角线的方格并逐步靠近,这样,他就能够将公鸡逼迫到角落中,并最终逮住它。我们分别将农场主和公鸡的位置分别记为 (i_F, j_F) 和 (i_R, j_R),其中 i 和 j 表示他们所在方格的行和列。从几何上来看,农场主的位置 (i_F, j_F) 和 $(8, j_F)$,$(8, 8)$,$(i_F, 8)$ 所形成的矩形将公鸡围住并且公鸡无法从中逃脱(见图 4.47b)。随着每一步走棋,这个矩形逐步变小,最终公鸡被逼到右上角上(见图 4.47c)。

一个更加正式的方法是通过计算两者的距离来判断农场主的移动,农场主当前的位置是 (i_F, j_F),公鸡的位置是 (i_R, j_R),两者之间的行距 $i_R - i_F$,列距 $j_R - j_F$,计算这两个值的最大值:

$$d = \max\{i_R - i_F, j_R - j_F\}.$$

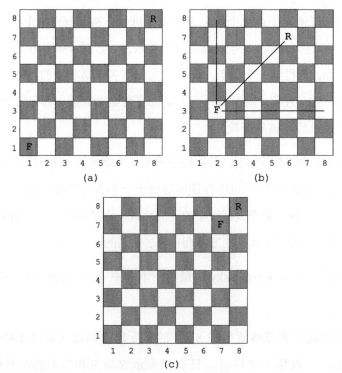

图 4.47　逮公鸡游戏（a）起始位置（b）取胜的策略（c）公鸡被逮住前的位置

农场主的每走一步棋都是为了将 d 的值减小，即，当列距大于行距时向右走，反之则向上走（对于公鸡移动所引起的距离改变也是一样）。

由于农场主当前位置到右上角的曼哈顿距离——$(8-i_F)+(8-j_F)$——随着农场主每走一步都会减 1，在农场主走了 12 步后，他和公鸡将位于如图 4.47c 所示的位置，这时农场主的下一步走棋会将公鸡逮住。因此，考虑到公鸡在如图 4.47a 所示的起始位置上先走，整个游戏从开始到终止每个棋子最多走 14 步。当然，若是公鸡主动自投罗网，每个棋子最少也要走 7 步。

评论：该谜题的解答过程利用了**不变量**的思想来判断谁先走，用贪婪法的策略来设计逮公鸡的算法。将普通的棋格变成国际象棋棋盘来思考的方法值得学习，但是并不起决定性的作用。

此谜题是本书第 1.2 节中田地里的鸡谜题的简化版。相似的谜题在许多的谜题选集中都有收录，例如，[Gar61, p. 57]和 [Tan01, Problem 29.3]。

74. 地点选择

答案：x 和 y 的最优值分别是 x_1，$\cdots$，x_n 和 y_1，$\cdots$，y_n 的中位数。

很显然，问题等价于分别最小化水平距离的和值 $|x_1-x|+\cdots+|x_n-x|$ 和竖直距离的和值 $|y_1-y|+\cdots+|y_n-y|$。因此，相当于分析两个有不同输入的同类问题。

为了方便求解 $|x_1-x|+\cdots+|x_n-x|$ 的最小值，假设 x_1，$...$，x_n 按照非严格递增顺序排序（如果给定输入不是这样的话，我们通常先将输入排序，然后重新编号）。考虑 $|x_i-x|$ 的几何意义，即 x_i 和 x 两点之间的直线距离是很有用的。接下来，我们将分别考虑 n 为偶数和 n 为奇数的情况。

假设 n 是偶数，首先思考 $n=2$ 的情况。当 x 位于线段 x_1x_2 上任意一点时（也包括端点），$|x_1-x|+|x_2-x|$ 的和值等于 x_2-x_1，长度就是两点间的距离，当 x 在线段之外时，$|x_1-x|+|x_2-x|$ 的和值会大于 x_2-x_1。这意味着对于任意的偶数 n，和式

$$|x_1-x|+|x_2-x|+\cdots+|x_{n-1}-x|+|x_n-x|$$
$$=(|x_1-x|+|x_n-x|)+(|x_2-x|+|x_{n-1}-x|)$$
$$+\cdots+(|x-x_{n/2}|+|x_{n/2+1}-x|)$$

当 x 位于以 x_1 和 x_n，x_2 和 x_{n-1}，$\cdots$，$x_{n/2}$ 和 $x_{n/2+1}$ 为端点的每一条线段上时，和式的值最小。由于 x_1，$\cdots$，x_n 是已经排好序的，因此每一条线段都是它前面一条线段上的一部分，所以 x 位于最后一条线段是 x 在所有线段上的充分必要条件。换而言之，对于满足 $x_{n/2} \leqslant x \leqslant x_{n/2+1}$ 的任何 x 的取值都是问题的答案。

如果 x 是奇数，由于 $n=1$ 没有什么探讨价值——让 $x=x_1$ 就可以最小化 $|x_1-x|$——我们从 $n=3$ 的情况开始考虑。当 $x=x_2$ 时，和式

$$|x_1-x|+|x_2-x|+|x_3-x|=(|x_2-x|+|x_3-x|)+|x_2-x|$$

的值最小，这是因为 $x=x_2$ 让 $|x_1-x|+|x_3-x|$ 和 $|x_2-x|$ 都获得了最小值。同样的推理可以延伸到任意奇数 n 的情况：

$$|x_1-x|+|x_2+x|+\cdots+|x-x_{\lceil n/2 \rceil}|+\cdots+|x_{n-1}-x|+|x_n-x|$$
$$=(|x_1-x|+|x_n-x|)+(|x_2-x|+|x_{n-1}-x|)+\cdots+|x-x_{\lceil n/2 \rceil}|$$

当 $x=x_{\lceil n/2 \rceil}$ 时，该和式得到最小值，该点左侧和右侧的点的数目相等。

需要注意的是，中间点 $x_{\lceil n/2 \rceil}$——x_1，$\cdots$，x_n 中第 $\lceil n/2 \rceil$ 小的点——对于解决问题

偶数 n 的情况也同样适用。

评论：本解答利用了**变而治之**将谜题分解成两个同类的数学问题，通过寻找 n 个给定数字的中间值来解决问题。数学家将这类值称为中位数，中位数在统计学中作用很大。高效计算中位数的问题称之为 selection problem。当然，这类问题有一个直观的解决方案：将数字按非严格递增的顺序排序，然后在排好序的序列中取第 $\lceil n/2 \rceil$ 个元素。关于更为快速和精致的求中位数的算法，参见[Lev06, pp. 188–189]和 [Cor09, Sections 9.2 和 9.3]。

75. 加油站检查问题

答案：由于谜题要求访问加油站 n 两次，因此每次合乎要求的检查路线必然也访问油站 $n-1$ 至少两次。同理可证，中间的其他各个油站也需要至少访问两次。考虑到在题目中要求油站 1 也必须访问两次，所以所有油站的访问总次数至少为 $2n$ 次。因此，总的检查线路长度至少为 $(2n-1)d$，其中，d 是两个相邻油站的间距。如果 n 是偶数，检查员每到达一个偶数编号的油站就会折回刚访问过的油站一次，这样的检查路线可以使得总距离达到最小的极限：

$$1，2，1，2，3，4，3，4，\cdots，n-1，n，n-1，n。$$

当 $n=8$ 时的访问路径如图 4.48 所示。

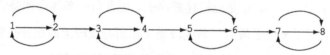

图 4.48　加油站检查问题当 $n=8$ 时的答案

可以证明，如果 n 是奇数，将没有一条检查路径可以满足访问中间油站 $2，\cdots，$ $n-1$ 刚好两次这一条件。对于 $n=3$ 这一最基本的情况，很容易直接判断出油站 2 至少需要访问三次。对于更一般的情况，假设对于 $n \geq 3$ 的奇数，不存在满足访问中间油站 $2，\cdots，n-1$ 刚好两次的路线。我们用反证法可以证明这一结论对 $n+2$ 也同样适用。如果这样的路线存在，那么该路线将终止于油站 $n+2$；否则，油站 $n+1$ 的访问次数将至少三次。进一步说，这条路线将以 $n+1，n+2，n+1，n+2$ 的顺序结束，并且要求在这之前并没有对油站 $n+1$ 或油站 $n+2$ 做过任何访问检查。但这一切都是对 n 个油站问题，即每一个中间油站 $2\cdots n-1$ 都访问两次为前提的。由于 $n=3$ 不符合要求，因此递推的假设不成立，上述结论得到证明。

因此，当 n 为奇数时，所有满足要求的路线都必须访问中间油站至少三次。这意味着对于奇数 n，路径

$$1,\ 2,\ \cdots,\ n-1,\ n,\ n-1,\ \cdots,\ 2,\ 1,\ 2,\ \cdots,\ n-1,\ n$$

显然是最优的。

评论：这个谜题是 Henry Dudeney 的[Dud67, Problem 522]中的"Stepping Stones"和 Sam Loyd 的[Loy59,Problem 88]中的"Hod Carrier's Problem"的一般情况。上述这两个问题都是本谜题 $n = 10$ 时的实例。

76. 高效的车

答案：对任何 $n > 1$ 的数，所需要的最小移动步数是 $2n-1$。

一条最优的路线可以从最左上方开始，然后按照贪婪策略，在拐弯之前，尽可能地移动到最远处。对 8×8 的棋盘来说，结果路线如图 4.49a 所示。在一个 $n \times n$ 的棋盘上，这样的路线所需要的步数是 $2n-1$。

现在来证明对于 $n > 1$ 的 $n \times n$ 棋盘来说，车走的任何一条路线要想经过所有的格子，最少需要 $2n-1$ 步。确实，任何这样的路线都必须包含棋盘里的每一行或者每一列（如果不包含沿着某一列的移动，那么那一列的每一格都必须被一个行移动经过或者到达，如果路线不包含沿着某一行的移动，那么那一行的每一格都必须被一个列移动经过或者到达）。因此，这样一条路线将会包含 n 步垂直移动，中间穿插 $n-1$ 步水平移动，以移动到另一列上，或者包含 n 步水平移动，穿插 $n-1$ 步垂直移动，以移动到另一行上。以上证明了在一个 $n \times n$ 的棋盘上，要使得一个车经过所有的格，所需要的步数最小是 $2n-1$。上面的描述同时也证明了该路线的最优性。

上面的解决办法不是唯一的。对于一个 8×8 棋盘来说，另一种解决办法如图 4.49b 所示；当然，对于任何 $n > 1$ 的 $n \times n$ 棋盘来说，都存在类似的路线。

评论：上面给出的第一种解决方案是基于贪婪策略的。正如其他贪婪算法一样，算法本身并不是这个问题的难点，如何证明算法的正确性，才是最关键的。

在 E. Gik 的《棋盘上的数学》（*Mathematics on a chessboad*）一书中讨论了该问题[Gik76,p.72]。

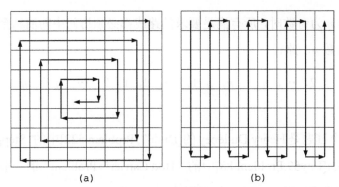

图 4.49　车在 8×8 棋盘上的最小移动步数路线（a）贪婪解法。（b）另一种解决办法

77. 模式搜索

答案：假设数字是十进制数，前 9 个结果呈现出很明显的模式：

$$1 \times 1 = 1, \quad 11 \times 11 = 121, \quad 111 \times 111 = 12321,$$

$$1111 \times 1111 = 1234321, \ \ldots, \ 111111111 \times 111111111 = 12345678987654321$$

但是因为数字结转，之后该模式就不适用了：

$$1,111,111,111 \times 1,111,111,111 = 1234567900987654321 \text{ 等。}$$

（当然，这也并不能排除随着 1 的个数增加，最终会有一个模式出现的可能性。）

然而，如果将数字看成二进制串，

$$\underbrace{11\ldots1}_{k} \times \underbrace{11\ldots1}_{k} = \underbrace{11\ldots1}_{k-1}\underbrace{00\ldots01}_{k},$$

这里假设当 $k=1$ 时，01 表示成 1。确实，$\underbrace{11\ldots1}_{k} = 2^k - 1$，这样

$$\underbrace{11\ldots1}_{k} \times \underbrace{11\ldots1}_{k} = (2^k - 1)2^{2k} - 2 \cdot 2^k + 1 = 2^{2k} + 1 + 2^{k+1}$$

因此，

$$2^{2k} + 1 = \underbrace{100\ldots0}_{k}\underbrace{0\ldots01}_{k}, \ 2^{k+1} = \underbrace{100\ldots0}_{k+1}$$

我们观察到

$$2^{2k} + 1 - 2^{k+1} = \underbrace{11\ldots1}_{k-1}\underbrace{00\ldots01}_{k}$$

评论：十进制版本的谜题来自 [Ste09, p.6]。

78. 直三格板平铺

答案：问题中的平铺总是可能的。

首先考虑这种情况：$n \bmod 3 = 1$ 且 $n > 3$，即 $n=4+3k$（$k \geqslant 0$）。我们能够将方块划分为 3 个子区域（注意划分时考虑分而治之之思想）：比如说，左上角的 4×4 的方块，还有 $4 \times 3k$ 的长方形，以及 $3k \times (4+3k)$ 的长方形（如图 4.50a 所示）。对于 4×4 的格子来说，需要一个单格板放在它的其中一个角上，才能平铺它剩下的部分；平铺另外两个长方形（如果 $k>0$）要容易得多，因为它们两个都有一条长为 $3k$ 的边。

同样，如果 $n \bmod 3 = 2$ 且 $n > 3$，即 $n = 5 + 3k$（$k \geqslant 0$），就能够平铺该板，如图 4.50b 所示。

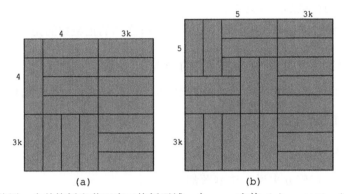

图 4.50　使用一个单格板和若干直三格板平铺一个 $n \times n$ 方格 （a）$n=4+3k$。（b）$n=5+3k$

评论：该平铺算法也可以考虑成减 3 策略的一种应用：一旦一个 $(n-3) \times (n-3)$ 的方格已经被平铺好了，那么平铺 $n \times n$ 的方格就很简单了。

用直三格板平铺 8×8 的棋盘问题，是 Solomon Golomb[Gol54] 在关于多格板平铺的开创性论文中介绍的。尤其是，他证明了当且仅当单格板被放置到图 4.51 所示的四个位置之一时，才有可能平铺棋盘。

79. 储物柜门

答案：第 n 步操作以后，开着的门数是 $\lfloor \sqrt{n} \rfloor$。

因为所有的门在初始时都是关闭着的，所以，一扇门要开着，当且仅当它被翻转过奇数次。门 i（$1 \leqslant i \leqslant n$）在第 j（$1 \leqslant j \leqslant n$）次经过时，当且仅当 j 能够整除 i 时才被翻转，因此，对于门 i 来说，它总共的翻转次数就等于它的因子的个数。如果 j 能够整除 i，也就是说 $i=jk$，那么 k 也就能整除 i 了。因此，i 的所有整除因子都能够成对（比如，当 $i=12$ 时，这样的对包括 1 和 12，2 和 6，3 和 4），除非 i 是一个完全平方数（比如 $i=16$ 时，4 就没有跟它成对的数）。这就表示 i 如果有奇数个因子的话，当且仅当它是一个完全平方数，即 $i=1^2$，这里 1 是一个正整数。因此，那些处在完全平方数位置的门，而且仅有这些门在最后一步之后是打开的。对于不超过 n 的这样的位置有 $\lfloor \sqrt{n} \rfloor$ 个：即 $1 \sim \lfloor \sqrt{n} \rfloor$ 之间的正整数的完全平方数。

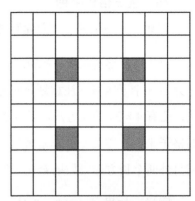

图 4.51　用直三格板平铺 8×8 的板，四个可能的单格板位置（灰色）

评论： 该谜题发表在 1953 年 4 月的 Pi Mu Epsilon Journal（p. 330）上。从此以后，它又出现在各种谜题集合的出版物（例如，[Tri85, Problem 141]; [Gar88b, pp. 71-72]）中和 Internet 上。

80. 王子之旅

答案： 对于任何 n 来说，该谜题都有答案。

在 8×8 棋盘中，"王子"的路线如图 4.52 所示。

可以认为它由三部分组成：从右下角到左上角的主对角线；从左上角到终点所经过的一条螺旋形路线，它经过主对角线上的所有方格，且只有一次；以及通过主对角线下所有方格的对称螺旋形路线。

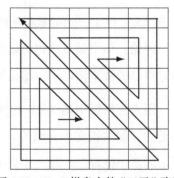

图 4.52　8×8 棋盘中的"王子"路线

可以很容易看到，对于任意 $n>1$ 的 $n \times n$ 棋盘来说，都能够成功构建这样的路径，并且 $n=1$ 时该谜题的答案很简单。

该谜题的答案并不是唯一的。图 4.53 显示了当 $n=6$，7 以及 8 时的其他答案，可以代表当 $n=3k$，$n=3k+1$，$n=3k+2$ 时的一般情况。

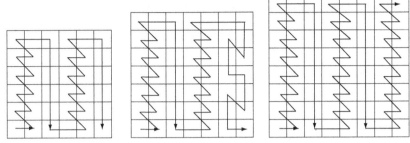

图 4.53　当 $n=3k$，$n=3k+1$，$n=3k+2$ 时，$n \times n$ 棋盘的"王子"路线

评论：上面的两种解决方案都可以认为是分而治之策略的应用。

该谜题是由另一个问题引出的，该问题是考虑在一个 10×10 的棋盘上，是否存在一个封闭的（即可重入的）"王子"路径，它被包含在俄罗斯物理和数学学校的问题集中[Dyn71,Problem 139]。

81. 再论名人问题

答案：对任何 $n>1$，该谜题能够被一个问题个数不超过 $3n-4$ 的算法解决。

该谜题不像本书第 1 章介绍的简单版本，这里不能假设在这个群体中存在一个名人。但是，相同的算法思路仍然有效。如果 $n=1$，根据定义，他就是一个名人。如果 $n>1$，从该群体中选择两个人，比如 A 和 B，然后问 A 是否认识 B。如果 A 认识 B，就将 A 从剩下可能是名人的群体中移除；如果 A 不认识 B，那么就将 B 从该群体中移除。对剩下的 $n-1$ 个可能包含一个名人的群体递归使用上述方法，如果得到的答案是在这 $n-1$ 个人的群体中没有一个名人，那么，这更大的 n 个人的群体中也不可能存在一个名人，因为在第一个问题后移除的人已经确定不是一个名人。如果确认的名人既不是 A 也不是 B，而是 C，那么问 C 是否认识在第一个问题后移除的人，如果答案是"不认识"，那就问在第一个问题后被移除的人是否认识 C，如果第二个问题的答案是"认识"，将 C 作为一个名人返回，否则返回"没有名人"。如果在 $n-1$ 个人当中找到的名人就是 B，只需要问 B 是否认识 A：如果答案是"不认识"，那么就将 B 作为一个名人返回，否则返回"没有名人"。如果在这 $n-1$ 个人当中找到的名人就是 A，那么询问 B 是否认识 A：如果答案是"认识"，那么就将 A 作为一个名人返回，否则返回"没有名人"。

对于 $Q(n)$ 循环来说，在最坏的情况下需要问的问题数如下：

当 $n>2$ 时，$Q(n) = Q(n-1)+3$，$Q(2)=2$，$Q(1)=0$。

通过前向替代，后向替代，或者通过普通的数学推导求出算式，该问题能够得以解决。最终答案是：

当 $n>1$ 且 $Q(1)=0$ 时，$Q(n)=2+3(n-2)=3n-4$。

评论：该算法是"减一求解"的一个极好的案例。Udi Manber 在他的书中讨论了该算法以及它的计算机实现[Man89, Section 5.5]。他认为该问题起源于 S.O.Aanderaa，以及一篇 King 和 Smith-Thomas 发表的论文[Kin82]，在论文中讨论了对该算法的进一步改进。

82. 头像朝上

答案：在最坏的情况下，解决该谜题所需要的最小的移动次数为 $\lceil n/2 \rceil$。

我们将这一排硬币想象成由交替的头像和背面块构成，每一个硬币块由同样的硬币类型组成，每块最少由一枚硬币构成，最多由 n 枚硬币构成。通过翻转任意数目的连续的硬币顶多只能把背面块的数目减一，因为翻转多于一个这样的块，同样会翻转它们之间的头像块。因此，要想使得硬币当中没有背面块，所需的移动次数至少要等于最初时的背面块的数目。该数目有可能小到 0（硬币都头像朝上），或者大到 $\lceil n/2 \rceil$（硬币由头像和背面交替排成一条线，以背面开头）。能以最小移动次数解决该问题的算法是：翻转当前硬币中第一个背面块当中的所有硬币直到没有背面朝上的硬币为止，在最坏的情况下，需要 $\lceil n/2 \rceil$ 次迭代。

评论：上面提到的算法可以看做减一策略的应用。该谜题同样被 L.D.Kurlandchik 和 D.B.Fomin 用在他们的关于单变量的 Kvant 文章中[Kur89]。正如单变量，他们考虑一排硬币中的 TH 和 HT 硬币对的数目，任意一步都不可能让这个数目改变超过 2。对于该谜题的一排 100 个硬币的 HT…TH 例子也包含在[From96,p.194,Problem90]一书中。

83. 受限的汉诺塔

答案：解决该谜题所需要的最少步数是 3^n-1。

如果 $n=1$，从源柱子移动一个盘子到中间的柱子，然后再从中间的柱子移动到目的柱子。如果 $n>1$，则按照如下步骤实施：

● 通过中间的柱子，递归地从源柱子移动上面的 $n-1$ 个盘子到目的柱子上。

● 将源柱子上最下面的盘子移动到中间的柱子上。

● 通过中间的柱子,递归地从目的柱子上移动 $n-1$ 个盘子到源柱子上。

● 将中间柱子上的盘子移动到目的柱子上。

● 通过中间的柱子,递归地从源柱子移动 $n-1$ 个盘子到目的柱子上。

图 4.54 用图的方式展示了上面的算法。

图 4.54 受限的汉诺塔的递归算法

移动步数的递归关系 $M(n)$ 如下：

$$M(n) = 3M(n-1)+2，n>1，M(1)=2。$$

我们在下表中列出最前面几个 $M(n)$ 的值：

n	$M(n)$
1	2
2	8
3	26
4	80

从这些数字看出，该问题的答案可以用公式 $M(n)=3^n-1$ 表示。该公式可以通过递归使用替代法获得：

$$M(n) =3^n-1，3M(n-1)+2=3(3^{n-1}-1)+2=3^n-1$$

该递归公式也可以通过后向替代标准方法来解决，比如在[Lev06, Section 2.4]中所介绍的。

要证明上面的算法是在移动步数最少的情况下的解决方案并不困难。令 $A(n)$ 为解决该问题的某种算法的移动次数。我们要用归纳法证明：

当 $n\geqslant1$ 时，$A(n)\geqslant3^n-1$。

当 $n=1$ 时，$A(1)\geqslant3^1-1$ 成立。现在假定该不等式对于 $n\geqslant1$ 个盘子成立，再考虑 $n+1$ 个盘子。在最大的盘子移动之前，所有的 n 个小一些的盘子都必须位于目的柱子上。通过归纳假设，至少需要移动 3^n-1 次盘子。将最大的盘子移动到中间的柱子至少需要一次移动。然后在把最大的盘子移动到目的柱子之前，所有的 n 个小一点的盘子都必须位于左边的柱子；通过归纳假设，至少需要移动 3^n-1 次盘子将它们移动到那儿。将最大的盘子从中间柱子移动到右边的柱子，至少需要移动一步，将 $n-1$ 个盘子从左边的柱子移动到右边的柱子也至少需要移动 3^n-1 次盘子。总结起来，该算法所产生的总的移动步数一定满足下面的不等式：

$$A(n+1)\geqslant(3^n-1)+1+(3^n-1)+1+(3^n-1)=3^{n+1}-1$$

证毕。

评论： 经典版本的汉诺塔问题允许将左边柱子的盘子直接移动到右边的柱子；正如第 1.2 节所述，这使得以最小移动步数 2^n-1 解决该问题成为可能。上面的算法在不重复同样的盘子的配置的情形下，用了最大的移动步数（见[Bogom]书中"Tower of Hanoi, the Hard Way"页）。

至于基本的设计策略，该算法绝对是基于减一方法的，但是不像该策略的标准版本，它解决了 3 个而不是 2 个大小为 $n-1$ 的实例。

该版本的汉诺塔之谜，在 1994 年 R.S.Scorer et al 的论文中提到[Sco44]。

84.　煎饼排序

答案： 当给定的煎饼个数 $n \geqslant 2$ 时，该问题能够在 $2n-3$ 次翻转内解决。

减而治之策略形成了下面算法的概要。重复以下步骤，直到该问题得以解决：通过一次翻转，将还未处在最终位置上的最大的煎饼放到最上面，然后用另一次翻转将它放到下面最终的位置。下面是关于这个概要的更加详细的实施方案。

初始化 $k=0$，表示在这堆煎饼底部的煎饼数，它们处在最终位置上。重复以下步骤，直到 $k=n-1$，也就是直到该问题被解决。找到从下数第 k 个煎饼之上的最大的一个煎饼，具比它下面紧挨着的煎饼大（如果已经没有这样的煎饼了，表示该问题已经解决了）。如果最大的煎饼不是在最顶部，把平底铲放到它下面，再把它翻过来放到最顶部。然后从下面的第 $(k+1)$ 个煎饼起，在这堆煎饼中往上找，找出第一个比最顶部的煎饼小的煎饼。我们假设它是从下数第 j 个煎饼（注意，所有的从第 $k+1$ 到第 j 个煎饼，包括它们两个在内，都是排好了序的，因为当前处在最高处的煎饼是被挑选出来的最大的不符合顺序的煎饼）。把铲子放在第 j 个煎饼下并翻转锅铲，这样会使处于它们的最终位置上的煎饼个数最少增加一个。最后，用 j 更新 k 的值。

针对图 2.20 所示的实例，算法的第一次迭代过程如图 4.55 所示。

在最坏的情况下，该算法所产生的翻转次数为 $W(n)=2n-3$，$n \geqslant 2$ 是煎饼的数目（很明显，$W(1)=0$）。该公式通过下面的递归公式推导而来：

$$W(n)=W(n-1)+2n>2, \quad W(2)=1$$

初始化 $W(2)=1$ 是正确的，因为如果大一点的煎饼在上面，该算法只需一次翻转就解决问题；如果大一点的煎饼在下面，那么就不需要翻转了。考虑任意一堆 $n>2$ 的煎饼，通过两次或者更少的翻转，该算法会使得最大的煎饼放到最底下，自此，该煎饼就不会再参与任何后续翻转了。因此，对于任何 n 个煎饼的堆来说，所需要的总的翻转次数不超过 $W(n-1)+2$。事实上，达到上限的 n 个煎饼的结构如下：把一个最差情况下的 $n-1$ 个煎饼堆翻转成底朝天，然后在最上面的那个煎饼下面插入一个煎饼，它比除了最上面那个煎饼的其他煎饼都要大。对于这个新的煎饼堆，该算法需要用两次翻转来把该问题简化为翻转最差情况下的 $n-1$ 个煎饼堆。

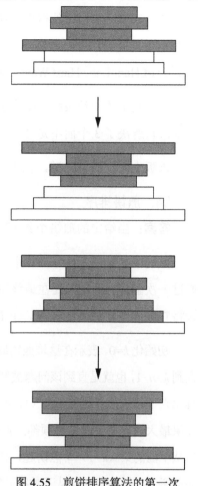

由于上面的递归关系定义了一个算数级数，因此获得了第 n 个元素的表达式：

$$W(n)=1+2(n-2)=2n-3，n\geqslant2$$

评论： 上面的算法是减而治之策略的一个非常好的例子，问题的规模减小得很不规则，也就是说，既不是按常量也不是按常量因子来减少。然而，它却不是最优的。在最差的情况下，

图 4.55　煎饼排序算法的第一次
迭代的两次翻转过程

所需翻转的最小次数在 $(15/14)n$～$(5/3)n$ 之间，但是确切值还不确定。

在 Alexander Bogomolny[Bogom] 的交互式数学杂谈及谜题——Interactive Mathematics Miscellany and Puzzles 网站上，有一个"翻转煎饼"的网页，提供了本谜题的一个可视化应用。你也可以在那找到关于这个谜题的一些有趣的事实。尤其，它提到微软的创始人比尔·盖茨所发表的仅有的研究论文，就是关于这个问题的。

85. 散布谣言 I

答案： 所需的最少的消息数目为 $2n-2$。

　　解决该问题有好几种方式。例如，他们可以指定一个人，比如 1 号，然后每一个人都给他发送一条消息，包括自己知道的谣言。在收到所有的这些消息后，1 号将所有的谣言与自己的谣言结合起来，然后将这个汇总起来的消息发送给剩下的 $n-1$ 个人。

　　使用下面的贪婪算法也能获得同样的消息数目，即尝试在每一个消息发送之后，尽可能地增加已知谣言的总数。把所有人从 1 号到 n 号编号，按照以下顺序发送前 $n-1$ 条消息：从 1 号到 2 号，从 2 号到 3 号……，直到包含了 1 到 $n-1$ 号人最初所知道的谣言的汇总消息被发送给 n 号人。然后将该包含了所有的 n 个谣言的消息，从 n 号人发送到 1 号、2 号、…、$n-1$ 号人。

　　事实上，解决该问题所需要的最小的消息数为 $2n-2$，若因为增加一个人，则至少需要增加两条消息：来自于增加的人和发送到增加的人的消息，这也是上面的算法所提供的。

　　评论：该谜题出现在 1971 年加拿大的一次数学奥利匹克竞赛上[Ton89, Problem 3]。与该谜题相似的问题对通信网络专家显然非常重要。

86. 散布谣言 II

　　答案：显然，当 $n=1$，2 和 3 时，答案是分别需要 0，1 和 3 次会话。对任何 $n \geq 4$ 而言，下面是几个可以完成目标的算法中的一个，需要 $2n-4$ 次会话。当 $n=4$ 时，需要 4 次会话：比如，P_1 和 P_2，P_3 和 P_4，P_1 和 P_4，以及 P_2 和 P_3。当 $n>4$ 时，$n=4$ 的结果可以扩展，通过让 P_5，P_6，…，P_n 的每个人与 P_1 会话，然后 P_1 与 P_2，P_3 与 P_4，P_1 与 P_4，P_2 与 P_3 会话，之后再让 P_1 与 P_5，P_6，…，P_n 中的每个人进行第二次会话。该算法如图 4.56 所示。该算法所需要的总的会话次数为 $2(n-4)+4=2n-4$，$n \geq 4$。

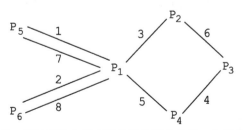

图 4.56　当 $n=6$ 时，通过双边会话实现的最佳谣言传播：会话的顺序通过旁边的标签来标明，一条边连接的是进行会话的双方

评论：上面给出的算法利用了减而治之思想，自底向上扩展 $n=4$ 的解决方案。尽管要找到一个用 $2n-4$ 次会话解决该谜题的方法并不困难，但是要证明当 $n \geq 4$ 时，该数字是最小的就比较困难了。C.A.J.Hurkens 的一篇文章提供了证明[Hur00]，文章中，提到了上面的算法以及一些其他的引用。D.Niederman 在他的书里[Nie01, Problem 55]对于该谜题提出了另外一种算法，并在该谜题的说明前面写到该谜题"注定要成为经典"。

87. 倒置的玻璃杯

答案：对任何奇数 n 来说，没有答案；如果 n 是偶数，该问题能够在 n 步内解决，n 也是所需的最小步数。

如果 n 是奇数，因为一次能够翻转 $n-1$ 个玻璃杯，那么 $n-1$ 是偶数。因此，倒置的玻璃杯的数目的奇偶性将会始终保持奇数，跟它最初始时一样。由此，要使最终倒置的玻璃杯的个数为 0，也就是一个偶数，是不可能的。

如果 n 是偶数，该问题能够通过以下 n 次翻转来解决该问题：翻转所有的玻璃杯，除了第 $i=1$，2，…，n 个玻璃杯（假设玻璃杯从 1 到 n 编号）。

下面是当 $n=6$ 时该算法的一个示例。翻转过来的玻璃杯标记为 1，其他的玻璃杯标记为 0，在下一步动作中不会被翻转的玻璃杯用粗体来标记。

$$111111 \rightarrow 100000 \rightarrow 001111 \rightarrow 111000 \rightarrow 000011 \rightarrow 111110 \rightarrow 000000$$

由于连续的两步动作要么不会影响玻璃杯的状态，要么会把两个玻璃杯的状态都改变，因此没有算法能够在少于 n 步的情况下解决该问题。

评论：该谜题是一个很知名的问题的众多版本中的一个。该问题是关于某些物品有两种状态，现在都处于其中一种状态，而最终的目的是使得它们从一种状态转换到另外一种状态。这类问题的解决方案往往要用到奇偶性，并且，如果该问题有解，还要用到减而治之策略。

该问题出自 Charles Trigg 的《数学快题》（*Mathematical Quickies*）一书[Tri85, Problem 22]。

88. 蟾蜍和青蛙

答案：我们能够按照如下步骤找到解决该谜题的方法，并且求出滑动和跳动的数目。要想一个蟾蜍和一个青蛙交换位置，只能通过一次跳动（不管是谁跳过谁，这里都无关紧要）。因此，对于 n 只蟾蜍和 n 只青蛙来说，必须跳跃 n^2 次。另外，由于蟾蜍间不能跳过彼此，因此第一只蟾蜍必须移动 $n+1$ 个格子到达第 $n+2$ 个格子，第二只蟾蜍必须移动 $n+1$ 个格子到达第 $n+3$ 个格子，依此类推。将次数加到一起，所有的蟾蜍必须移动 $n(n+1)$ 个格子才能到达它们最终的位置。基于同样的原因，青蛙必须移动 $n(n+1)$ 个格子才能到达它们最后的位置。加到一起，所有的生物需要移动 $2n(n+1)$ 个格子。因为一次跳跃会跳过两个格子，现在有 n^2 次跳跃，所以滑动的次数为 $2n(n+1) - 2n^2 = 2n$。

解决该问题存在两种对称的算法：一种是从最后的蟾蜍滑动开始，另一种是从第一只青蛙的滑动开始。为了不失一般性，我们将介绍前一种算法。该算法实质上可以通过蛮力思维想到：它的移动是独一无二的，因为任何替代移动都将导致明显的死路。尤其特别的是，在任何时候，当必须在一步滑动或一步跳动之间选择的时候，都必须选择跳动。当 $n=2$ 和 $n=3$ 时，该算法的演示如图 4.57 和图 4.58 所示。它们展示了板的状态以及选择的动作。S 和 J 分别表示滑动和跳动，下标 T 和 F 则分别表示蟾蜍和青蛙的动作。事实上，跳动都是特定的，因此它不需要下标指示。

板格状态

移动步数#	1	2	3	4	5	动作选择
1	T	T		F	F	S_T
2	T		T	F	F	J
3	T	F	T		F	S_F
4	T	F	T	F		J
5	T	F		F	T	J
6		F	T	F	T	S_F
7	F		T	F	T	J
8	F	F	T		T	S_T
	F	F		T	T	

图 4.57　$n=2$ 时蟾蜍和青蛙谜题的答案

板格状态

移动步数#	1	2	3	4	5	6	7	动作选择
1	T	T	T		F	F	F	S_T
2	T	T		T	F	F	F	J
3	T	T	F	T		F	F	S_F
4	T	T	F	T	F		F	J
5	T	T	F		F	T	F	J
6	T		F	T	F	T	F	S_T
7		T	F	T	F	T	F	J
8	F	T		T	F	T	F	J
9	F	T	F	T		T	F	J
10	F	T	F	T	F	T		S_T
11	F	T	F	T	F		T	J
12	F	T	F		F	T	T	J
13	F		F	T	F	T	T	S_F
14	F	F		T	F	T	T	J
15	F	F	F	T		T	T	S_T
	F	F	F		T	T	T	

图 4.58　$n=3$ 时蟾蜍和青蛙谜题的答案

一般来说，该算法可以通过以下 $2n+n^2$ 个字符组成的字符串来描述，该字符串表示动作的构成：

$$S_T JS_F JJ \ldots S \underbrace{J \ldots J}_{n-1} S \mid \underbrace{J \ldots J}_{n} \mid S \underbrace{J \ldots J}_{n-1} \ldots JJS_F JS_T$$

上面的字符串是一个回文，也就是说，从左边读到右边与从右边读到左边是一样的。该字符串的左边的动作（从竖线的左边起）使得蟾蜍和青蛙交替构成 TFTF⋯TF 的形式，在后面或者前面是那个空格，当 n 是偶数时在后面，n 是奇数时在前面。它是由 n 个含有交替的 T（蟾蜍的滑动）和 F（青蛙的滑动）下标的 S（滑动）构成的，中间交叉着一组组的 J（跳跃），J 的数目从 1 增加到 $n-1$。该字符串的中心部分是将模式转换为 FTFT…FT，它是由 n 个 J 构成的。字符串的右边部分可通过将左边部分的动作转换为相反的顺序来完成任务。

评论： 可以很容易将该谜题推广到一般的包含 m 个蟾蜍和 n 个青蛙的情况。所需要的动作数为 $mn+m+n$，其中，mn 是跳跃的次数，$m+n$ 表示滑动的次数。在该谜题的其他变形中，将蟾蜍和青蛙区分开的空格数有可能是大于 1 的。

Ball 和 Coxeter[Bal87, p. 124]引用了 Lucas[Luc83, pp.141—143]的书，把它作为该谜题的来源。还有其他对该谜题的引用，题名如"绵羊和山羊"、"乌龟和野兔"等，可参考 David Singmaster 的注释参考书目[Sin10, sec.5.R.2]。Alexander Bogomolny 的网站[Bogom]针对该谜题提供了一个可视化的应用，答案见名为"蟾蜍和青蛙谜题：理论和方案"的网页。

89. 纸牌交换

答案： 该谜题是谜题蟾蜍和青蛙（#88）的二维版本。可以通过对中间列应用该算法来解决该谜题。任何时候，只要算法第一次在板的行上产生一个空格的时候，就可以在那一行上切换到应用这种同样的算法来交换纸牌。因此，用来解决一维的蟾蜍和青蛙问题的算法总共必须要使用（$2n+2$）次：每一行一次，中间列一次。由于在一个有 $2n+1$ 个格子的行上，该算法需要 n^2 次跳跃和 $2n$ 次滑动，所以该二维算法需要 $n^2(2n+2)$ 次跳跃和 $2n(2n+2)$ 次滑动，总共需要 $2n(n+1)(n+2)$ 次移动。

评论： 该答案很明显是基于**变而治之**的策略。一般来说，将一个问题的二维版本简化为它的一维版本的副本，是一个通用的问题解决办法。当然，这样的简化并不总是可能的。

Ball 和 Coxeter[Bal87, p.125]引用了 Lucas[Luc83, p.144]的书,把它作为该谜题的来源。对于其他的参考资料,可以参看 David Singmaster 的注释参考书目[Sin10]"青蛙和蟾蜍"一节。Alexander Bogomolny 的网站[Bogom]针对该谜题提供了一个可视化的应用,位于"二维蟾蜍与青蛙谜题"网页。

90. 座位重排

答案:在对小孩的初始位置从 1 到 n 进行编号以后,该问题也就变为:通过调换相邻两个元素的位置来进行 1,2,$\cdots$,n 的全排序。该排序可以通过首先生成所有的 1,2,$\cdots$,$n-1$ 的全排序,然后将 n 插入到由 1,2,$\cdots$,$n-1$ 构成的排序中的所有可能的位置。为了确保每对相邻的排列的不同,只是调换了两个相邻元素的位置,我们需要将 n 交替插入到两个方向中。

我们可以在刚刚生成的全排序中,将 n 从左至右或从右至左插入到排序中。经验表明,将 n 从右至左插入到 $12\cdots(n-1)$ 中,然后每当 1,2,$\cdots$,$n-1$ 的一个新排序需要处理时,再改变方向进行,这样是比较合适的。图 4.59 给出了一个自底向上利用该方法的示例。

评论:该算法是减一策略的完美表现。该算法的非递归版本在计算机科学当中是很有名的,被称为 Johnson-Trotter 算法,根据在 1962 年左右独立发表的两位研究者而命名的。根据 Martin Gardner[Gar88b, p. 74]的话,事实上,该算法是由波兰数学家 Hugo Steinhaus 在解决算盘问题[Ste64, Problem 98]时发现的。通过调换相邻两个元素的位置来进行全排序的问题,在 D. H. Lehmer[Leh65]发表论文以后,有时候也被称为"Lehmer 的汽车旅馆问题",他在论文中考虑了一个更广泛的关于数字的置换问题,这些数字不一定全不同。

起始			1			
从右至左 将2插入1			12	21		
从右至左 将3插入12			123	132	312	
从左至右 将3插入21			321	231	213	
从右至左 将4插入123			1234	1243	1423	1423
从左至右 将4插入132			4132	1432	1342	1324
从右至左 将4插入312			3124	3142	3412	4312
从左至右 将4插入321			4321	3421	3241	3214
从右至左 将4插入231			2314	2341	2431	4231
从左至右 将4插入213			4213	2413	2143	2134

图 4.59 自底向上排序

91. 水平的和垂直的多米诺骨牌

答案:当且仅当 n 能够被 4 整除,满足要求的平铺才存在。

　　如果 n 是奇数，那么 $n \times n$ 的板上就会有奇数个方格。因此，对于这样的板，是不可能存在多米诺平铺的，因为任何多米诺平铺都会盖住偶数个方格。

　　如果 n 能够被 4 整除，也就是说，$n=4k$，那么该板可以被分割成 $4k^2$ 个 2×2 个方格。既然 $4k^2$ 是一个偶数，那么就能够用水平多米诺骨牌平铺一半 2×2 的方格，用垂直多米诺骨牌平铺另一半，这样就能够获得所要求的平铺。

　　如果 n 是偶数，但是不能够被 4 整除，也就是说，$n=2m$，m 是奇数，对于这个 $n \times n$ 板，不可能存在相同数量的水平和垂直多米诺骨牌的平铺。为了证明以上结论，我们使用两种不同的颜色来标记板上的行（如图 4.60 所示）。注意任何水平平铺将会用同种颜色覆盖两个方格，任何垂直平铺将会使用不同的颜色覆盖两个方格。我们将会使用 t 个水平平铺和 t 个垂直平铺来覆盖板的 $n^2=4m^2$ 个方格，这里 $t=m^2$。板被着色以后，将有 $2m^2$ 个方格是一种颜色，另外 $2m^2$ 个方格将是

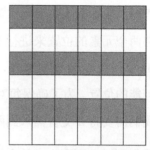

图 4.60　当 n 是偶数但又不能被 4 整除时，对一个 $n \times n$ 的板进行着色

另一种颜色。水平平铺将会覆盖每一种颜色的 m^2 个方格，剩下的方格将会被垂直平铺覆盖，每种颜色都覆盖 m^2 个方格。因为 m^2 是奇数，对两种颜色来说这都是不可能的，原因在于被多米诺骨牌覆盖的方格数必须是偶数。

　　评论：对于平铺类的谜题来说，该答案是典型的。当可能平铺时，平铺是通过将整个区域划分为多个容易平铺的区域来实现的。当不可能平铺的时候，通常会使用一个不变的参数，该参数多半是基于奇偶性或者板的着色的。在本书第 1 章的算法分析技术章节中，已经给出了这样的例子。

　　这个平铺谜题是很出名的：例如，在 Arthur Engel 的《问题解决策略》（*Problem-Solving Strategies*）[Eng99, p. 26, Problem 9] 一书中有一个相似的问题。

92. 梯形平铺

　　答案：当且仅当 n 不能够被 3 整除的时候，该谜题才有解。

　　从三角形区域的底部开始，对小三角形的个数进行计数（如图 4.61 所示），得

到下面的公式：

$$T(n) = [n + 2(n-1) + 2(n-2) + \cdots + 2 \cdot 1] - 1$$
$$= n + 2(n-1)n/2 - 1 = n^2 - 1 \text{。}$$

因为一个梯形平铺是由三个小三角形构成的，那么当平铺存在的时候，n^2-1 必须被 3 整除。但是要使得 n^2-1 能够被 3 整除，当且仅当 n 不能够被 3 整除，通过考虑 $n=3k$，$n=3k+1$ 和 $n=3k+2$ 时的情况，上面的结论立刻可以得到。

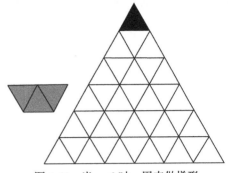

图 4.61 当 $n=6$ 时，用来做梯形
平铺（灰色形状）的区域

该条件不仅是充分条件，同时也是必要条件，但在我们解释之前，先来证明如果 $n=3k$，也不从区域中移除任何小三角形的话，它是能够被梯形平铺的。对 k 使用归纳法，这是很容易证明的。当 $k=1$ 时，该区域能够被 3 个梯形平铺（如图 4.62a 所示）。现在证明当 $k \geq 1$，$n=3k$ 时，如果梯形平铺存在的话，那么对于 $n=3(k+1)$，梯形平铺同样存在。考虑与底平行的平行线，它沿着将区域的边分割成比例为 $3:3k$ 的点连线（如图 4.62b 所示），将整个区域分割成线下梯形区域以及线上的等边三角形两个部分。线下的梯形能够被分割成 $(k+1)+k$ 个边长为 3 的等边三角形，因此该区域可以进行梯形平铺；线上的区域可以通过归纳假设进行平铺。

现在考虑一个边长为 $n=3k+1$ 的等边三角形的情况，它的顶部等边三角形被削掉了。顺着等边三角形的一条边，在铺置了 $2k$ 个梯形以后（如图 4.63a 所示），剩下的工作将是平铺一个边长为 $3k$ 的等边三角形，而前面已经证明了平铺可以完成。同时，如果 $n=3k+2$，我们能够沿着区域的底放置 $2k+1$ 个梯形，来将该问题转化为 $n=3k+1$ 的实例（如图 4.63b 所示）。

评论：上面的解决过程中用到了不变量、减而治之，以及变而治之的策略。

当 $n=2^k$ 时，情况将会变得很有趣，该谜题可以通过以下的分而治之算法解决。当 $n=2$ 时，该区域和梯形平铺是全等的。如果 $n=2^k$，其中 $k>1$，将第一个平铺的长一点的底放置到该区域底的中间，然后画三条直线，将该区域的三角形的三条边的中点连起来。这样会将该区域划分为 4 个全等的子区域，每个子区域与原区域很相似，但是只有原区域的一半（如图 4.64a 所示）。因此，其中的每一个区域都能够用相同的算法进行平铺，也就是递归地进行。当 $n=8$ 时，该算法的演示如图 4.64b 所示。很明显，它与本书第 1.1 节中介绍的，对少了一个方格的 $2^n \times 2^n$ 区域进行三格板平铺很相似。

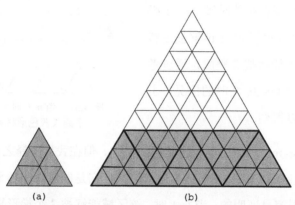

图 4.62　(a)当 $n=3$ 时，整个三角形的梯形平铺。(b)当 $n=3k$，$k>1$ 时，递归平铺整个三角形区域

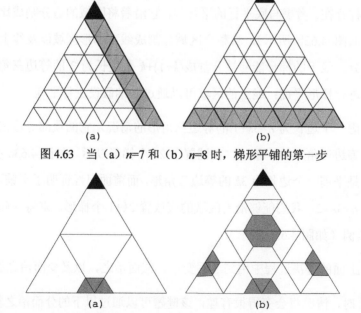

图 4.63　当（a）$n=7$ 和（b）$n=8$ 时，梯形平铺的第一步

图 4.64　(a)将三角形区域划分为四个相似的面积只有一半的区域。(b)当 $n=8$ 时，分而治之平铺

当 $n=2^k$ 时，该谜题的实例被 Roland Backhouse 在诺丁汉大学[Backh]的算法问题解决的课程上当做一个归纳法的练习。

93. 击中战舰

答案：要保证击中一艘战舰（一个 4×1 或者 1×4 的矩形），所需要的最小的发射次数为 24。一个可能的解决方案如图 4.65 所示。

用少于 24 次的发射将不可能完成该任务，如图 4.66 所示，它展示了该战舰可能所处的 24 个位置，所以每一个可能位置都需要发射一次来确保战舰被击中。

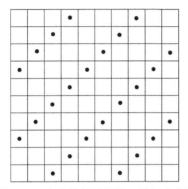

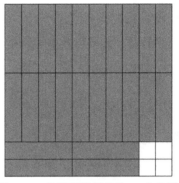

图 4.65　击中战舰谜题的一种解决方法　　图 4.66　战舰可能所处的 24 个位置

评论：该谜题说明了在相对不寻常的情况下使用最差情况分析的思想。一本俄罗斯的刊物 *Kvant*[Gik80]上的一篇文章给出了另外一种24次发射的解决方案，如图 4.67 所示。

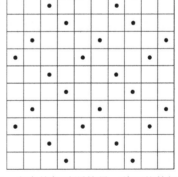

对于一个 8×8 的棋盘来说，相同问题的答案是最少需要发射 21 次，早在 Solomon Golomb 的关于多米诺的书[Go194]的第一版中给出了。

图 4.67　击中战舰谜题的另一种可能的解决方案

94. 搜索排好序的表

答案：首先从序列右上角的卡片开始翻转，然后将它的数字和正在搜寻的数字进行对比。如果两个数字相等，该问题就解决了。如果搜索的数字小于翻转卡片上的数字，那么，搜索的数字不可能在最后一列，因此可以移动到卡片左边相邻的列。如果搜索的数字大于翻转卡片上的数字，那么，搜索的数字不可能处在第一行上，因此可以移动到下面的一行。重复以上操作，直到找到正在搜索的数字，或者搜索已经超出了边界条件，至此，问题就得以解决了。

该算法翻转卡片所产生的序列，形成了一条锯齿线，由序列的右上角向左或者向下到达某一卡片的片段构成。这样的最长曲线是在左下角结束的，并且总共翻起了 19 张卡片。不可能存在更长的锯齿线了，因为它不可能有超过 9 个水平的片段和 9 个垂直的片段。

评论：该算法是减一策略的一个应用，因为每一次迭代，要么减少了可能包含搜寻数字的行数，要么减少了可能包含搜寻数字的列数。

该谜题在一些专门的技术访谈文章(如[Laa10,Problem9.6])中都曾出现过，有出版物，也有 Web 形式的。

95. 最大–最小称重

答案：将这些硬币分为 $\lfloor n/2 \rfloor$ 对，如果 n 是奇数，则会剩下一个硬币。对每一对硬币来说，通过称重找出两者之间的较重者和较轻者（如果两者重量相同，该结可以任意破坏）。在第 $\lfloor n/2 \rfloor -1$ 次称重中，在 $\lfloor n/2 \rfloor$ 枚较轻的硬币中找出最轻的，同时找出最重的硬币。如果 n 是偶数，至此，该问题解决了；如果 n 是奇数，将搁置一边的硬币与已经获得的最轻的和最重的硬币进行称重，由此来决定所有硬币中最重和最轻的硬币。

该算法所得的称重总次数 $W(n)$ 由下面的公式给出。如果 n 是偶数，

$$W(n) = \frac{n}{2} + 2\left(\frac{n}{2}-1\right) = \frac{3n}{2} - 2$$

如果 n 是奇数，

$$W(n) = \left\lfloor \frac{n}{2} \right\rfloor + 2\left(\left\lfloor \frac{n}{2} \right\rfloor - 1\right) + 2 = 3\left\lfloor \frac{n}{2} \right\rfloor = 3\frac{n-1}{2} = \frac{3n}{2} - \frac{3}{2}$$

不论奇数情况还是偶数情况，上面的公式都可以很容易地合为如下公式：

$$W(n) = \left\lceil \frac{3n}{2} \right\rceil - 2$$

确实，如果 n 是偶数，$\lceil 3n/2 \rceil - 2 = 3n/2 - 1$。如果 $n=2k+1$ 是奇数，

$$\lceil 3n/2 \rceil - 2 = \lceil 3(2k+1)/2 \rceil - 2 = \lceil 3k + 3/2 \rceil - 2 = 3k$$
$$= 3(n-1)/2 = 3n/2 - 3/2$$

评论：本质上，通过应用分而治之策略，也可以获得相同的算法，即将硬币分为两个相等（或者差不多相等）的组，找出每一组中最重和最轻的硬币，然后将两个最重的和最轻的硬币进行称重，从而找出所有硬币中最重和最轻的硬币。

该谜题在计算机科学当中是非常有名的，通常被陈述为在 n 个数中找出最大或者最小的数。事实上，已经证明了对于任何基于比较的算法，在最坏的情况下最少需要进行 $\lceil 3n/2 \rceil - 2$ 次对比（看[Poh72]）。

96. 平铺楼梯区域

答案：除了当 $n=2$ 时，很明显可以使用一个三格板对 S_2 进行平铺外，对于任何 $n>2$，当且仅当 $n=3k(k>1)$ 或者 $n=3k+2(k>1)$，该问题的平铺才可能存在。

很明显，对 S_n 来说，要使得三格板平铺存在，就需要 S_n 中的方格数能够被 3 整除。S_n 中总的方格数就等于第 n 个三角形数

$$T_n = 1 + 2 + \cdots + n = \frac{n(n+1)}{2}$$

如果 $n=3k$，k 是偶数（即 $k=2m$），$T_n=6m(6m+1)/2=3m(6m+1)$能够被 3 整除。如果 $n=3k$，k 为奇数（例如，$k=2m+1$），$T_n=(6m+3)(6m+4)/2=3(2m+1)(3m+2)$同样能够被 3 整除。同样可以验证，如果 $n=3k+1$，其中 k 是奇数或者偶数时，T_n 不能被 3 整除。最后，如果 $n=3k+2$，不论 k 是奇数还是偶数，T_n 都能够被 3 整除。

如图 4.68 所示，对 S_3 唯一可能的平铺是第一步，对 S_5 可以做第一步和最后一步平铺，所以区域 S_3 和 S_5 不可能被直角三格板平铺。

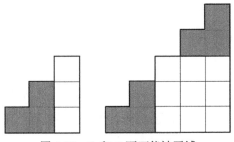

图 4.68　S_3 和 S_5 不可能被平铺

下面将展示对于任何阶的 S_n，其中 $n=3k$，$k>1$，都能够通过以下递归算法，用直角三格板进行平铺。图 4.69 展示了 S_6 和 S_9 的平铺。

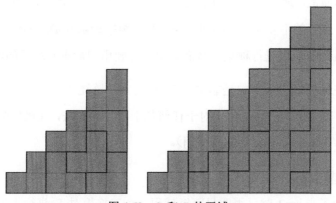

图 4.69　S_6 和 S_9 的平铺

如果 $n=3k$，其中 k 是大于 2 的正偶数（例如，$n=6m=6+6(m-1)$，$m>1$），S_n 可以被分为 S_6，$S_{6(m-1)}$ 楼梯区域及 $6\times6(m-1)$ 的长方形。S_6 的平铺如图 4.79 所示，$S_{6(m-1)}$ 能够通过递归的方式进行平铺，同时，长方形能够通过划分为 3×2 的小长方形进行平铺，每一个小长方形都能够通过两个直角三格板进行平铺（如图 4.70a 所示）。

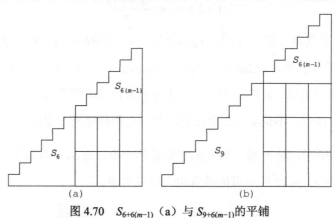

图 4.70　$S_{6+6(m-1)}$（a）与 $S_{9+6(m-1)}$ 的平铺

如果 $n=3k$，其中 k 是一个比 3 大的正奇数（例如，$n=6m+3=9+6(m-1)$，$m>1$），楼梯区域 S_n 能够被划分为 S_9，$S_{6(m-1)}$ 楼梯区域以及 $9\times6(m-1)$ 的长方形。S_9 的平铺如图 4.69 所示，$S_{6(m-1)}$ 平铺方法如上，长方形能够通过划分为 3×2 的小长方形进行平铺，每一个小的长方形都能够通过两个直角三格板进行平铺（如图 4.70b 所示）。

因此，对于任何 S_n，其中 $n=3k(k>1)$，平铺算法都存在。

最后，我们介绍对于任何 S_n，其中 $n=3k+2(k>1)$，都能够利用直角三格板按照如下方法进行平铺。我们能够将 S_n 分割为 S_2，S_{3k}，以及 $2 \times 3k$ 的长方形（如图 4.71 所示）。S_2 能够利用一个三格板进行平铺，S_{3k} 能够利用上面的算法进行平铺，并且长方形通过划分为 2×3 的小长方形进行平铺，每一个小的长方形都能够利用两个直角三格板进行平铺。

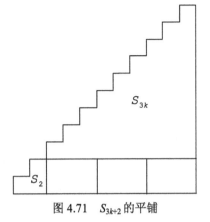

评论：该解决方案利用到了几个算法设计和分析方面的思想，即三角形数的公式、不变量（$T_n \bmod 3=0$）、分而治之（区域划分），以及减而治之策略（减 6）。

图 4.71　S_{3k+2} 的平铺

A．Spiva**k** 的书中[Spi02,Problem 80]包含了当 $n=8$ 时该谜题的实例。

97. Topswops 游戏

答案：在有限次迭代以后，该游戏总会停止。

确实，国王 K 最多只能在牌的最顶部出现一次，因为如果出现了多次，算法将会把它移动到最后第 13 的位置，其他在牌顶部的牌（都比 K 小）都将不能把 K 从那移出来。同样的，Q 在顶部最多也只能出现两次：在它第一次出现在那里后，随后便移动到第 12 的位置，只有 K 在顶部的时候，才能将它从那里移动，这样的情况不可能多于一次。J 最多在牌的顶部出现 4 次：在第一次出现在顶部以后，只有 K 和 Q 能够将它从最终位置移动，而它们在顶部的情况不会超过 1+2=3 次。总体上来说，可以通过归纳法来正式证明：值为 i 的牌（$2 \leqslant i \leqslant 13$）可能出现在顶部的次数不会超过 $1+(1+2+\cdots+2^{12-i})=2^{13-i}$ 次，其中 $(1+2+\cdots+2^{12-i})=2^{13-i}-1$ 是比 i 大的牌出现在牌的顶部的次数上限。特别地，A 出现在牌顶部来终止该游戏的时机，不会晚于其他牌在顶部出现 $2^{12}-1$ 次以后。事实上，最长的游戏需要 80 步，它是借助于计算机编程实现而求出来的[Knull,p.721]。

评论：这是一个算法谜题的例子，其目的是为了证明，对于任何可能的输入，谜题的解决过程都将会在有限次迭代以后停止。

该游戏是由 John H. Conway 发明和命名的，他是一个英国数学家，从 1986 年开始，他就在普林斯顿大学工作[Gar88b,p.76]。当然，这个纸牌游戏版本的 Topswops 游戏可以扩展到任意 $n \geq 1$ 卡片集，每张卡片上面写着从 1 到 n 的数字。

98. 回文计数

答案：结果是 63,504。

该谜题建议从计数 CAT I SAW 的拼写方式开始。任何这样的字符串都是从中间的 C 开头，并且包含于菱形的对角线构成的四个三角形之一。图 4.72 展示了这样一个三角形。在这个三角形中，CAT I SAW 的拼写个数能够利用标准的**动态规划**找到（见概览部分关于算法设计策略的内容）。这些数可以通过平行于三角形的斜边的对角线计算出，把该字母的左边及下边的相邻数字加起来。这些数字形成了帕斯卡三角形。处于三角形斜边——菱形边——上的数字总和等于 2^6。

```
        W                    W₁
       W A W                A₁W₆
      W A S A W            S₁A₅W₁₅
     W A S I S A W        I₁S₄A₁₀W₂₀
    W A S I T I S A W    T₁I₃S₆A₁₀W₁₅
   W A S I T A T I S A W  A₁T₂I₃S₄A₅W₆
  W A S I T A C A T I S A W  C₁A₁T₁I₁S₁A₁W₁
   W A S I T A T I S A W
    W A S I T I S A W
     W A S I S A W
      W A S A W
       W A W
        W
```

图 4.72　菱形字母表，以及当在三角形中拼写 CAT I SAW 时，从 C 到达每一个字母的方式的计数

对于整个菱形来说，字符串 CAT I SAW 总的拼写数能用公式 $4 \cdot 2^6 - 4$ 得到（需要减去 4 来抵消菱形对角线上的重复计数）。这表明 WAS IT A CAT I SAW 的总的拼写数可由 $(4 \cdot 2^6 - 4)^2 = 63504$ 算出。

评论：除了**动态规划**，该答案两次利用到对称性，通过在给定的四分之一形状里计数来计数回文的一半。

该谜题来自于《Sam Loyd 的数学谜题》(*Mathematical Puzzles of Sam Loyd*)[Loy59, Problem 109]，在 Dudeney 的 *The Canterbury Puzzles*[Dud02, Problem 30]中也曾出现过，

但它是用 R 字母替换掉了 C 字母。Dudeney 同样针对在菱形状中计算 $2n+1(n>0)$ 个字符串的回文的出现次数，给出了一个一般性的公式：$(4 \cdot 2^n - 4)^2$。

99. 倒序排列

答案：通过 $(n-1)^2/4$ 次卡片交换，该谜题能够得到解决，对奇数 n 来说，这是最小的；对于偶数 n 来说，该谜题没有答案。

任何允许的排序变换，都只能交换同样位于偶数位置或者同样位于奇数位置的卡片。因此，如果 n 是偶数，那么拥有最大编号的第一张卡片不能移动到最后的位置，因为它是偶数。

如果 n 是奇数（$n=2k-1$，$k>0$），通过应用一个排序算法，比如冒泡排序或者插入排序，首先对奇数位置上的数进行处理，然后对偶数位置上的数进行处理，最终解答该谜题。所有这些算法都是通过交换相邻两个乱序的元素。例如，如果冒泡排序算法被应用于奇数位置上的数，那么它将会交换第一个和第三个数，然后是第三个和第五个数……直到最大的数处于最终的位置。然后是第二轮，处于奇数位置的第二大的数将会被"冒"到它的最终位置……这样进行 $k-1$ 轮以后，所有奇数位置上的数就会被排好序。

在大小为 s 的严格递减序列上，冒泡排序将会进行 $(s-1)s/2$ 次交换。因此，对于奇数位置上的卡片将会使用 $(k-1)k/2$ 次交换，而对于偶数位置上的卡片将会使用 $(k-2)(k-1)/2$ 次交换，所以总数为：

$$(k-1)k/2 + (k-2)(k-1)/2 = (k-1)^2 = (n-1)^2/4$$

基于以下原因，交换的总次数不可能减少。在一个由奇数位置和偶数位置上的卡片构成的反序队列里，仅允许交换两个相邻的元素。这样的一次操作，只能减少一个总的倒序数，这里的倒序是指两个元素乱序。在一个严格倒序的 s 队列里，总的倒序数为 $(s-1)s/2$：第一个元素比剩下所有的 $s-1$ 个元素都大，第二个比剩下的 $s-2$ 个元素大……因此总的倒序数为 $(s-1)+(s-2)+\cdots+1=(s-1)s/2$。因此，这个次数也是所需要交换的最小次数，因为每次操作都只能减少一个倒序。

评论：该谜题想阐明的主要思想是奇偶性和倒序。

该谜题是对[Dyn71]中的第 155 个问题的拓展，它只讨论了当 n=100 时的情形。

100. 骑士的走位

答案：当 $n \geqslant 3$ 时，答案是 $7n^2+4n+1$，当 n=1 和 n=2 时，答案分别是 8 和 33。

当 n=1，2，3 步时，骑士所能达到的方格如图 4.73 所示。可以直接从图中看到，对于骑士 n 步所能达到的不同方格数 $R(n)$，当 n=1，2 和 3 时，分别是 $R(1)$=8，$R(2)$=33，$R(3)$=76。用数学归纳法不难证明，对于任何 $n \geqslant 3$ 的奇数来说，n 步以内能够到达的所有方格，位于以开始方格为中心的八角形之内或者边上，它的水平和垂直方向的边由 $2n+1$ 个方格构成，它们的颜色与开始方格的颜色相反（当 n=3 时，如图 4.73c 所示）。对于任何 $n \geqslant 3$ 的偶数来说，唯一的区别就是方格的颜色，它们与开始方格的颜色相同。为了针对 $n \geqslant 3$ 推算出一个 $R(n)$ 的公式，我们可以，比如说将八角形划分为中间 $(2n+1) \times (4n+1)$ 的矩形，以及矩形上面和下面两个全等的梯形。

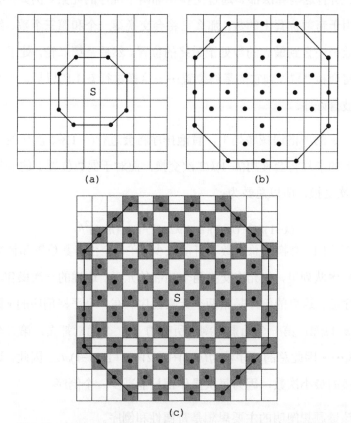

(a)   (b)   (c)

图 4.73　从 S 开始，骑士可达的方格：(a)一步 (b)两步 (c)三步

矩形是由 $n+1$ 行，每行 $2n+1$ 个可达的方格构成，中间有完整的 n 行，每行 $n+1$ 个可达的方格。梯形中可达的方格数可以通过应用标准的等差数列求和公式来求得：

$$2[(n+1)+(n+2)+\cdots+2n]=2\frac{n+1+2n}{2}n=(3n+1)n$$

这样立即可以求出，当 $n\geqslant 3$ 时可达的方格总数的公式如下：

$$R(n)=(2n+1)(n+1)+2n^2+(3n+1)n=7n^2+4n+1$$

评论：该问题出自 E. Gik's 的《棋盘上的数学》（Mathematics on the Chessboard）[Gik76, pp.48—49]。

101. 房间喷漆

答案：图 4.74 所示的算法重新喷绘宫殿的一半需要 13+11+(1+1+3+1)=30 次。剩下的一半，由于相对于主对角线的对称性，可以使用同样的方法完成。因此整个算法需要喷漆 60 次。

评论：这个解决方法充分利用了宫殿的对称性，可以认为是分而治之法的应用。

这个问题来自于《数学圆圈》（Mathematical Circles）[Fom96,p.68]书中的问题 32。

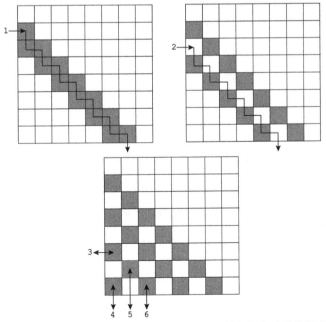

图 4.74　房间喷漆问题的解决方法，图中的数字代表喷漆的顺序

102. 猴子和椰子

答案：15,621。

设 n 为开始时的椰子数量，a、b、c、d 和 e 分别代表每个水手拿走五分之一椰子后的椰子数量。我们可以得出以下等式：

$$n = 5a + 1$$
$$4a = 5b + 1$$
$$4b = 5c + 1$$
$$4c = 5d + 1$$
$$4d = 5e + 1$$
$$4e = 5f + 1。$$

对每个等式加 4 后得到：

$$n + 4 = 5(a + 1)$$
$$4(a + 1) = 5(b + 1)$$
$$4(b + 1) = 5(c + 1)$$
$$4(c + 1) = 5(d + 1)$$
$$4(d + 1) = 5(e + 1)$$
$$4(e + 1) = 5(f + 1)。$$

把所有等式的左边和右边分别相乘可得：

$$4^5(n + 4)(a + 1)(b + 1)(c + 1)(d + 1)(e + 1)$$
$$= 5^6(a + 1)(b + 1)(c + 1)(d + 1)(e + 1)(f + 1),$$

或者

$$4^5(n + 4) = 5^6(f + 1)。$$

最后的等式表明如果存在整数解，那么 $n+4$ 和 $f+1$ 必须能够被 5^6 和 4^5 整除。因此，设 $n+4=5^6$，$f+1=4^5$，由此解出的值为最小自然数解。因此，n 的最小值为 5^6-1 = 15,621（很显然，其他的未知数，即 a, b, c, d, e 和 f，也是正整数）。

评论：上面的解是由一个南非高中生，R. Gibson 在 1958 年给出的。

正如前面提到的那样，一些谜题可以通过将问题简化为数学问题而得到解决。上面的解决方案就是一个很好的例子。

这个问题的不同版本已经出现了很长时间。David Singmaster 的自传

[Sin10,Section 7.E]用了很多篇幅来引用该问题的处理方法。Martin Gardner 在他的《科学美国》（Scientific American）专栏中，还 [Gar87,Chapter 9]讨论了这个问题。他讨论了关于这个问题的历史的一些有趣故事和解决办法，包括加入 4 个假的或有色的椰子来简化计算的巧妙方法。

103. 跳到另一边

答案：不可能。

把棋盘按照国际象棋的棋盘那样为每个格子标上颜色（如图 4.75 所示）。

在被棋子占据的 15 个格子中，有 9 个是黑色的，但仅有 6 个目标格子是黑色的。因为每次移动棋子所占据的格子的颜色不变，因此这个问题的解决方案是不存在的。

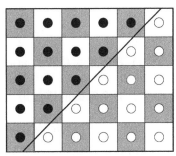

图 4.75　为 "跳到另一边" 谜题的棋盘着色

评论：这个问题是基于不变量的思想，它是 Martin Gardner 根据一个读者的建议把《最后的娱乐（The last Recreation）》书中的一个问题稍稍修改得到的。Gardner 把该问题归功于 IBM Thomas J. Watson 研究中心的马克·韦格曼。

104. 堆分割

答案：（a）分割结束后，乘积的总和等于$(n-1)n/2$，不管分割是如何进行的。

对 n 的前几个值，计算采用不同分割方法把一堆 n 个筹码的堆分成 n 个只有一个筹码的堆的乘积和，我们能得到一个假设，就是这个和不依赖于分割方式。至于该乘积和的公式 $P(n)$，既可以从该谜题的一些小型实例中所呈现出的被称为三角形数（见第 1.2 节连续的正整数的和）的模式中看出来，也可以通过简单的分割方法来获得：每次分割堆时都只分出一个。我们会得到下面的循环公式：

$$当 n > 1, P(1) = 0 时, P(n) = 1 \cdot (n-1) + P(n-1),$$

通过反向替代，很容易求解：

$$P(n) = (n-1) + P(n-1) = (n-1) + (n-2) + P(n-2) = \cdots$$
$$= (n-1) + (n-2) + \cdots + 1 + P(1) = (n-1)n/2。$$

下面通过数学归纳法直接证明，$P(n)$等于$n(n-1)/2$，并且不依赖于分割方法。如果$n=1$，$P(1)=0$，假设公式在$1 \leqslant j < n$的情况下成立，证明对于$j=n$的情况也成立。如果开始的堆被分成k和$n-k$两个堆，按照归纳法的假设，两个堆的总和分别为$k(k-1)/2$和$(n-k)(n-k-1)/2$。因此，得到总的和为：

$$P(n) = k(n-k) + k(k-1)/2 + (n-k)(n-k-1)/2$$
$$= \frac{2k(n-k) + k(k-1) + (n-k)(n-k-1)}{2}$$
$$= \frac{2kn - 2k^2 + k^2 - k + n^2 - 2nk + k^2 - n + k}{2}$$
$$= \frac{n^2 - n}{2} = \frac{n(n-1)}{2}$$

（b）和的最大总和为$n(n+1)/2 - 1$。

包含n个筹码的堆的最大总和$M(n)$可以通过如下递归公式得出：

$$当 n > 1，M(1) = 0时，M(n) = \max_{1 \leqslant k \leqslant n-1} [M(k) + M(n-1)] \tag{1}$$

通过计算n的前几个值的$M(n)$，假设当$k=1$时总和最大，因而

$$当 n > 1，M(1) = 0时，M(n) = n + M(n-1)。$$

递归的最终计算结果可以通过下面的反向替代方法计算得出。

$$M(n) = n + M(n-1) = n + (n-1) + M(n-2) = \cdots$$
$$= n + (n-1) + \cdots + 2 + M(1) = n(n+1)/2 - 1。$$

通过数学归纳法证明$M(n)=n(n+1)/2-1$满足式子（1）如下：基本条件$M(1)=0$能够立刻得出。假设当$1 \leqslant j < n$时，$M(j) = j(j+1)/2-1$满足$M(j) = j + \max[M(k)+M(j-k)]$，那么$M(n) = n(n+1)/2-1$也满足$M(n) = n + \max[M(k)+M(n-k)]$。通过这个假设，能够得出

$$M(n) = n + \max_{1 \leqslant k \leqslant n-1} [M(k) + M(n-k)]$$
$$= n + \max_{1 \leqslant k \leqslant n-1} [k(k+1)/2 - 1 + (n-k)(n-k+1)/2 - 1]$$
$$= n + \max_{1 \leqslant k \leqslant n-1} [k^2 - nk + (n^2 + n)/2 - 2]。$$

二次函数$k^2-nk+(n^2+n)/2-2$在$n/2$处，也就是$1 \leqslant k \leqslant n-1$的中点处得到最小值。它在该区域的端点$k=1$和$k=n-1$处得到最大值。因此，

$$n + \max_{1 \leqslant k \leqslant n-1} [k^2 - nk + (n^2+1)/2 - 2] = n + [1^2 - n \cdot 1 + (n^2+n)/2 - 2]$$
$$= n(n+1)/2 - 1$$

证华。

评论：问题（a）来自于 K. Rosen 的《离散数学及其应用》（*Discrete Mathematics and Its Applications*）[Ros07,P.292,Problem 14]，基于不变量的思想。问题（b）利用了**动态规划思想**。

105. MU 谜题

答案：无法通过题目中的 4 种规则将 MI 变换到 MU。

从给定的规则很容易看出，所得到的任何字符串都以 M 开头，该符号在字符串中也只出现一次（需要用这一点来澄清规则 2）。

现在考虑 I 在字符串中出现的次数 n。对于字符串 MI，$n=1$，不能被 3 整除。只有规则 2 和规则 3 会将 n 分别提高一倍和减少 3。如果在此之前，n 不能被 3 整除，那么这些操作也不会得到能被 3 整除的数。因为目标字符串 MU 中，$n=0$ 可以被 3 整除，因此它无法从 MI 中得到，因为 $n=1$ 不能被 3 整除。

评论：这个解答是本书概览中关于算法分析技术的内容中的不变量方法。通过使用类似于本谜题中的某些规则变换，能得到什么样的字符串，对于计算机科学是非常重要的，原因有很多，特别是由于高级计算机语言是用这样的规则定义的。

该谜题是在 Douglas Hofstadter 的 *Gödel, Escher, Bach* [Hof79]中的第 1 章中作为形式系统的例子介绍的。

106. 开灯

答案：这个问题可以通过下面的递归算法解决。将按钮编号为 1 到 n。如果 $n=1$ 并且灯是关闭的，那么按下 1 号按钮。如果 $n>1$ 时，灯是关闭的，那么对于前 n−1 个按钮递归应用此算法。如果做了这些灯没有亮，那么就按下 n 号按钮。如果灯仍旧没有亮，那么对前 n−1 个按钮再次使用此算法。

最坏的情况下，按按钮的次数符合下列递归式：

当 $n>1$，$M(1)=1$ 时，$M(n)=2M(n-1)+1$，

最后可以得出 $M(n)=2^n-1$（见第 1.2 节中的汉诺塔谜题，其中推导了同样的递归）。

换种思路来讲，因为每个开关只能处在两种状态中的一种，可以把它看成 n 位串中的一位，使用 0 和 1 代表初始状态和与其相反的状态。这样的位串（开关状态）共有 2^n 个。其中一个代表了初始状态，其余的 2^n-1 个位串就包含了能够打开灯的那种情况。最坏的情况是需要检查所有的 2^n-1 个开关组合。为了用最少的次数来完成，每一次按按钮必须产生一种新的开关组合。

有些算法可以从 n 个 0 的位串开始，然后每次修改一位来生成所有其他的 2^n-1 个字符串。最广为人知的就是二进制反射格雷码了。它可以按照如下方式构建：$n=1$ 时，返回序列 0，1；$n>1$ 时，递归生成 $n-1$ 位串的列表并制作一个列表的副本，在第一个列表的每个位串前面添加 0，在第二个列表的每个位串前面添加 1。最后，把第二个列表按反序添加到第一个列表中。例如，$n=4$ 时，算法生成如下字符串序列：

| 0000 | 0001 | 0011 | 0010 | 0110 | 0111 | 0101 | 0100 |
| 1100 | 1101 | 1111 | 1110 | 1010 | 1011 | 1001 | 1000 |

回到谜题上来，把开关从右到左编号为 1 到 n，然后按照格雷码的位串序列来决定按下哪个按钮：如果下一个位串与前一个位串的区别在于从右数第 i 位，那么就按下第 i 个按钮。例如，对于 4 个开关的情况，它指导我们按如下顺序按下按钮：

121312141213121。

评论：第一个方案是基于减一策略，第二个方案则充分利用了两种策略：表示方式的改变（用位串代表开关和按钮）和减一（以生成格雷码）。

这个问题是由 J. Rosenbaum 在 1938 年[Ros38]提出并使用上述方法解决的，比格雷码拿到美国专利授权早了很多年。M. Gardner 在他的关于格雷码的文章[Gar86,P.21]]中提到了这个问题。这篇文章也包含了格雷码在两个更广为人知的谜题上的应用：中国环和汉诺塔。在简要回顾了格雷码的复杂历史之后，D. Knuth 总结说法国人 Lois Gros 才应该

是格雷码的真实发明人,他在 1872 年写成的一本书中包含了中国环[Knull、pp.284—285]。

107. 狐狸和野兔

答案:如果 s 为偶数,那么狐狸能够抓住兔子,否则不能。

考虑第 n 次移动之前狐狸和兔子所处格子 $F(n)$ 和 $H(n)$ 的奇偶性。$n=1$ 时,$F(1)=1$,$H(1)=s$。在每一次移动过程中,狐狸的位置变化 1 格,而野兔变化 3 格。因此,每一次移动,它们的位置的奇偶性发生了变化,但是位置差的奇偶性没有变化。因此,如果兔子的初始位置 s 为奇数,那么在狐狸移动之前,它们的位置差将保持为偶数,狐狸将永远不能移动到兔子相邻的格子里。

兔子也不会因为没有办法走下一步而输掉比赛,除非是在棋盘的长度不足 11 个格子的情况下。如果 $s=3$,在头两次移动中,兔子可以向右跳到 9,使得这种情况与 $s=7$,狐狸头两次移动到 3,或是 $s=9$,狐狸移动到 2 再回到 1 相似。同样的,如果 $s=5$,兔子第一次可以跳到位置 8,得到的情况与 $s=7$ 的情况相似。现在令 $s=7$,即 $F(1)=1$,$H(1)=7$,狐狸首先移动到位置 2,兔子可以跳到位置 4。然后,如果狐狸返回 1,兔子就返回 7。如果狐狸移动到 3,兔子就跳回到 7(不能去 1,因为如果那样,狐狸移动到 4,兔子就无路可走,马上失败了)。接着,兔子就可以简单地在 7 和 10 之间跳来跳去,直到狐狸为了抓住它,跑到 6 去。之后兔子越过狐狸跳到 4,在 1 和 4 之间跑来跑去即可。如果狐狸回到 5,兔子就跳回 7,等等。因此,在这种情况下,狐狸永远无法抓到兔子。如果 s 是在 9~27 之间的奇数(包括 9 和 27),只要使用 $s=7$ 时的策略就能够避开狐狸。如果 $s=29$,兔子首先跳到 26,就变成和狐狸从 1 开始,兔子从 25 开始的情况一样了。

如果 s 是偶数,狐狸只需简单地向右移动,就可以把兔子逼到与自己相邻的位置。兔子开始处于狐狸右侧,它们的位置差为奇数。如果差等于 1,那么狐狸马上就可以在下一次移动中抓住兔子。如果差等于 3,狐狸向右移动,兔子要么往左跳到狐狸旁边等着下一步被抓住,要么选择继续向右。如果差等于 5 以上,兔子能够跳到任意方向。在所有情况中,要么兔子在下一步会被抓住,要么情形就和最开始时一样,狐狸在最左面,兔子在狐狸右边奇数个位置的地方,只是板子的长度又缩短了一个位置。因此,如果狐狸在到达位置 26 之前都没有抓住兔子,那么,它将会在下一步抓住兔子。

评论：这个解答展现了算法设计和算法分析中的两个思想：奇偶性和减一治之。

这个谜题是从[Dyn71,p.74,Problem 54]中一个相似的游戏修改而来的。

108. 最长路径

答案：假设两个相邻柱子间的距离为 1，对于任何 $n \geqslant 2$，最长路线的距离等于

$$\frac{(n-1)n}{2} + \left\lfloor \frac{n}{2} \right\rfloor - 1。$$

依次将各个柱子标记为 1 到 n。很容易看到用贪婪策略获得的路径——对于奇数 n，分别是 1，n，2，$n-1$，…，$\lceil n/2 \rceil$；对于偶数 n，分别为 1，n，2，$n-1$，…，$n/2$，$n/2 + 1$——可以把它们变得更长，只需将路径的最后一段替换成一段更长的，连接贪婪路径的最后一根柱子和第一根柱子的路段。要证明这样修改过的贪婪路径真正是最长路径并不难，但是比较繁琐，读者可以在 Hugo Steinhaus 的《初等数学中的一百个问题》（*One Hundred Problems in Elementary Mathematics*）[Ste64] 中找到。

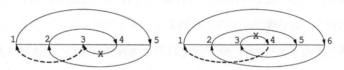

图 4.76　$n=5$ 和 $n=6$ 的情况下使用调整过的贪婪方法获得的最长路径

对于 $n=5$ 的情况，最长路径是 3→1→5→2→4；$n=6$ 时，最长路径为 4→1→6→2→5→3。对于 $n>4$，问题的解答不止一个，但最长路径一定是这样：当 n 为奇数时，从中间三个柱子之一开始或结束，在 n 为偶数时，则从中间两个柱子之一开始或结束。

评论：这个问题为我们提供了一个有趣的贪婪算法的例子，它产生了一个不是最优的解决方案，但是却很容易被调整成最优解。

前面提到过，这个谜题来自于 Huge Steinhaus 的《初等数学里的一百个问题》（*One Hundred Problems in Elementary Methematics*）[Ste64,Problem]。它也被收录在 Martin Gardner 发表在《科学美国人》（*Scientific American*）的一篇文章中，后来又重新发表在[Gar71,pp.235,237—238]。

109. 双 n 多米诺骨牌

答案:

（a）一副双 n 多米诺骨牌包括 $n+1$ 个 $(0, j)$ 牌（$0 \leq j \leq n$），n 个 $(1, j)$ 牌（$1 \leq j \leq n$）……直到只有一个 (n, n) 牌。因此，总牌数有 $(n+1)+n+\cdots+1=(n+1)(n+2)/2$ 个。

（b）对于 $0 \leq k \leq n$ 中的每一个 k 值，都有 n 张牌有一面包含点数 k，另一面包含其他不同的点数，还有一张牌双面都是点数 k。所以，包含 k 点的牌的总数等于 $n+2$。因此，所有牌的总点数等于 $\sum_{k=0}^{n} k(n+2) = n(n+1)(n+2)/2$。

（c）当且仅当 n 为正偶数时，可以构建出题目中的环。因为相邻牌的相邻面必须有相同点数，对于每一个 $0 \leq k \leq n$，包含点数 k 的牌数必须为偶数。由（b）可知，包含点数 k 的牌数为 $n+2$，因此 n 为奇数时无法构建这样的环。

当 n 为正偶数时，可以按照下列方法递归构建环。如果 $n=2$，只有一个环:

$$R(2): (0, 0) (0, 1) (1, 1) (1, 2) (2, 2) (2, 0).$$

如果 $n=2s$，其中 $s>1$，用递归的方法在所有双 $(2s-2)$ 多米诺骨牌子集中构建环 $R(2s-2)$。然后构建一个包含剩余的 (i,j) 多米诺骨牌，其中 $j=2s-1$, $j=2s$, $0 \leq i \leq j$。例如，构建下面的四牌序列

$$(2t, 2s-1)(2s-1, 2t+1)(2t+1, 2s)(2s, 2t+2), \quad t=0,1,\cdots,s-1$$

后面再加 $(2s, 0)$。最后，在上述链条中插入 $R(2s-2)$ 中相邻的 $(0, 0)$ 和 $(0, 1)$，就得到了由所有双 $2s$ 多米诺骨牌构成的环。

另外，也可以将问题简化为 $n+1$ 个顶点的完全图是否存在欧拉回路的问题。图中的顶点 i（$0 \leq i \leq n$）代表了一个 n 多米诺骨牌两面中一面可能的点数，顶点 i 和顶点 j 之间的边则代表了一个多米诺骨牌两个面的点数。两面点数一样的多米诺骨牌要么可以被放在一边，直到其他所有多米诺牌形成一个环，再在最后把它们插入到任意两个点数相同的多米诺骨牌之间，要么它们可以用环来表示（连接顶点和两面点数一样的多米诺骨牌的边）。很显然，在这样的图中，Ewler 回路就描述了所有 n 个多米诺骨牌的环。基于广为人知的理论——比如，在本书概览中关于算法分析的内容——一个连接图具有 Ewler 回路当且仅当所有节点的度都为偶数。在本例中，

当且仅当 n 为偶数。构建 Ewler 回路的算法在本书谜题一笔画（#28）中有所阐述。

评论：这个谜题涉及奇偶性、分治法，以及在替代方案中的问题简化。Rouse Ball[Bal87,p.251]将简化思路归功于法国数学家 Gaston Tarry，后者用它找出了双 n 多米诺骨牌中不同组合的数量。

110. 变色龙

答案：答案是否定的。

当两个不同颜色的变色龙相遇后，它们原本颜色的变色龙数量会减 1，而另一种颜色的变色龙增加了 2。因此，不同颜色变色龙之间的数量差，有一种不会发生变化，而另外两种增加了 3。因此，这三种差值除以 3 的余数不会改变。我们立即知道，不可能出现三种变色龙都变成同一种颜色的情况。因为初始的差值为 4，1 和 5，它们被 3 除的余数分别为 1，1，2。如果所有的变色龙都变成同样颜色，那么其中的一个差值一定是 0，它除以 3 的余数也会变为 0。

评论：这个谜题是基于一个相当少见的不变量的思路。这个问题的不同版本出现在很多谜题书中（例如[Hes09,Problem 24], [Fom96,p.130,Problem 21]）。

111. 反转硬币三角形阵

答案：反转 $T_n=n(n+1)/2$ 枚硬币组成的三角形需要移动的最小次数为 $\lfloor T_n/3 \rfloor$ 次。

为了用最少的步骤反转三角形，很显然，我们需要用水平的行之一作为反转轴，因此考虑三角形中第 k 行，$1 \leq k \leq n$（假设自顶向下计数，因此第 k 行就包含了 k 枚硬币）。将这一行作为反转后的三角形的底，看最少需要多少步能将三角形反转。为了实现这个目的，需要移动 $n-k$ 枚硬币到这一行。从最后一行拿来这些硬币比较方便：拿走最后一行最左边的 $\lceil (n-k)/2 \rceil$ 和最右边的 $\lfloor (n-k)/2 \rfloor$ 个硬币分别放入第 k 行的右端和左端。那么最后一行就只剩下 $n-(\lceil (n-k)/2 \rceil + \lfloor (n-k)/2 \rfloor)=n-(n-k)=k$ 枚硬币。然后，必须有 $n-k-2$ 枚硬币移动到三角形的 $k+1$ 行中，可以很方便地从倒数第二行拿走左边的 $\lceil (n-k)/2 \rceil -1$ 和右边的 $\lfloor (n-k)/2 \rfloor -1$ 枚硬币分别放到 $k+1$ 行的左端和右端。重复这个操作直到第 $n-\lfloor (n-k)/2 \rfloor$ 行的 $\lceil (n-k)/2 \rceil - \lfloor (n-k)/2 \rfloor$（根据 $n-k$ 是奇数还是偶数，它等于 0 或 1）枚最左边的硬币被移到第 $k+\lfloor (n-k)/2 \rfloor$ 行的右侧。

最后，三角形的头 *k*-1 行的硬币按照相反的顺序，也就是从最长的到最短的行，形成最初的底边下面的一系列行。

图 4.77 就显示了 *n*-*k* 为偶数时的解决方法。如果 *n*-*k* 为奇数，也可以从每一行的右端取出比左端多一枚的棋子来获得与上面描述的对称解决方法，图 4.78 演示了这两种解决方案。

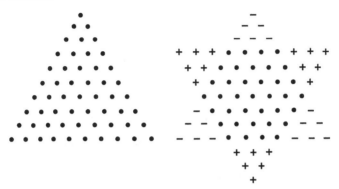

图 4.77 反转三角形 T_{10}，将 *k*=4 作为翻转轴（+，−和小圆圈分别表示增加、删除和不动的硬币）

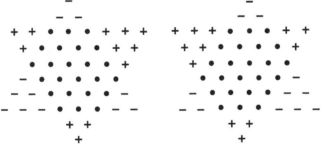

图 4.78 反转三角形 T_8，将 *k*=3 作为翻转轴

这个算法需要移动的总次数 $M(k)$ 显然是使得第 *k* 行作为反转轴需要的最少次数。因为每枚硬币移动都增加了需要加长的行的硬币数量，同时也减少了需要缩短的行的硬币数。$M(k)$ 可以按照下列公式计算：

$$M(k) = \sum_{j=0}^{\lfloor (n-k)/2 \rfloor} (n-k-2j) + \sum_{j=1}^{k-1} j = \sum_{j=0}^{\lfloor (n-k)/2 \rfloor} (n-k) - \sum_{j=0}^{\lfloor (n-k)/2 \rfloor} 2j + \sum_{j=1}^{k-1} j$$

$$= (n-k)\left(\left\lfloor \frac{n-k}{2} \right\rfloor + 1 \right) - \left\lfloor \frac{n-k}{2} \right\rfloor \left(\left\lfloor \frac{n-k}{2} \right\rfloor + 1 \right) + \frac{(k-1)k}{2}$$

$$= \left(\left\lfloor \frac{n-k}{2} \right\rfloor + 1 \right) \left\lceil \frac{n-k}{2} \right\rceil + \frac{(k-1)k}{2} 。$$

如果 $n-k$ 为偶数，上面的公式可以简化为

$$M(k) = \left(\frac{n-k}{2} + 1\right)\frac{n-k}{2} + \frac{(k-1)k}{2} = \frac{3k^2 - (2n+4)k + n^2 + 2n}{4}$$

如果 $n-k$ 为奇数，那么公式可以进一步简化为

$$M(k) = \left(\frac{n-k-1}{2} + 1\right)\frac{n-k+1}{2} + \frac{(k-1)k}{2} = \frac{3k^2 - (2n+4)k + (n+1)^2}{4}$$

在两种情况下，当 $k=(n+2)/3$ 时，二次方程 $M(k)$ 都可以获得最小值。如果 $(n+2)/3$ 是一个整数（如 $n = 3i + 1$），那么本题就有唯一解（不需要移动的硬币数），因为 $n-k=(3i+1) - (3i+1+2)/3=2i$ 为偶数（如图 4.77 所示）。

如果 $(n+2)/3$ 不是整数，那么根据 $(n+2)/3$ 上取整和下取整的不同，也就是 $k^+ = \lceil(n+2)/3\rceil$ 和 $k^- = \lfloor(n+2)/3\rfloor$，本题就有两个性质不同的解[①]。

被移动的硬币的最小数量也可以用[Gar89,p.23]，[Tri69]和[Epe70]中的公式计算。

$$\left\lfloor\frac{n(n+1)}{6}\right\rfloor = \left\lfloor\frac{T_n}{3}\right\rfloor$$

其中，$T_n=n(n+1)/2$ 是三角形中的硬币总数。可以通过验证三种情况证明上述断言是正确的——$n=3i$，$n=3i+1$ 和 $n=3i+2$，代入到公式中，应该和上面用最优的 k 值得到的结果相同。

评论： 就像本书第 1.1 节指出的那样，将谜题转化成数学问题是算法设计中变而治之策略的一种体现。

本题已经出现很长时间了。比如，Maxey Brooke 在他的书[Bro63]中描述了一个 10 枚硬币的例子。它被描述成一种叫做"赢得咖啡"的赌博游戏，赢多输少，打赌没人能找到只移动三次的方法（p.15）。Martin Gardner 在《科学美国人》（*Scientific American*）1966 年 3 月的专栏上向读者提出了这样的问题：能否找出一种更具通用性的简洁公式。作为答案，他给出了一种几何学的方法[Gar89,P.23]："在研究这个问题的通用版本时，对于任意尺寸的等边形式，读者可能会意识到这个问

---

① 我们考虑两个方案性质不同，是当它们的底是由给定三角形的不同的行形成的。其中一个方案，从给定三角形的底边移动奇数枚硬币到反转三角形的底边，因此也有一个对称的解决方案（如图 4.78 所示）。

题等同于绘制边界三角形（类似于台球游戏里用来让 15 个台球成形的三角框），将它倒转过来，和原来的图重叠，以便它能够包含最多的硬币。在每种情形下中，需要移动的硬币的最少数量可以通过将硬币数量除以 3，忽略余数获得。

Trigg[Tri99]和 Eperson[Epe70]都描述过该问题的解决方案，需要把一个三角形砍掉一个给定的三角形，但是两位作者都没有给出解最优性的证明。通过切割三角形的方法，能够很容易修改上述算法，来满足诸如在每次移动过程中硬币必须移到一个新位置，能够碰触到其他两个决定其新位置的硬币[Gar89,p.13]。我们不用一行一行来平行移动硬币，可以从给定的三角形外面取一枚硬币，把它滑动到一个能碰到其他两枚硬币的新位置，来把切掉的三角形里的所有硬币滑动到反转三角形里对应的位置。如果要进行更通用性的探索，找到在什么情况下一种硬币的排列可以变成另一种排列，可以参见[Dem02]。

112. 再次讨论多米诺平铺问题

答案：当且仅当 n 为偶数时有解。

显而易见，根据如下奇偶性讨论可以说明，本题在 n 为奇数的情况下无解：需要被覆盖的方块的数目为偶数，但是任何多米诺骨牌只能覆盖偶数个方形。

n 为偶数时，一个 $n \times n$ 的棋盘，去掉两个任意不同颜色的 1×1 方形，都能够用多米诺骨牌铺满。对于 $n=2$ 的情况，这很显然是正确的。对于 $n>2$ 的情况，需要用一种叫做戈莫里栅栏的巧妙工具来证明，它是由美国数学家 Ralph Gomory 引入的，也因而命名。如果移除的方块不相邻，那么这些栅栏把棋盘分成了两条"走廊"，走廊的尽头是移除的方块；如果移除的方块相邻，棋盘上就只有一条走廊（如图 4.79a 和图 4.79b 所示）。多米诺骨牌总是可以沿着这些走廊用唯一的方式平铺到棋盘上。

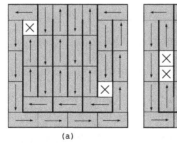

图 4.79　从 8×8 棋盘上移除两个方块后，用戈莫里栅栏进行多米诺平铺
（a）两个移除的方块不相邻。（b）两个移除的方块相邻

评论：在解答中用到的戈莫里栅栏并不是唯一的。Solomon Golomb 在他的书中提出了 4 种基于多联骨牌的模式，并且指出"还有上百种解决方法"[Gol94,p.112]。当然，如果从 $n \times n$ 棋盘（n 为偶数）上移除的两个方形是同样颜色的话——例如，是它的对角线上的两个对角（在本书第 1.2 节中的"不完整棋盘的多米诺平铺问题"）——平铺是不可能的，因为覆盖到的黑白方块的数量不相等。

113. 拿走硬币

答案：当且仅当初始时正面朝上的硬币数为奇数时，本题有解。在这种情况下，可以通过不断拿走最左边的正面硬币解决这个问题。

首先证明本算法可以解决在 n 枚硬币排成的一行中只有一枚硬币朝上的情况。如果硬币在末端(比如说左侧)，把它拿走会产生同样类型的一行硬币，但只包含 $n-1$ 枚硬币：

$$\underbrace{\text{H} \ \text{T} \ ... \ \text{T}}_{n} \Rightarrow \underbrace{\text{H} \ \text{T} \ ... \ \text{T}}_{n-1}$$

因此，不断重复这个步骤最终就能拿走所有硬币。

如果这唯一的正面朝上的硬币不在队列的末端，那么拿走它会产生两个短一些的硬币队列，每个队列只有一个正面硬币在队列的末端，中间有个缺口：

$$\underbrace{\text{T} \ ... \ \text{T} \ \text{T} \ \text{H} \ \text{T} \ \text{T} \ ... \ \text{T}}_{n} \Rightarrow \underbrace{\text{T} \ ... \ \text{T} \ \text{H} \ \_ \ \text{H} \ \text{T} \ ... \ \text{T}}_{n-1}$$

这样，可以用上面提到过的方法分别消除这两个短一些的队列的硬币。

现在我们继续讨论正面硬币数为大于 1 的奇数情况下，拿走最左侧正面硬币的情况。设 $k \geq 0$ 为最左侧的正面硬币之前所有反面硬币的数量。无论正面硬币后面紧挨着的是反面硬币还是正面硬币，拿走它都会产生一个由 $k-1$ 个反面硬币，紧跟着一个单个的正面硬币组成的队列（如果 $k=0$，队列为空，只要不空就可以用上面的方法拿走），加上一个短一些的包含奇数个正面硬币的序列，它也能用同样的方法来拿走：

$$\underbrace{\text{T}...\text{T}}_{k} \ \text{T} \ \text{H} \ \underbrace{\text{T}...}_{oddH's} \Rightarrow \underbrace{\text{T}...\text{T}}_{k-1} \ \text{H} \ \underbrace{\text{H}...}_{oddH's} \quad \underbrace{\text{T}...\text{T}}_{k} \ \text{T} \ \text{H} \ \underbrace{\text{H}...}_{oddH's} \Rightarrow \underbrace{\text{T}...\text{T}}_{k-1} \ \text{H} \_ \underbrace{\text{H}...}_{oddH's}$$

这个证明的第二部分——如果硬币队列有偶数枚正面硬币，那么问题无解——与第一部分的证明类似。如果没有正面硬币，那么问题显然无解，因为只能拿走正面硬币。如果包含正面硬币，那么拿走它会产生一个包含偶数个正面硬币的短序列，或者产生由一个缺口分割开的两个短序列，其中至少有一个短序列包含偶数枚正面硬币。

评论：尽管本题的主要思路很明显是基于减一治之的策略，但也不经意地用到了分治法。同时要说明的是，并不是拿走任意一枚正面硬币都能解决问题：例如，在三枚正面硬币组成的序列中拿走中间的硬币会产生两枚无法消除的反面硬币。

本题出现在 J. Tanton 的《解决这个》（*Solve This*）书[Tan01, Problem 29.4]中，书中也引用了 D. Beckwith 的环形版本[Bec97]。Stewart 教授的《数学好奇柜》（*Cabinet of Mathematical Curiosities*）书中也提到了本题。

114. 划线过点

答案：图 4.80 给出了 $n=3, 4$ 和 5 时的解决方法，显示出如何在 $(n-1)^2$ 个点上的 $2(n-1)-2$ 个线段上，增加一条垂直线段和一条水平线段得出 n^2 个点上 $2n-2$ 条线段的解决方法。垂直和水平线段分别通过这 n 个点的下一列和下一行。

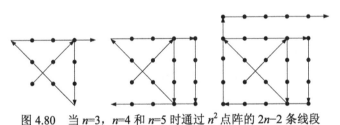

图 4.80　当 $n=3$，$n=4$ 和 $n=5$ 时通过 n^2 点阵的 $2n-2$ 条线段

评论：在找到 $n=3$ 的解决方案后，可以使用自底向上的减而治之法实现。

$n=3$ 的例子是一直以来深受喜爱的谜题之一。鉴于该解决方法的本质，这个方法经常被认为是"跳出常规的框子思考"的源头。Henry Dudeney 和 Sam Loyd 一个世纪以前就曾经发表过这个问题。Dudeney 也考虑过 $n=7$ 和 $n=8$ 的例子[Dud58, Problems 329—332]。有 Charles Trigg 在他的《数学快题》（*Methemetical Quickies*）[Tri85, Problem 261]书中给出了更通用的例子，还引用了 M. S. Klamkin 在 1955 年出版的《美国数学月刊》（*American Mathematical Monthly*）(p.124)中的解决方法。

115. Bachet 的砝码

答案：（a）和（b）题的答案分别为以 2^0 开头的 2 的 n 次方和以 3^0 为开头的 3

的 n 次方。

（a）使用贪婪方法来解决问题中的一些实例。对于 $n=1$，必须用 $w_1=1$ 的砝码来平衡重量。对于 $n=2$，只需简单地加入 $w_2=2$ 来平衡之前无法达到的重量 2。砝码 $\{1, 2\}$ 能够平衡任何重量总和在 3 之下的整数重量。对于 $n=3$，继续应用贪婪思想，就能够得到下一个重量 $w_3=4$。$\{1, 2, 4\}$ 这三个砝码可以称量 1～7 之间的任何整数重量 l。下表列出重量 l 的二进制展开，用来表示称重 l 所需的砝码：

重量 l	1	2	3	4	5	6	7
重量 l 的二进制表示	1	10	11	100	101	110	111
重量 l 所需的砝码	1	2	2+1	4	4+1	4+2	4+2+1

总结上述规律，可以假设对于任意正整数 n，都可以用连续的 2 的幂集合 $\{w_i=2^i, i=0,1,\cdots,n-1\}$ 的砝码称量 1 到 $\sum_{i=0}^{n-1}2^i=2^n-1$ 之间的任意整数重量。对于每一个整数的 $l(1\leq l\leq 2^n-1)$。都可以用上述砝码集称量，这个结论可以从 l 的二进制展开直接看出，因为它可以直接产生称重 l 所需的砝码。

由于 n 个砝码的集合仅有 2^n-1 种不同的子集（如果有相同的砝码的话，这个数会更少）可以放在天平一边的秤盘里，因此这些砝码只能称量 2^n-1 种不同的重量。这就证明了若砝码只能放在天平的空秤盘里的话，n 个砝码的集合不可能覆盖比 $1\leq l\leq 2^n-1$ 更大的连续整数重量。

（b）如果砝码可以放到天平的两个秤盘中，那么 $n>1$ 个砝码就能够称量更大的重量。对于 $n=1$，单个砝码重量仍旧为 $\{1, 3\}$ 的两个砝码能够称量 4 以下的每个整数，重量 $\{1, 3, 9\}$ 则能够称量 13 以下的每个整数重量，如下表所示：

重量 l	1	2	3	4	5	6	7
重量 l 的三进制表示	1	2	10	11	12	20	21
重量 l 所需的砝码	1	3-1	3	3+1	9-3-1	9-3	9+1-1
重量 l	8	9	10	11	12	13	
重量 l 的三进制表示	22	100	101	102	110	111	
重量 l 所需的砝码	9-1	9	9+1	9+3-1	9+3	9+3+1	

总结起来，$\{w_i=3^i, i=0, 1, \cdots, n-1\}$ 的砝码能够称量任何 1 到 $\sum_{i=0}^{n-1} 3^i = (3^n-1)/2$ 的重量。把重量进行三进制展开，它所需的砝码如下所述：对于 l，$l \leqslant (3^n-1)/2$，如果它的三进制展开只包括 0 和 1，那么需要把带有 1 的砝码放到另外的盘子中。如果 l 的三进制扩展包含一个或多个 2，就可以用 (3-1) 来替换 2，用来在如下所示的平衡三元系统中唯一地表示 l（参见 [Knu98,pp.207—208]）。

$$l = \sum_{i=0}^{n-1} \beta_i 3^i, \ \beta_i \in \{0, 1, -1\}.$$

例如，

$$5 = 12_3 = 1 \cdot 3^1 + 2 \cdot 3^0 = 1 \cdot 3^1 + (3-1) \cdot 3^0 = 2 \cdot 3^1 - 1 \cdot 3^0$$
$$= (3-1) \cdot 3^1 - 1 \cdot 3^0 = 1 \cdot 3^2 - 1 \cdot 3^1 - 1 \cdot 3^0。$$

（注意如果从最右侧的 2 开始，经过一次简化，如果最右侧还有新的 2，将会变到开始点左侧的某个位置。这就证明了经过有限次替换后，就能够消除所有的 2。）通过 $l = \sum_{i=0}^{n-1} \beta_i 3_i, \ \beta \in \{0, 1, -1\}$，可以把所有负 β_i 对应的 $w_i=3^i$ 的砝码和要称重的负载放到一个秤盘上，而正 β_i 对应的所有 $w_i=3^i$ 砝码放到另外一个秤盘上。

最后，在 n 个砝码的集合中，每个砝码既可以放到左边秤盘中，也可以放在右边秤盘中，也可以都不放。因此，一共有 3^n-1 种方式使用这 n 个砝码来称量负载。考虑到对称性，那么这些砝码一共能够称量 $(3^n-1)/2$ 种重量。这就证明了 n 个砝码的集合的称量连续正负载的范围不能大于 $(3^n-1)/2$。

评论：这个谜题为我们提供了一个很好的贪婪算法的成功应用案例，并展示了十进制数字之外的数字系统的有效性。需要指出的是，如果不要求能够对每个整数重量都要平衡的话，那么同样数量的砝码就可以称量两倍的整数重量。例如，2、6、18 和 54 四个砝码可以称量 1～80 之间的任何重量：偶数重量 2, 4, …, 80 可以平衡，奇数重量可以用连续的 2，6，18 和 54 的砝码组合根据过重还是过轻来判断。例如，如果一个重量比 10 重比 12 轻，很显然，它的重量就是 11[Sin10,Section 7.L.3, P.95]。

这个谜题是以 Claude Gasper Bachet de Méziriac 的名字来命名的，他是 Problèmes [Bac12] 的作者——该书出版于 1612 年，是关于趣味数学的先驱型经典著作，其中包含了这个问题的解。在趣味数学历史方面的现代研究通常将 Hasib Tabari（C.1075）和

Fibonacci（1202）视为解决该问题的最早的数学家们[Sin10,Sections 7.L.2.c and 7.L.3]。

116. 轮空计数

答案：（a）问题的答案是 $2^{\lceil \log_2 n \rceil} - n$，（b）问题的答案为 $2^{\lceil \log_2 n \rceil} - n$ 的二进制表示中 1 的个数。

（a）轮空的数量，定义为让尽量少的玩家直接进入第二轮以便剩余的玩家数量等于 2 的幂，等于 $2^{\lceil \log_2 n \rceil} - n$。例如，对于 $n=10$，轮空的数量等于 $2^{\lceil \log_2 n \rceil} - 10 = 6$。实际上，令 $2^{k-1} \leqslant n \leqslant 2^k$，$n$ 为玩家数量，如果 b 个玩家轮空，$n-b$ 个玩家会参与到第一轮，那么 $(n-b)/2$ 个获胜者进入到第二轮。因此，我们需要得到等式 $b+(n-b)/2=2^{k-1}$。上式的解为 $b=2^k-n$，$k = \lceil long_2 n \rceil$。（注意 $n-b=2n-2^k$，因此应为偶数）

（b）设 n 为锦标赛中的玩家数量，$2^{k-1} < n \leqslant 2^k$，$B(n)$ 为轮空的总数量，定义为每轮中直接进入下一轮的最少的玩家数量，以使本轮玩家数量为偶数。换句话说，如果玩家数量为偶数，那么在那一轮中没有人轮空；如果为奇数，那么有一个玩家轮空，使得下一轮的玩家数量等于 $1+(n-1)/2=(n+1)/2$。因此得到如下 $B(n)$ 递归式：

$$B(n) = \begin{cases} B\left(\dfrac{n}{2}\right), & n>0\text{是偶数}, \\ 1+B\left(\dfrac{n+1}{2}\right), & n>1\text{是奇数}, \end{cases} \qquad B(1)=0$$

然而，这个递归式没有闭合（直接的）公式解。但是，它可以使用下面这个由 Martin Gardner 在他的 *aha!Insight*[Gar78,p.6]中介绍的算法得到：$B(n)$ 可以通过差值 $b(n)=2^k-n$ 的二进制表达式中 1 的数量来计算。换言之，（b）题中轮空次数就等于 (a)题答案二进制表达式中 1 的个数。例如，$n=10$ 时，算法计算出 $b(10)=2^4-10=6=110_2$，因此轮空数为 2，而对于 $n=9$，计算出 $b(9)=2^4-9=7=111_2$，轮空次数就等于 3。

设 $G(n)$ 为 Gardner 算法的计算结果，$2^{k-1} < n \leqslant 2^k$，说明 $G(n)$ 能够满足迭代等式和初始条件。例如，$n=1$，$2^0-1=0$，因此 $G(1)$，也就是数字 0 的二进制表示中 1 的数量等于 0。设 n 为正偶数，$2^{k-1} < n \leqslant 2^k$，因此 $2^{k-2} < n/2 < 2^{k-1}$。由于在本例中 $b(n)=2^k-n$ 为偶数，最右端的数字为 0。因此，

$$b\left(\frac{n}{2}\right)=2^{k-1}-\frac{n}{2}=\frac{b(n)}{2}$$

与 $b(n)$ 有同样数量的 1。因此对于正偶数 n 来说，$G(n)=G(n/2)$。

设 n 为大于 1 的奇数，$2^{k-1}<n<2^k$，因此 $2^{k-2}<(n+1)/2\leqslant 2^{k-1}$。通过定义，$G\left(\frac{n+1}{2}\right)$ 等于 $b\left(\frac{n+1}{2}\right)=2^{k-1}-\frac{n+1}{2}$ 的二进制表示中 1 的个数。由于 $b(n)=2^k-n$ 为奇数，因此二进制表示中最右侧的数字为 1。在二进制表示中去掉最后的 1 可得

$$(2^k-n-1)/2=2^{k-1}-(n+1)/2=b\left(\frac{n+1}{2}\right)$$

因此，对于任何奇数 $n>1$，可以得出 $G(n)=1+G\left(\frac{n+1}{2}\right)$，这也正是我们想要得到的。

评论：（b）的答案是将单轮淘汰锦标赛描述成二分算法，也可以通过加入 $2^{\lceil\log_2 n\rceil}-n$ 个虚构玩家来得到一个更简单的问题实例。然后，轮空次数可以通过计数虚拟玩家和真实玩家的局数来获得。这个方法可以导出轮空次数的另外一种公式，即 $n-1$（$n>1$）的二进制表示中 0 的数量就是游戏中真实玩家的数量（参见 [MathCentral]，2009 年 10 月的问题）。

顺便说一下，除了对锦标赛组织有用，锦标赛树在计算机科学中也有应用（如 [Knu98]）。

117. 一维跳棋

答案：假设将棋盘格子从 1 到 n 编号，开始时空格的位置可能为 2 或 5（对称地，$n-1$ 或 $n-4$），最后的棋子可能会停止在 $n-1$ 或 $n-4$（对称地，2 或 5）。

我们的解来自对于下面模式的观察，走完任意的第一步都会得到这个模式。

$$\underbrace{1\cdots1}_{l}001\underbrace{\cdots1}_{r}$$

其中，1 和 0 分别代表有棋子的格子和没有棋子的格子。为不失通用性，假设 $l\leqslant r$。

如果 $l=0$，$r=2$，最后一个棋子还能跳一次，它将会单独留在棋盘上；如果 $l=0$，$r>2$，在经过 $\lfloor r/2\rfloor$ 次必要的向左跳跃之后，被空格分开的 $\lceil r/2\rceil\geqslant 2$ 枚棋子会留在棋盘上。

同样的，如果 $l=1$，$r \geqslant 1$，经过 $\lfloor r/2 \rfloor$ 次必要的向左跳跃之后，将有被空格分开的 $\lceil r/2 \rceil + 1 \geqslant 2$ 枚棋子留在棋盘上。

如果 $l=2$，$r \geqslant 2$ 且为偶数，除了一枚棋子以外的所有棋子都能在一系列的允许跳跃过程中被拿走，这很容易可以通过归纳法证明。如果 $r=2$，可以通过跳第一枚，最后一枚，然后是剩余两枚棋子中的任意一枚实现。

$$110011 \Rightarrow 001011 \Rightarrow 001100 \Rightarrow 010000 \text{ 或 } 000010$$

同样的前两次跳跃会将偶数 $r>2$ 枚棋子变成有 $r-2$ 枚棋子的类似模式：

$$1100\underbrace{11\cdots1}_{r} \Rightarrow 0010\underbrace{11\cdots1}_{r} \Rightarrow 00110\underbrace{01\cdots1}_{r-2}$$

此外，当 $r>2$ 时，是不可能把 $\underbrace{011\cdots1}_{r}$ 减少到一枚棋子的，因此仅有一种方法将它减少为 1 枚棋子，也就是上面描述的方法。

最后，如果 $l>2$，$r \geqslant 1$，减少为一枚棋子是不可能的。无论是 00 左侧有 $l>2$ 枚棋子还是右侧有 $r>2$ 枚棋子，都不能不借助另一侧棋子的帮助而减少到一枚棋子。这样的棋子可以通过从另一侧跳过来一枚棋子而借到，但这样的话两侧的棋子都没法减少到只有一枚棋子了：

$$\underbrace{1\cdots11}_{l}00\underbrace{11\cdots1}_{r} \Rightarrow \cdots \Rightarrow \underbrace{1\cdots1}_{l-2}0011001\underbrace{1\cdots1}_{r-2}$$

评论：本谜题主要用到减而治之策略。用同样的方法，也可以证明奇数个格子的棋盘的唯一解就是大小为 3 并且空格出现在 1 或者 3 的情况。C. Moore 和 D. Eppstein[Moo00]给出了这个游戏中可能出现的所有位置的正式描述。

这个谜题是一个古老但仍流行的二维棋盘游戏的一维版本。如果要对这一游戏的历史和获胜策略作深入的了解，可以参见 John D. Beasley[Bea92]写的专著和《数学游戏的获胜方法>>（*Winning Ways for Your Mathematical Plays*）一书的 23 章 [Ber04]，还有不少专门介绍它的网站。

118. 六骑士

解答：本题中最少需要移动 16 次。

就像本书第 1.1 节中解释的那样，谜题的初始状态可以用图 4.81 中的图来方便地表示。

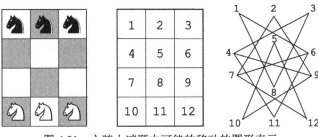

图 4.81 六骑士谜题中可能的移动的图形表示

这个图可以如图 4.82 所示的那样展开：将 8 号顶点向上移动，5 号向下得到第一幅图；交换 4 和 6 的位置得到第二幅图；交换 10 和 12 得到第三幅；将 11 号向上移动，2 号向下就得到了谜题图的展开图。

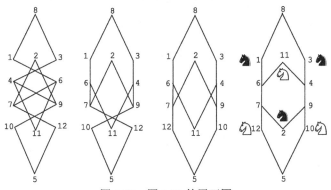

图 4.82 图 4.81 的展开图

为了实现谜题的目标，初始位置 1 和 3 上的两个黑骑士必须移动到 12 或 10 的位置。为不失通用性，我们将位置 1 的骑士移动到 12，这样比 10 离初始位置更近。走最短路径，将需要 3 步。剩余的两个黑色骑士从初始位置 2 和 3 到目标位置 10 和 11 总共至少需要 4 步。本题的对称性暗示我们，白棋也至少需要 7 步才能到达目标位置。因此，本题不可能在 14 步以内解决。然而，也不可能是 14 步或 15 步，这可以通过反证法证明。假设有一种移动方法可以用小于 16 步的方法解决，那么 1 号黑骑士只能 3 步移动到位置 12，因为它不能用 4 步完成。如果它在 5 步或更多步数内到达，那么总的步数将至少为(5+4)+7=16。但是在 1 号黑骑士从 6 移动到 7 之前，12 号白骑士必须移动到位置 2，那么 2 号黑骑士就必须先移动到位置 9，那就需要 10 号白骑士先移动到 4，相应的，就需要 3 号黑骑士先移动到 11，11

号黑骑士先移动到 6，这样 1 号黑骑士就被堵住了，因此必需的步骤就超过 15 了。而可以用 16 步解决问题，例如，下面的序列就可以：

$$B(1\text{-}6\text{-}7), \quad W(11\text{-}6\text{-}1), \quad B(3\text{-}4\text{-}11), \quad W(10\text{-}9\text{-}4\text{-}3),$$
$$B(2\text{-}9\text{-}10), \quad B(7\text{-}6), \quad W(12\text{-}7\text{-}2), \quad B(6\text{-}7\text{-}12)$$

评论： 这个问题是概览中算法设计策略内容中介绍过的有名的 Guarini 谜题的扩展形式。两个谜题的主要思想是改变表达方式：首先，棋盘用图来表示，然后将图展开成更清晰的任务图。

《趣味数学期刊》（*Journal of Recreational Mathematics*）曾经在 1974 年和 1975 年[Sch80,pp.120—124]刊登过关于这个问题的两篇论文，但都是不正确的解。Dudeney[Dud02, Problem 94]为这个问题添加了一个附加的约束：任何移动都不能使两个相反颜色的骑士处在能够相互攻击的位置。关于其他的版本，参见 Loyd 的"跨越多瑙河的骑士"（*Kights Crossing over the Danube*）（比如，[Pet97, pp57—58]）和 Grabarchuk 的《经典新谜题》（The New Puzzle Classics）[Gra05, pp.204-206]。

119. 有色三格板平铺

答案： 这个谜题可以用下面的递归算法解决。如果 $n=2$，将棋盘分成 4 个 2×2 的小棋盘,用一个灰色的三格板去覆盖除去缺失方格所在的 2×2 棋盘以外的三个中心格子,然后将一个黑色三格板放在左上方的 2×2 棋盘上,一个白色三格板放到右上方,一个黑色的三格板放到右下方,最后将一个白色的三格板放到左下方（见图 4.83）。

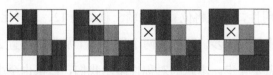

图 4.83　有色三格板平铺问题，针对 4×4 棋盘的四种可能的缺失方格位置（用×表示）

注意到无论缺失方格的位置如何，都有以下属性：

• 从左到右看，棋盘的上边沿可以用两个黑色方格加两个白色方格覆盖，缺失的方格可以替换序列中的一个方格。

• 从上往下看，棋盘的右边沿可以用两个白色方格加两个黑色方格覆盖，缺失的方格也可以代替序列中的一个方格。

- 从右到左看，棋盘的下边沿可以用两个黑色方格加两个白色方格覆盖，缺失的方格可以替代序列中的一个方格。

- 从下往上看，棋盘的左边沿可以用两个白色方格加两个黑色方格覆盖，缺失的方格可以替换序列中的一个方格。

如果 $n>2$，将棋盘分成 4 个 $2^{n-1}\times2^{n-1}$ 个棋盘，用 1 个灰色三格板覆盖除去缺失方格所在的 $2^{n-1}\times2^{n-1}$ 棋盘以外的三个中心格子。然后用同样的算法平铺其他三个棋盘。（见图 4.84 的例子）

基于上面提到的特性，可以很容易用数学归纳法证明算法的正确性。

评论：本书第 1.1 节中已经讨论过无色三格板的平铺算法，这里我们又有了一个分而治之算法的好例子。

本谜题和解答都来自于 I-Ping Chu 和 Richard Johnsonbaugh 的一篇论文[Chu87]。

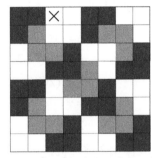

图 4.84　$2^3\times2^3$ 棋盘上的有色三格板平铺问题，缺失方块用×表示

120. 硬币分配机

答案：（a）我们假设箱子从左到右编号，最左侧的箱子编号为 0。我们用一个位串 $b_0b_1\dots b_k$ 代表 n 枚硬币分配的结果，如果第 i（$0\leq i\leq k$）个箱子内有一枚硬币，b_i 等于 1，否则为 0。特别地，$b_k=1$，k 为最后一个包含一枚硬币的箱子编号。这个硬币是通过替换 $k-1$ 号箱子内的 2 枚硬币得到的，而这 2 枚硬币需要用 $k-2$ 号箱子里的 4 枚硬币得到……。对最后的分配结果中任何包含 1 枚硬币的箱子 i 使用同样的推断，我们可以得到公式

$$n = \sum_{i=0}^{k} b_i 2^i$$

换句话说，最终分配的位串代表了开始时的硬币数 n 的二进制展开的反序。由于任何自然数的二进制展开都是唯一的，因此，对于给定的 n，无论用什么样的顺序处理一对硬币，机器都会得到同样的硬币分配结果。

（b）分配 n 枚硬币需要的最少箱子数量等于 n 的二进制展开字符串的位数，即 $\lfloor \log_2 n \rfloor + 1 - \lceil \log_2(n+1) \rceil$。

（c）设 $b_k b_{k-1} \cdots b_0$ 为 n 的二进制展开。根据（a）题的解答，当机器停止的时候，i 号箱子的硬币数等于 b_i，$0 \leq i \leq k$。用下面的递归公式计算，让 i 号箱子内有 1 枚硬币需要的分配次数：

$$C(i) = 2C(i-1) + 1, \quad 0 < i \leq k, \quad C(0) = 0$$

可以用下面的后向代换来解上面的递归式：

$$
\begin{aligned}
C(i) &= 2C(i-1) + 1 \\
&= 2(2C(i-2)+1)+1 = 2^2 C(i-2) + 2 + 1 \\
&= 2^2(2C(i-3)+1) + 2 + 1 = 2^3 C(i-3) + 2^2 + 2 + 1 \\
&= \cdots \\
& 2^i C(i-i) + 2^{i-1} + 2^{i-2} + \cdots + 1 = 2^i \cdot 0 + (2^i - 1) = 2^i - 1。
\end{aligned}
$$

因此，在停止之前，机器运行的总次数

$$\sum_{i=0}^{k} b_i C(i) = \sum_{i=0}^{k} b_i (2^i - 1) = \sum_{i=0}^{k} b_i 2^i - \sum_{i=0}^{k} b_i = n - \sum_{i=0}^{k} b_i，$$

即为开始时硬币的数量与其二进制展开中 1 的数量的差。

评论：本题充分利用了 n 的二进制展开，在这里是一个不变量，还用到了反向思维。本题是在 James Propp 发明的问题（见[MathCircle]）之上做了很少的改动而来的。

121. 超级蛋测试

答案：14。

设 $H(k)$ 为 k 次测试后所能得到的最大楼层数。第一次下落必须在 k 层进行，因为如果鸡蛋打破了，那么就需要从第一层开始对底下的 $k-1$ 层都顺序进行测试。如果鸡蛋没有打破，那么第二次就从 $k+(k-1)$ 层进行，以防鸡蛋打破，从 $k+1$ 到 $2k-2$ 的 $k-2$ 层都要被顺序测试。对于剩下的 $k-2$ 次测试，重复上面的推理过程，可以得到如下公式：

$$H(k) = k + (k-1) + \cdots + 1 = k(k+1)/2。$$

也可以通过解递归公式 $H(k) = k + H(k-1)$，$k>1$，$H(1)=1$ 得到同样的公式。

剩下的就是找到最小的 k 值使得 $k(k+1)/2 \geqslant 100$。这个 k 值等于 14。第一个鸡蛋可以从 14、27、39、50、60、69、77、84、90、95、99 和 100 层落下直到打破为止。如果鸡蛋打破了，那么第二个鸡蛋就从最后一次测试成功的楼层的上一个楼层顺序扔下。这个解决方法不是唯一的：第一次落下的位置可以从 13、12、11 和 10 层开始，当然，对其他的下落也需要做相应的调整。

评论：解决本题的算法是基于贪婪算法的，但不同寻常的是，它在分析最差情形时是倒着来的，即在给定它所允许的基本操作（鸡蛋落下）的执行次数的情况下，寻找问题的最大解。

本题自从出现在 Joseph Konhauser et al 的书中[Kon96,Problem 166]之后就变得很流行：参见 Peter Winkler 的《数学脑筋急转弯》(*Mathematical Mind-Benders*)[Win07,p.10]和 Moshe Sniedovich 的论文[Sni03]。

122. 议会和解

答案：答案是肯定的。下面的算法就将议会分成两院，每个议员在所在院中都没有多于一个的对手。

开始时可以以任意方式划分院（例如，把他们平分成两个院）。设 p 为同一院中互为对手的人的总对数。只要有一个议员在一个院中至少有两个对手，那么就将这个议员送到另外一个院中。因为这个被调换的议员在新院中有不多于一个对手，而他原来院中的对手数量总和就减少 2，那么总的数量至少会减少 1。因此，这个算法在不多于 p 次执行后就会终止。最后两院的议员在其院中的对手都不会多于一个。

评论：可以把本题的解决算法看成是基于迭代改进策略，这种策略在本书的第 1 章的概览中介绍过。关于这个策略，以及几个用到它的重要算法的详细讨论，可以参见 A. Levitin 的教科书[Lev06, Chapter 10]。

关于本题能找到的最早的参考资料是 *Kvant* 1979 年 8 月刊上的问题 M580 (p.38)。*Kvant* 是一本俄罗斯的通俗科学杂志，为学生和教师提供物理和数学知识。本题后来被收录到 S. Savchev 和 T. Andreescu 的《数学微刊》(*Mathematical Miniatures*)书中 [Sav03,p.1,Problem 4]。

123. 荷兰国旗问题

答案：下面的算法将图案行当做 4 个连续的可能为空的区间，即红色图案在左边，然后是白色图案，再然后是颜色还没有被识别的图案，最后是蓝色图案。

全部红色	全部白色	未知	全部蓝色

开始时，红、白、蓝区间都是空的，所有的图案都放在未识别的区间内。在每次迭代过程中，算法都会从左侧或右侧把未识别区间的元素减一：如果未识别区间的第一个（也就是最左侧的）图案是红色，那么将它和红色区间后的第一个图案交换，再继续下一个图案；如果是白色，那么就继续检查下一个图案；如果是蓝色，就将它和蓝色区间前的最后一个图案交换（如图 4.85 所示），不断重复这个步骤直到未识别区间内没有图案为止。

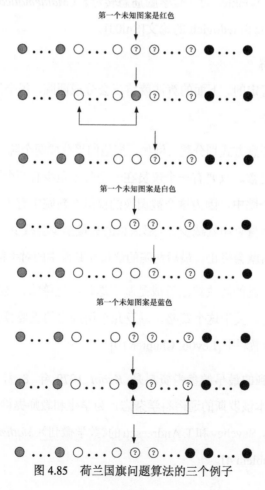

图 4.85　荷兰国旗问题算法的三个例子

评论：本题和解答算法都是由 W. H. J. Feijen 提出的；后来被 Edsger Dijkstra，一个著名的计算机科学家，收录到他的 *A Discipline of Programming*[Dij76, Chapter 14]中，使得这个问题在计算机科学领域内名声大噪。关于这个问题的色彩的解释很明显：Feijen 和 Dijkstra 都是荷兰人，红、白、蓝是荷兰国旗的颜色。

124. 切割链条

答案：本题答案是满足$(k+1)2^{k+1}-1 \geq n$ 的最小整数 k。

本谜题提示中建议逆向思考这个问题，找出第一个最大长度 $n_{max}(k)$。如果沿着链条拿掉 k 个链环（k 是一个给定的正整数），那么链条将会被分成 $k+1$ 份。当中最短的 S_1，一定是 $k+1$ 个链环那么长：加上 k 个被拿掉的链环，我们能够构造长度在 1 到 $k+(k+1)=2k+1$ 之间的任意长链条。第二短的 S_2，应该再长 1 个链环，即 $(2k+1)+1=2(k+1)$。有了它，我们就能构造任何长度在 1 到 $4k+3$ 之间的链条。第三短的，S_3，应该是$(4k+3)+1=2^2(k+1)$，依此类推，直到得到最长的那段 S_{k+1}，长度为 $2^k(k+1)$（这个结论可以用数学归纳法严格证明）。有了 k 个拿掉的链环和 $k+1$ 个段，就能够得到长度为 $1 \sim n_{max}(k)$ 的任何链条。

$$n_{max}(k)=k + (k+1)+2(k+1)+2^2(k+1)+\cdots+2^k(k+1)$$
$$=k + (k+1)(1+2+2^2+\cdots+2^k)=k+(k+1)(2^{k+1}-1)$$
$$=(k+1)2^{k+1}-1$$

例如，对于 $k=2$，可以构造长度为 $1 \sim 23$ 之间的任意链条，就像下图显示的那样：

1	2	3	4	5	6	7	8	9	10	11	12	13	14	15	16	17	18	19	20	21	22	23
			X							X												

现在，回到题目上来，设 $n>1$ 为给定链条的长度。显然，存在正整数 k 满足

$$n_{max}(k-1)<n \leq n_{max}(k)$$

其中，$n_{max}(k) = (k+1)2^{k+1}-1$。从先前的讨论知道，至少需要移除 k 个链环才能解决这个问题。下面按照上面的方法去掉 k 个链环，就足以达到目标，只需要做如下小调整。如果 $n=n_{max}(k)$，移除 k 个单独的链环就能够解决这个问题。如果 $|S_1|+\ldots+|S_k|+k \leq n<n_{max}(k)$，这里$|S_1|$，…，$|S_k|$代表上面所述方法形成的前 k 个链条段

的长度，最后一段 $\tilde{S}_{k+1}$ 比上述解决方案中的最后一段 S_{k+1} 要短。但是很容易看出给定链条的这种分段方法仍旧能够解决本题。例如，如果 $n=20$，k 就等于 2，那么解决办法就是像下面这样拿掉链环 4 和 11：

1	2	3	4	5	6	7	8	9	10	11	12	13	14	15	16	17	18	19	20
			X							X									

任何长度从 1 到 $|S_1|+|S_2|+2=3+6+2=11$ 的链条都能够用 S_1，S_2 和两个链环来组成；因此，加上 $\tilde{S}_3$，也能够获得任何长度 $|\tilde{S}_3|=9$ 到 $|\tilde{S}_3|+11=20$ 的链条。

如果 $n_{\max}(k-1)<n<|S_1|+\cdots+|S_k|+k$，可以从最右边移除第 k 个链环，同时，前面 $k-1$ 个链环按上面的方法移除。例如，如果 $n=10$，$k=2$，移除的链环在位置 4 和 10：

1	2	3	4	5	6	7	8	9	10
			X						X

长度从 1 到 $|S_1|+2=3+2=5$ 的任意链条都能够用 S_1 和两个链环的组合获得；加上长度为 5 的 S_2，能够得到长度从 5～10 的任意链条。

评论：上面的解答很好地展示了贪婪策略在算法设计中的作用。

这个问题最广为人知的版本是一个旅行者需要切割一条 7 环金链条，以便在一周内每天付账给旅店老板。其他相关的参考资料可参见 D. Singmaster 的自传[Sin10, Section 5.S.1]。

125. 对 5 个物品称重 7 次来排序

答案：首先考虑一个自然的但没有最终结果的想法，可能会有所帮助，即先对 4 个砝码排序，然后为第 5 个砝码找到合适的位置。4 个砝码排序不能在 5 次比较以下完成（这不难直接证明，且遵循以下规律，即对 n 个任意实数排序在最坏的情况下需要 $\lceil \log_2 n! \rceil$ 次比较）。而且，很容易发现，在 4 个已排序砝码中为第 5 个砝码找到合适的位置还需要至少 3 次比较（如果把排好序的砝码当成实数轴上的点，就可以看得很清楚）。从以上失败经历可以总结出想要的算法需要用到所有 5 个砝码，而不是把其中 4 个砝码先排好序。

这里有一个解决此问题的算法。把砝码按 1 到 5 任意编号，设 w_1，…，w_5 是未知重量的砝码。首先把 1 和 2，3 和 4 分别一起称重，为了不失通用性，假设 $w_1<w_2$，$w_3<w_4$，

然后称重头两次中更重的两个砝码，即比较 w_2 和 w_4。因此可能产生两种结果：

第一种情况：$w_1 < w_2 < w_4$，并且 $w_3 < w_4$，

第二种情况：$w_3 < w_4 < w_2$，并且 $w_1 < w_2$。

显然，第二种情况类似于第一种情况，差别仅仅在于参与头两次称重的砝码的角色不同，因此，考虑将第一种情况作为两种情况的代表。就像上面提到的那样，可以把要排好序的砝码当成实数轴上的点。因此，经过头三次比较之后，可以得到下面的图：

$$-w_1 - w_2 - w_4 -，并且 w_3 < w_4（点 w_3 在 w_4 的左边）$$

第四次称重，比较 w_5 和 w_2。如果 $w_5 < w_2$，那么第五次称重比较 w_5 和 w_1，会得到下面两种结果：

如果 $w_5 < w_1$：$-w_5 - w_1 - w_2 - w_4 -$，并且 $w_3 < w_4$（点 w_3 在 w_4 的左边）

如果 $w_5 > w_1$：$-w_1 - w_5 - w_2 - w_4 -$，并且 $w_3 < w_4$（点 w_3 在 w_4 的左边）

由于这两种情况的区别仅仅是 $w1$ 和 $w5$ 的相对位置不同，因此接下来在第一种情况的基础之上进行比较。第六次称重比较 w_3 和 w_1。如果 $w_3 < w_1$，那么第七次就比较 w_3 和 w_5。如果 $w_3 < w_5$，就得到 $w_3 < w_5 < w_1 < w_2 < w_4$；如果 $w_3 > w_5$，就得到 $w_5 < w_3 < w_1 < w_2 < w_4$。同样的，如果第六次称重 $w_3 > w_1$，第七次称重就比较 w_3 和 w_2，如果 $w_3 < w_2$，就得到 $w_5 < w_1 < w_3 < w_2 < w_4$；如果 $w_3 > w_2$，就得到 $w_5 < w_1 < w_2 < w_3 < w_4$。

现在考虑第四次称重时 $w_5 > w_2$ 的情况。第 5 次称重比较 w_5 和 w_4 得到下面两种情况：

如果 $w_5 < w_4$：$-w_1 - w_2 - w_5 - w_4 -$，并且 $w_3 < w_4$（点 w_3 在 w_4 的左边）

如果 $w_5 > w_4$：$-w_1 - w_2 - w_4 - w_5 -$，并且 $w_3 < w_4$（点 w_3 在 w_4 的左边）

在第一种情况下，第六次称重比较 w_3 和 w_2。如果 $w_3 < w_2$，第七次称重比较 w_3 和 w_1。如果 $w_3 < w_1$，那么 $w_3 < w_1 < w_2 < w_5 < w_4$；如果 $w_3 > w_1$，那么 $w_1 < w_3 < w_2 < w_5 < w_4$。在第二种情况下，第六次称重比较 w_3 和 w_2。如果 $w_3 < w_2$，第七次称重比较 w_3 和 w_1。如果 $w_3 < w_1$，那么 $w_3 < w_1 < w_2 < w_4 < w_5$；如果 $w_3 > w_1$，那么 $w_1 < w_3 < w_2 < w_4 < w_5$。最后，如果第六次比较中，$w_3 > w_2$，那么不需要进行第七次比较就知道 $w_3 < w_4$；因此，得

到 $w_1 < w_2 < w_3 < w_4 < w_5$。

评论：这个问题展示了一个很有名的对小文件排序的问题。Donald Knuth 在他的《计算机编程的艺术》（*The Art of Computer Programming*）第 3 卷第 5.3.1 章节中讨论过这个问题 [Knu98]。他给出了一个非常优雅的方式展现出这个由 H.B.Demuth[pp.183—184]发现的算法。

126. 公平切分蛋糕

答案：当只有 2 个人分配蛋糕时，公平的解决方案就是让其中的一个人将蛋糕切成两份，然后让另一个人来选自己的一份。当人数大于 2 时，上面的过程可以按照以下描述进行一般化。首先，将所有人从 $1 \sim n$ 进行编号，由编号为 1 的人从蛋糕中切出一块蛋糕 X，他会尽可能地使切出来的蛋糕是原来蛋糕的 $1/n$：如果切出来的蛋糕比原蛋糕的 $1/n$ 要小，那么此块蛋糕很可能就是他最终分得的蛋糕；如果切出来的蛋糕比原蛋糕的 $1/n$ 要大，其他人可能会对此块蛋糕进行切割。如果编号为 2 的人觉得蛋糕 X 大于原蛋糕的 $1/n$，他可以从蛋糕 X 中切出一部分放回原蛋糕中。如果编号为 2 的人并不认为蛋糕 X 大于原蛋糕的 $1/n$，他就什么也不用做。以此类推，编号为 3，4，$\cdots$，n 的人依次对蛋糕 X 进行判断，觉得蛋糕 X 大于原蛋糕的 $1/n$ 就进行削减，或者什么也不做。最后一个接触蛋糕 X 的人就把 X 作为自己那份。其他 $n-1$ 个人根据上述过程对蛋糕的剩下部分进行分配（包括被削减下来的蛋糕片，如果有用来调整蛋糕 X 大小的蛋糕片）。当只剩下两个人的时候，其中的一个人切分剩下的蛋糕（包括被削减下来的蛋糕片），另一个人来选择一份。

评论：这个算法很显然使用了减一策略。

根据 Ian Stewart[Ste06, pp.4~5]，上述关于 2 个人切分蛋糕的解决方案已经有 2800 多年的历史。1944 年，波兰数学家 Hugo Steinhaus 给出了此算法扩展到 3 个人切分蛋糕的情形。之后，针对原问题及原问题的一些扩展和改编，有一些不同的算法被提出来。对此感兴趣的读者可以从 Jack Roberston 和 William Webb 的专著中 [Rob98] 找到它们。

127. 骑士之旅

答案：由于棋盘的对称性，为了不失普遍性，可以从左上角处开始骑士之旅，并在如图 4.86 所示的方格 64 处结束遍历。我们总是移向最靠近棋盘边缘且未被遍历的方格，更确切地说，首先会去遍历棋盘最外面两层的方格，只有万不得已才会去遍历中间的 16 个方格。同时，只要有一个角落空出来，就总会去访问它。图 4.86 显示了按照上述规则进行的遍历过程，并用数字标识出对方格进行遍历的先后顺序。

评论：骑士之旅是被研究得最多的两个棋盘谜题之一（另一个是在第 1 章概览中和 #140 中探讨过的 *n* 皇后谜题）。D. Singmaster 的注解文献 [Sin10, Section 5.F.1] 描述该谜题的章节长达 8 页

1	38	17	34	3	48	19	32
16	35	2	49	18	33	4	47
39	64	37	54	59	50	31	20
36	15	56	51	62	53	46	5
11	40	63	60	55	58	21	30
14	25	12	57	52	61	6	45
41	10	27	24	43	8	29	22
26	13	42	9	28	23	44	7

图 4.86　标准棋盘中的骑士之旅

并且追溯到了 9 世纪。在这段时间，此谜题引起了多位著名数学家的注意，其中包括巨匠莱昂那德·欧拉（Leonhard Euler）和卡尔·高斯（Carl Gauss）。令人惊讶的是，因为在 8×8 的棋盘上存在超过 10^{13} 种闭合的骑士遍历方式，因此在没有电脑的帮助下找出其中的一种也不是一件简单的事。

解决方案中描述的遍历方法是基于 18 世纪初 Montmort 和 De Moivre 提出的构建开放旅程的想法，即遍历结束后不需要回到起始方格。该方法中有很明显的贪心算法的思想，即在方格的选择上，会优先选择能从较少的其他方格到达的方格。在一个世纪之后，Warnsdorff 提出的方法中更正式地使用了贪心算法：在所有符合条件的选择中，跳跃到其中的一个方格，在下一步中，该方格对应的选择是最少的。两种贪心算法应用中，Warnsdorff 的方法更加地强大，但是需要更多的计算。要注意的是，这两种方法都是启发式方法：只是逻辑上的经验法则，有可能找不到解决方案（在本谜题中，一个不幸运的二选一就可能导致失败）。一般情况下，对于困难的计算问题，启发式的算法是一个重要的方法。还有一些其他的方法可以用来完成骑士之旅，其中有好些都是基于**分而治之**策略的，可以参考 [Bal87, pp. 175—186]、[Kra53, pp. 257—266]、[Gik76, pp. 51—67] 和一些描述此谜题及其扩展的网站。

值得注意的是，骑士之旅是寻找 Hamilton 回路的一种特殊情况，而 Warnsdorff

的启发式方法是寻找 Hamilton 回路的常用方法。

128. 安全开关

答案： 至少需要通过$\frac{2}{3}2^n-\frac{1}{6}(-1)^n-\frac{1}{2}$次开关操作才能解决这个谜题。

首先以自左向右的顺序从 1 到 n 对开关进行编号，并分别用 1 和 0 表示开关的“开”和“关”状态。为了寻找解决此谜题的共性方法，我们从解决 4 个最小的实例开始（如图 4.87 所示）。

n = 1

1
0

n = 2

1	1
0	1
0	0

n = 3

1	1	1
1	1	0
0	1	0
0	1	1
0	0	1
0	0	0

n = 4

1	1	1	1
1	1	0	1
1	1	0	0
0	1	0	0
0	1	0	1
0	1	1	1
0	1	1	0
0	0	1	0
0	0	1	1
0	0	0	1
0	0	0	0

图 4.87 安全开关谜题的前 4 个实例的最佳解法

下面开始考虑普遍的情况，我们可以使用 n 个 1 的位串“111…1”来表示所有开关的初始状态。在关闭第一个（最左边）开关之前，要求所有的开关状态为“110…0”，因此，关闭第一个开关之前，需要关闭最后的 n−2 个开关，如果希望算法最优，那么应尽量使用最少的操作来完成任务。换句话说，首先要对最后的 n−2 个开关解决同样一个问题。可以使用递归的方法来解决，n=1 和 n=2 的情况可以直接解决，如图 4.87 所示。之后，就可以关闭第一个开关并得到新的开关状态 010…0。接下来，可以通过数学归纳法证明：在关闭第二个开关之前，需要位于第二个开关之后的所有开关状态都为“开”。之前的操作中，用最优的方法将最后 n−2 个开关状态由“开”置为“关”，可以反转上述操作将从第三到最后的所有开关状态置为“开”，得到开关状态位串 011⋯1。如果忽略位串中的第一个 0，那么会得到此谜题当 n−1 时的实例，这可以运用递归的方法解决。

设 $M(n)$ 为根据上述算法进行操作过程中开关的次数。可以得出 $M(n)$ 的递推公式：

$$M(n) = M(n-2)+1+M(n-2)+M(n-1) \text{ 或 } M(n-1)+2M(n-2)+1, \quad n \geqslant 3,$$
$$M(1)=1, M(2)=2。$$

如果使用解二阶非齐次线性常系数递推关系的标准技巧来解决上述递推问题（见 [Lev06, pp. 476−478] 或 [Ros07, Sec. 7.2]），可以得到下面的闭合解：

$$M(n)=\frac{2}{3}2^n - \frac{1}{6}(-1)^n - \frac{1}{2}, \quad n \geqslant 1$$

当 n 为偶数时，上式可以化简为 $M(n)=(2^{n+1}-2)/3$；当 n 为奇数时，上式可以化简为 $M(n)=(2^{n+1}-1)/3$。

评论：解决此谜题的算法应用了**减而治之**策略。尽管采用标准的技巧来解决二阶递归是很自然和容易的，但是，仍可以参考 Ball 与 Coxeter 提出的方法 [Bal87, pp. 318—320] 或 Averbach 与 Chein 提出的方法 [Ave00, p. 414] 来避免这样的计算。在我们看来，两种方法都不如上述解决方案简便。1872 年，法国数学家 Louis A. Gros 提出了一个完全不同于上述方案的解决方法，他用表示开关状态的位串进行编码,类似于现代格雷码。更多的细节可以参考 [Bal87, pp. 320—322] 和 [Pet09, 182—184]。

该谜题最初由 C. E. Greenes[Gre73] 提出，它效仿了一个称为 "中国环" 的非常古老且著名的机械谜题。D. Singmaster 整理了大量关于 "中国环" 的文献资料 [Sin10, Sec. 7.M.1]；近期的相关资料可以参考 M. Petkovi´c 的著作 [Pet09, p. 182]。

129. Reve 之谜

答案：显然，此谜题是汉诺塔谜题的扩展，我们很自然会想到使用一个相似的递归方法。换句话说，如果 $n>2$，则使用所有 4 根木桩，递归地将 k 个最小的圆盘移动到中间的木桩上；然后参考 3 根木桩汉诺塔谜题的经典递归算法将剩下的 $n-k$ 个圆盘移动到目标木桩上（参考第 1.2 节）；最后，利用所有 4 根木桩，递归地将 k 个最小的圆盘移动到目标木桩上。如果 $n=1$ 或 2，则分别只需通过 1 次和 3 次操作就可以完成任务。可以通过参数 k 的取值来最小化算法中移动圆盘的次数。我们可以得出根据算法移动 n 个圆盘的所需次数 $R(n)$ 的递推关系：

$$R(n)=\min_{1\leqslant k<n}[2R(k)+2^{n-k}-1],\quad n>2,\ R(1)=1,\ R(2)=3$$

从 $R(1)=1$ 和 $R(2)=3$ 开始，利用递归公式可以求出 $R(3)$，$R(4)$，…，$R(8)$的值。这些值都被加粗显示在下表中。

n	k	$2R(k)+2^{n-k}-1$	n	k	$2R(k)+2^{n-k}-1$
3	1	$2\cdot1+2^2-1=\mathbf{5}$	5	1	$2\cdot1+2^4-1=17$
	2	$2\cdot3+2^1-1=7$		2	$2\cdot3+2^3-1=\mathbf{13}$
				3	$2\cdot5+2^2-1=\mathbf{13}$
4	1	$2\cdot1+2^3-1=\mathbf{9}$		4	$2\cdot9+2^1-1=19$
	2	$2\cdot3+2^2-1=\mathbf{9}$			
	3	$2\cdot5+2^1-1=11$			

n	k	$2R(k)+2^{n-k}-1$	n	k	$2R(k)+2^{n-k}-1$
6	1	$2\cdot1+2^5-1=33$	7	1	$2\cdot1+2^6-1=65$
	2	$2\cdot3+2^4-1=21$		2	$2\cdot3+2^5-1=37$
	3	$2\cdot5+2^3-1=\mathbf{17}$		3	$2\cdot5+2^4-1=\mathbf{25}$
	4	$2\cdot9+2^2-1=21$		4	$2\cdot9+2^3-1=\mathbf{25}$
	5	$2\cdot13+2^1-1=27$		5	$2\cdot13+2^2-1=29$
				6	$2\cdot17+2^1-1=35$

n	k	$2R(k)+2^{n-k}-1$
8	1	$2\cdot1+2^7-1=129$
	2	$2\cdot3+2^6-1=69$
	3	$2\cdot5+2^5-1=41$
	4	$2\cdot9+2^4-1=\mathbf{33}$
	5	$2\cdot13+2^3-1=\mathbf{33}$
	6	$2\cdot17+2^2-1=37$
	7	$2\cdot25+2^1-1=51$

因此，根据上述计算，有多种方法可以在 33 次操作之内完成 8 个圆盘的移动。尤其当圆盘数为 8 时，在算法的每次迭代中总可以使用 $k=n/2$。

评论：上述解决方案背后的主要算法思想为**减而治之**策略。这里的算法在每次迭代中都明确地寻求让尺寸减少的最佳办法。

法国数学家 Édouard Lucas 于 1889 年提出了包含 3 根以上木桩的汉诺塔谜题的扩展。在此几年之前，也正是他发明了最初的 3 根木桩的版本。此谜题以"瑞夫谜题"的名称首次出现在 Henry E. Dudeney 的第一部谜题书《坎特伯雷谜题》（*The Canterbury Puzzles*）[Dud02] 中，他同时给出了当 n 分别等于 8、10 和 21 时的解决方案。后来，通过对上述算法更加详细的分析研究出了计算分割参数 k 最优值的公式，例如 Ted Roth[Schw80, pp. 26—29] 提出的方法：

$$k = n - 1 - m, \quad m = \left\lfloor \left(\sqrt{8n-7} - 1 \right)/2 \right\rfloor$$

$$R(n) = [n - 1 - m(m-1)/2] 2^m + 1$$

Michael Rand[Ran09] 将其进一步简化，得到如下公式：

$$k = n - \left\lfloor \sqrt{2n} + 0.5 \right\rfloor$$

Frame-Stewart 算法是对上述算法的扩展，适用于木桩数量为任意值的情况。该算法被认为是对任意数量木桩的最佳解法，但这一推断并没有被证实。另外的一些介绍可以参考 David Singmaster 的注解文献 [Sin10, Section 7.M.2.a]。

130. 毒酒

答案：（a）可以通过下面介绍的方法找出有毒的酒桶。用 0~999 对 1000 个酒桶进行编号，并用长度为 10 的位串表示这些编号。如编号为 0 的酒桶可以用 0000000000 来表示，而编号为 999 的酒桶可以用 1111100111 来表示。让第一个奴隶喝所有最右边位为 1 的酒桶中的酒，第二个奴隶喝所有最右边倒数第二位为 1 的酒桶中的酒，以此类推，直到第十个奴隶喝所有最左边位为 1 的酒桶中的酒为止。由于稀释并不会影响毒酒的毒性，就算每个奴隶喝了由很多酒混合而成的"鸡尾酒"，但只要分配给奴隶的酒中含有毒酒，也是致命的。30 天后，可以根据酒桶的二进制编号通过以下方式找出有毒的酒桶：如果第 i（$1 \leq i \leq 10$）个奴隶中毒而死，因为他喝了所有的最右边第 i 位为 1 的酒桶中的酒，可以将有毒酒桶的二进制编号的第 i 位设为 1，否则设为 0。举例来说：假设 30 天后，只有第 1、3 和 10 个奴隶死于毒酒，那么有毒酒桶的编号为 $2^0 + 2^2 + 2^9 = 517$。

（b）如果在只牺牲 8 个奴隶的前提下，找出有毒的酒桶，国王可以将所有酒桶分成 4 组，每组 250 个酒桶。由于 $2^8 > 250$，按照类似于（a）题阐述的算法流程，使用 8 个奴隶就可以在 30 天内完成对一组酒桶的测试。由于毒酒在第 30 天才会杀死中毒的奴隶，国王可以每隔一天让奴隶喝另一组酒桶中的酒：第二天喝第 2 组酒桶中的酒，第三天喝第 3 组酒桶中的酒，第四天喝第 4 组酒桶中的酒。因为只有一桶酒是有毒的，可以通过奴隶的死亡时间判断出毒酒来自哪一组酒桶，并且可以根据死亡奴隶的特定编号进一步确定含有毒酒的酒桶。

评论： 使用二进制来表示相应的数字的方法由来已久，大约可以追溯到 500 年前（见 [Sin 10, Section 7.M.4]）。该方法与二分查找有着紧密的联系，并且有着可并行执行迭代的优点。（b）部分进一步使用了并行化的思想。

该谜题还流传着一些其他版本，如出现在 Martin Gardner 的 1965 年 11 月《科学美国人》(*Scientific American*)专栏中的谜题（在[Gar06, Problem 9.23]中重新发表过）；还有 Dennis Shasha's《Ecco 博士的电脑迷题》(*Doctor Doctor' Cyber puzzles*)中的版本[Sha02, pp. 16-22]。该谜题也曾在面试难题网站上被激烈地讨论过。

131. Tait 筹码谜题

答案： 下面是当 $n=3$ 时的解决方案。该实例的解决方案是唯一需要用到位于直线左边 4 个空格的实例，其余的都仅需使用两个空格。

```
          1   2   3   4   5   6
          B   W   B   W   B   W
      W   B   B           W   B   W
      W   B   B   B   W
  W   W   W           B   B   B
```

下面是当 $n=4$ 时的解决方案，需要注意 WBBW_BBWW 模式，该模式是进行最后两次很明显的移动的前提条件。

```
          1   2   3   4   5   6   7   8
          B   W   B   W   B   W   B   W
      W   B   B   W   B   W   B           W
      W   B   B   W               B   B   W   W
      W           W   B   B   B   B   W   W
  W   W   W   W   B   B   B   B
```

下面是当 $n=5$ 时的解决方案：

```
              1  2  3  4  5  6  7  8  9 10
              B  W  B  W  B  W  B  W  B  W
        W  B  B  W  B  W  B  W           W
        W  B  B  W           B  W  B  W  W
        W  B  B  W  W  B           B  W  W
        W           W  W  B  B  B  B  W  W
        W  W  W  W  W  B  B  B  B
```

下面是当 $n=6$ 时的解决方案：

```
              1  2  3  4  5  6  7  8  9 10 11 12
              B  W  B  W  B  W  B  W  B  W  B  W
        W  B  B  W  B  W  B  W  B  W           W
        W  B  B  W  B  W  B  W           B  B  W  W
        W  B              W  B  W  B  B  B  W  W
        W  B  B  W  W  B           B  B  B  W  W
        W           W  W  W  B  B  B  B  B  W  W
        W  W  W  W  W  W  B  B  B  B  B  B
```

下面是当 $n=7$ 时的解决方案：

```
              1  2  3  4  5  6  7  8  9 10 11 12 13 14
              B  W  B  W  B  W  B  W  B  W  B  W  B  W
        W  B  B  W  B  W  B  W  B  W  B  W           W
        W  B  B  W  B  W           B  W  B  W  B  W  W
        W  B  B  W  B  W  W  B           B  W  B  W  W
        W  B  B  W           W  B  B  B  B  W  B  W  W
        W  B  B  W  W  W  W  B  B  B           B  W  W
        W           W  W  W  W  B  B  B  B  B  B  W  W
        W  W  W  W  W  W  W  B  B  B  B  B  B  B
```

从 $n \geqslant 8$ 时开始，可以通过将给定实例的大小减少为 $n-4$，来得到一个递归解决方案。前两次操作将筹码排列转换成由四部分组成的序列：WBBW+两个空位+$2n-8$ 任意排列的筹码+BBWW：

```
  1 2 3 4 5 6 7 8      2n-5 2n-4 2n-3 2n-2 2n-1  2n
  B W B W B W B W ···  B    W    B    W    B     W
W B B W B W B W B W ···  B    W    B               W
W B B W [ B W B W ··· B    W ]  B    B         W  W
```

$2n-8$ 个任意排列的筹码与其前面两个空位重新构成了一个规模为 $n-4 \geq 4$ 的谜题。在应用递归得到解决方案（最后有两个空格）之后，只需再进行两次操作就可以完成规模为 n 的实例的解决方案。

```
       1  2  3  4  5  6        2n-5 2n-4 2n-3 2n-2 2n-1  2n
   W   B  B  W [W  … W  B  … B]           B     B    W    W
   W         W  W  … W  B  … B  B        B     B    W    W
   W  W  W  W  W  … W  B  … B  B        B     B    B
```

上述算法通过 n 次操作解决了含有 $2n$ 个筹码的实例。可以通过数学归纳法或递归算法轻易地证明这个算法的正确性，递归算法的公式为 $M(n)=\begin{cases} M(n-4)+4, & n>7, \\ n, & 3 \leq n \leq 7. \end{cases}$

评论：上述算法采用了**减而治之（减 4）**策略。

许多出版物对该谜题及其变形进行过讨论和研究，可以在 D. Singmaster 的注解文献中找到这些出版物的列表[Sin10, Section 5.O]。最早讨论该谜题的是 1884 年出版的 P. G. Tait 的论文；一些学者将这个谜题的普遍解法归功于 Henri Delannoy，他既是一名法国军官，同时还是一位数学家。

132. 跳棋军队

答案：（a）为了能将其中一个跳棋移动到分割线之上的第 3 行，很自然地想到先将该方案整体向上移动一行之后，再用一个已知的棋子放置方案：该方案能够将其中的一个跳棋向上移动两行（如图 4.88a 所示）。上述方案中 8 个跳棋时的初始放置情况如图 4.88b 所示。图 4.88c 给出了另一种将 8 个跳棋中一个跳棋移动到分割线之上第三行的初始放置方案。

（b）很自然会想到利用（a）题提出的解决方案来解决这个问题：通过将（a）题 8 个跳棋的解决方案中的所有跳棋整体向上移动一行，然后找出使用 20 个跳棋得到上述方案的初始放置方案。图 4.89 描述了这种方案的操作步骤，图 4.89a 展示了从（a）题解决方案中得出的跳棋放置方案，该方案能够将其中的一个跳棋根据规则移动到图中标记有×符号的方格上。将 8 个跳棋放置方案中的方格分成 5 个区域，用 1—5 对方格进行编号，每个区域由拥有相同编号的方格组成。图 4.89b 呈现了一个可以解决该问题的 20 个跳棋的放置方案，可以由图 4.89a 中的放置方案转换得到。图 4.89b 中的跳棋放置方案由 5 个区域组成，所有拥有相同编号的方格组成一个区域。图 4.89b 中编号为 "1" 和 "2" 区域中的跳棋经过转换后移动到图 4.89a 中编号为 "1" 和 "2" 的区域，图 4.89b 中编号为 "3" 区域中的 8 个跳棋经过转换后移动到图 4.89a 中编号为 "3" 的 4 棋子区域中，依次类推。

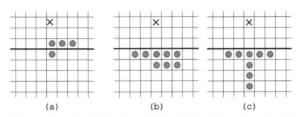

(a) (b) (c)

图 4.88　（a）描述中间过程布局（×表示目标方格），（b）和（c）描述 8 个跳棋完成目标的初始布局

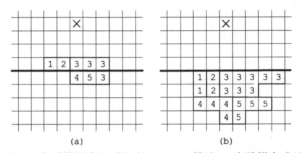

(a) (b)

图 4.89　（a）描述 8 个跳棋的中间过程布局，（b）描述 20 个跳棋完成目标的初始布局

20 个跳棋的放置方案并不是唯一的，Beasley[Bea92, p. 212]提出了另外两种方案，如图 4.90 所示。

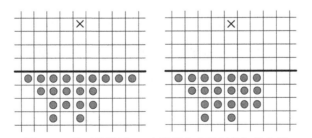

图 4.90　另两种通过 20 个跳棋完成目标的初始布局

评论：上述方案主要是基于**变而治之**的策略，启发自**分治**的思想。

我们没有要求读者去证明谜题中所给的跳棋数量是达到特定行所需的最少跳棋数。如果需要证明该论断，需要借助于一个叫做资源计数或塔函数的特定函数，

J. H. Conway 和 J. M. Boardman 于 1961 年设计了该函数[Bea92, p. 71]。资源计数是一种函数，为棋盘上的每一个方格赋予一个权值，对于任意一个根据规则进行移动的跳棋，移动之后所有被占用的方格的权值之和小于等于移动之前所有被占用的方格的权值之和。在资源计数有无限多种可能的情况下，J. D. Beasley 在[Bea92, p. 212]中给出了其中一种，如图 4.91 所示。它证明了在跳棋个数少于 8 个的情况下，不可能将其中一个跳棋根据规则移动到分割线之上第 3 行（该命题基于这样一个假设：对于分割线之下的方格，图中没有显示权值的都默认是 1，并且分割线之上的方格的权值等于该方格正下方两个方格的权值之和。权值

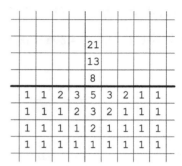

图 4.91　资源计数证明到达分割线之上第三行至少需要 8 个跳棋

21 被赋予分割线之上第三行中的方格，即该谜题中跳棋的目标方格）。由于对分割线下任意一组由 7 个或更少方格组成的方格组，资源计数的值小于等于 5·1+3·3+2·3=20，所以不论将分割线下的 7 个或更少跳棋如何放置，都不可能将其中的一个跳棋移动到目标方格中，即资源计数为 21 的方格。

　　关于资源计数最惊人的应用可以认为还是出自 J. H. Conway 自己，他于 1961 年证明了任意数量的跳棋都不可能达到分割线之上第 5 行中的方格。为了证明这个违背直觉的事实，Conway 使用到 $(\sqrt{5}-1)/2$ 的幂级数，$(\sqrt{5}-1)/2$ 是所谓的黄金比例 $(\sqrt{5}+1)/2$ 的倒数。关于这个著名的证明的细节，可以参考 Conway 参与编写的数学游戏经典书籍[Ber04]，也可以在一些网站上找到（这个谜题还有一些其他的名称，如 "Conway 的士兵" 和 "向沙漠派遣侦察兵"）。J. Tanton 使用基于斐波纳契数列的资源计数对该命题进行证明，并得出了相同的结论[Tan01, pp. 197~198]。

133. 生命的游戏

　　答案：图 4.92 描述了规模最小的静止的生命（"块" 或者 "缸"）布局、振荡器（"眨眼"）布局和太空飞船（"滑翔者"）布局。

　　评论：这个谜题要求读者找到输入，通过谜题的算法可以获得指定的输出。

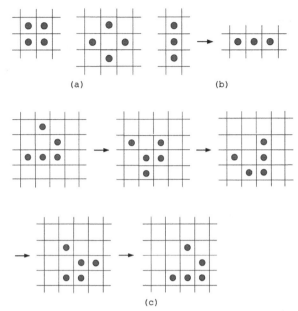

图 4.92　生命的游戏的布局：（a）"块"和"缸"，（b）"眨眼"，（c）"滑翔者"，
在第四代向右下方沿对角方向移动一格

英国数学家 John Conway 在 1970 年时设计了"生命游戏"。Martin Gardner 在他的
《科学美国人》（*Scientific American*）中介绍了该谜题[Gar83, Chapters 20—22]，使其广
为流行。可以从一些致力于该谜题的网站中看出，人们对该谜题仍然有着极大的兴趣。
我们可以从以下几方面分析谜题的有趣之处：首先，Conway 制定的简单的规则使谜题
中能够产生许多令人着迷且难以预料的布局；其次，该游戏可以用来作为一种通用的计算
机模型[Ber04, Chapter 25]，引出从进化的机理到宇宙的本质等深奥的问题。

134. 点着色

答案：可以用下面介绍的递归算法解决这个问题。如果 $n=1$，可以将点涂上黑白
任意一种颜色，比方说黑色。如果 $n>1$，按下面介绍的方法进行操作。选择一条包含
给定奇数个点的直线 1（竖直或者水平直线）；如果没有符合条件的直线，任意选择一
条直线，要求直线上至少有一个给定的点。在直线 l 上选择一个点 P，根据谜题的要
求将除 P 之外的点都涂上颜色，可以证明总是能把 P 涂上色来满足题目的要求。设 m
为另一条穿过点 P 的网格线，如果直线 l 和 m 上涂色的点数都为偶数，刚好有一半的
点被涂上黑色，另一半的点被涂上白色，那么，可以将 P 涂成黑白任意一种颜色。如
果直线 1 和 m 中，一条直线上涂色的点数为偶数，另一条直线上涂色的点数为奇数，

那么应该将 P 涂成相应的颜色以使含有奇数涂色点直线上的黑白颜色点数相等。如果直线 l 和 m 上涂色的点数都为奇数，且两条直线上都是同一种颜色点的数量比另一种颜色点的数量多一，那么应该将 P 涂成相应的颜色以使两条直线上的黑白颜色点数相等。

最后，我们需要证明下面的命题：如果直线 l 和 m 上涂色的点数都为奇数，在直线 l 上一种颜色（比方说黑色）出现的次数较多，而在直线 m 上另一种颜色（比方说白色）出现的次数较多的情况是不可能的。事实上，在这种情况下，直线 l 上所有点的数目将为偶数（奇数个涂上颜色的点加上点 P）。鉴于直线 l 的选择方式，我们可以总结出对于任意含有偶数点的直线，除直线 l 和 m 之外，每条直线上都有一半的点被涂成黑色，另一半的点被涂成白色。但如果将直线 l 以及所有与直线 l 平行的直线上的涂色点的数量相加，计算每种颜色点的总数，将得出黑色点的总数比白色点的总数多 1 的结论；又或者将直线 m 以及所有与直线 m 平行的直线上的涂色点的数量相加，计算每种颜色点的总数，将得出白色点的总数比黑色点的总数多 1 的结论。这个矛盾完成了对算法正确性的证明。

评论： 该问题被选为第 27 届国际数学奥林匹克竞赛的参赛题目，出现在 1986 年 12 月发行的 *Kvant* 中。该期刊为专注于物理与数学领域的苏联期刊，专门面向在校学生和老师（Problem M1019, p. 26）。上述由 A. P. Savin 总结出的解决方案刊登在 1987 年 4 月刊上（pp. 26—27）。用专业术语来说，该解决方案基于减一策略，该策略是从**减而治之**策略变化出来的。

135. 不同的配对

答案： 有很多方法可以有效地产生 $2n-1$ 组不同的配对，下面介绍其中一种。为方便起见，从 1 到 $2n$ 对小朋友们进行编号，并将这些编号写入一个 $2 \times n$ 的表格中。将表格每一列里的两个编号组成一对，这样可以获得第一组配对方案。然后旋转（比如说，按顺时针方向）所产生的表格中所有的编号，但编号 1 保持不动。图 4.93 描述了当 $n=3$ 时的操作情况。

1	2	3
6	5	4

1	6	2
5	4	3

1	5	6
4	3	2

1	4	5
3	2	6

1	3	4
2	6	5

图 4.93　3 对小朋友的 5 种配对方案

该算法的另一种描述方法是将 1 记为圆心，用 $2n-1$ 个等距离的点对圆周进行划分，并从 2 到 $2n$ 顺时针对这些点进行编号。通过下面的方法可以得到一种配对方案，穿过圆心和圆周上的一个点画一直径，两个点组成一对，然后通过与此直径相互垂直的弦获得剩下的 $n-1$ 对，图 4.94 举例说明了当 $n=3$ 时的情况。接下来只需不断地旋转直径，圆心与新圆周上的点组成新的一对，其余的 $n-1$ 对通过新产生的弦获得。

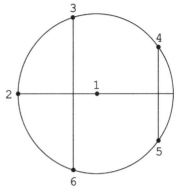

图 4.94　当 $n=3$ 时配对的几何解法

评论：该算法可以看做是基于**表示变更**策略。

上述两种解决方案都来自 Maurice Kraitchik 发表在《数学娱乐》（*Mathematical Recreations*）中的文章[Kra53, pp. 226～227]。当然，该问题也可以看做对有 n 个选手参与的循环赛进行赛事安排的另一种说法。

136. 抓捕间谍

答案：由于在 $t=0$ 时，间谍位于位置 a，且每个时间间隔移动 b 个单位，因此，在时间 t 时，可以用公式 $x_{ab}(t)=a+bt$ 来计算间谍所在的位置。因此，解决该问题的算法需要列举所有 (a, b) 整数对序列，并根据相应的 (a, b) 值，使用上述公式计算并检查在连续的时间间隔 $t=0,1,\cdots$ 间谍的位置。参数 a 和 b 用来定义间谍的移动，不论取值如何，在有限的操作之后，该算法能够根据 (a, b) 组合计算出间谍的最终位置。显然，如果当 $t=0$ 时间谍在位置 0，那么只要在 $t=0$ 时检查位置 0，不论 b 的值是多少，都能找出该间谍。也就是说，当 $t=0$ 时，只需要检查 $(0, 0)$，而不需要检查其他的 $(0, b)$ 组合。

有多种方法可以用来列举整数对 (a, b)，例如，可以将 (a, b) 看做笛卡尔平面中的整数点，并通过从 $(0, 0)$ 开始螺旋移动来列出所有可能的 (a, b)，如图 4.95 所示。根据公式和平面上的点，可以计算间谍的位置：

$$0+0 \cdot 0 = 0, \quad 1+0 \cdot 1 = 1, \quad 1+1 \cdot 2 = 3, \quad -1+1 \cdot 3 = 2,$$

$$-1+0\cdot4=-1,\quad -1-1\cdot5=-6,\quad 1-1\cdot6=-5\ldots$$

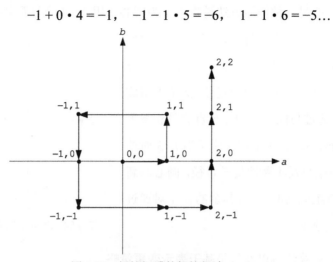

图 4.95　抓捕间谍的螺旋解法

同时，也可以使用数学集合论中的标准列举方法。该方法将组合（a,b）看成无穷矩阵 X 中的一个元素，矩阵的行和列与 a（$a=0,\pm1,\pm2,\cdots$）和 b（$b=0,\pm1,\pm2,\cdots$）的不同取值相对应，如图 4.96 所示。该方法以图中东北至西南方向对角线的顺序列出矩阵中的元素。

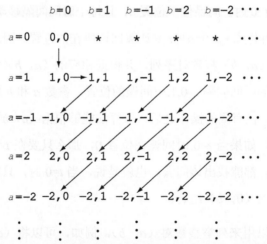

图 4.96　抓捕间谍的矩阵解法，第一行中除 x_{00} 之外的所有元素都用*表示，是由于算法中不需要用到这些元素

通过上述算法得出一系列试探位置开始如下：

$$0+0\cdot0=0,\quad 1+0\cdot1=1,\quad 1+1\cdot2=3,\quad -1+0\cdot3=-1,$$

$$1 + (-1) \cdot 4 = -3, \quad -1 + 1 \cdot 5 = 4, \quad 2 + 0 \cdot 6 = 2.$$

评论：第一个解决方案是来自詹姆斯麦迪逊大学的 Stephen Lucas 提出的，他同时也是本书的审稿人之一。该方案比作者提出的基于无穷矩阵的对角线列举方案更加简单。

用专业术语来说，上述解决方案可以看做**表示变更**策略的案例。

笔者是在阅读由微软研究院 K. R. M. Leino 整理的网络谜题集锦[Leino]时看到该谜题的。他们无法考证该谜题的初始出处，从谜题的主题来看，这也难怪。

137. 跳跃成对 II

答案：当且仅当 n 为 4 的倍数时，该谜题有解。

显然，当硬币数为奇数时，该谜题无解，因为最终目标是将所有硬币以成对的方式进行放置，这就要求硬币总数必须为偶数。此外，还要求 n 必须是 4 的倍数，可以通过下面的方法来证明：首先考虑最后一次操作之前所有硬币的摆放情况——已经有（$n-2$）枚硬币成对放置，在剩下的另外两枚硬币中，其中的一枚硬币需要跃过偶数枚硬币，并落在另一枚硬币上。硬币需要在第 $i(1 \leqslant i \leqslant n/2)$ 次操作时跃过偶数枚硬币，所以当且仅当 i 为偶数时，对于最后一次操作，即 $n/2$ 必须为偶数，这就意味着 n 必须是 4 的倍数。

我们可以通过逆向思维来设计算法。首先考虑谜题的目标状态，即 $n(n=4k,\ k>0)$ 枚硬币都已成对摆放，并按从左至右的顺序依次对硬币对从 1 到 $n/2$ 进行编号。为了能够达到谜题初始时 n 枚硬币排成一行的状态，取出编号为 $n/4+1$ 的硬币对的顶部硬币，跃过左边所有的 $n/2$ 枚硬币到左边；然后取出编号为 $n/4$ 的硬币对的顶部硬币，跃过所有的 $n/2-1$ 枚硬币到左边；依此类推，不断地从硬币对顶部取出硬币，跃过其左边的所有硬币到左边，直到最左边硬币对的顶部硬币跃过 $n/4$ 枚硬币到左边。然后，从剩下的硬币对的最左边（编号为 $n/4+2$）开始到最右边（$n/2$）为止，不断地取出硬币对的顶部硬币，依次跃过 $n/4-1$，…，1 枚硬币到左边。需要将顶部硬币单独放置，注意移动过程中应当忽视相邻硬币之间的空隙。

反转上面的过程，得到下面的方法，对排成一行、自左向右从 1 到 n 编号的 n

枚硬币进行组对。首先，当 $i=1$，2，…，$n/4-1$ 时执行下面的操作：对于最右边的单枚硬币，在其左边找出一枚硬币，要求两枚硬币之间相隔 i 枚硬币，然后将符合条件的硬币放到最右边的硬币上面。接下来，当 $i=n/4$，$n/4+1$，…，$n/2$ 时执行以下操作：移动最左边的单枚硬币，使其跃过 i 枚硬币后落在另一枚单枚硬币上。图 4.97 展示了当 $n=8$ 时该算法的具体操作步骤。

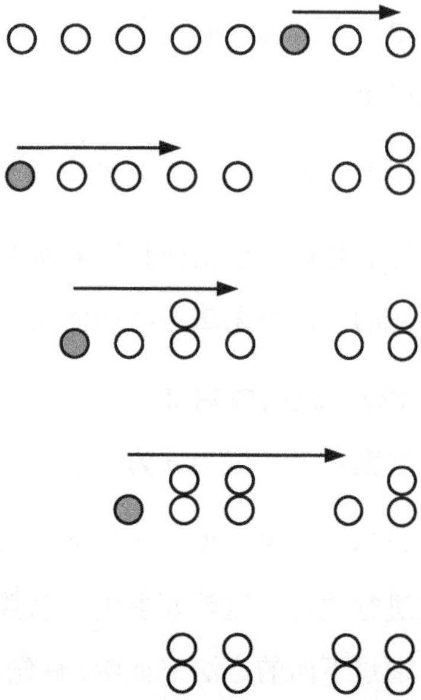

显然，使用此算法能够通过最少的步骤完成目标，因为在操作过程中，每一步操作都会产生新的硬币对。

评论：此谜题的解决方案为逆向思维的一个很好的实例，它在算法设计中有时很有用。

图 4.97　跳跃成对 II 谜题中 $n=8$ 时的解决方案，灰色表示需要跳跃的硬币

Martin Gardner 认为此谜题及其解决方案最初由 W. Lloyd Milligan 提出（见[Gar83, pp. 172, 180]）。

138. 糖果分享

答案：设 i 和 j 分别为一个小朋友及其右边相邻的小朋友在吹哨之前各自持有的糖果数量。在吹哨之后，之前持有 i 个糖果的小朋友将会有 i' 个糖果，可以通过下面的公式计算 i' 的值：$i'=\begin{cases} i/2 + j/2, & \text{如果值为偶数} \\ i/2 + j/2 + 1, & \text{其他} \end{cases}$

根据上述公式，如果 $i=M$（M 是初始时的最大糖果数），那么 $i' \leqslant M$。因此，任何小朋友所持有的糖果数量都不会超过 M。接下来，设吹口哨之前小朋友所持有的最少的糖果数为 m，口哨吹响之后，每个小朋友将最少持有 $m/2+m/2=m$ 个糖果；此外，吹哨之后，每个小朋友将最少持有 $m+1$ 个糖果，除非该小朋友及其右边相邻的小朋友在口哨吹响之前都只有 m 个糖果。更概括地说，如果有 $1 \leqslant k < n$ 个持有 m 个糖果的小朋友相邻而坐，而逆时针方向第（$k+1$）个小朋友所持有的糖果数

大于 m，口哨吹响之后，前 $k-1$ 个小朋友依然持有 m 个糖果，但第 k 个小朋友所持有的糖果数将大于 m。因此，经过 k 次迭代之后，小朋友们所持有的最少糖果数量将会变大。根据前面的描述，每个小朋友所持有的糖果数量是有上限的，因此，通过对小朋友糖果分享操作的有限次迭代，每个小朋友最终会拥有相同数量的糖果。

评论：此谜题利用了单变量思想，即将吹哨之前所有小朋友持有糖果的最少数量作为单变量（在本书概览部分的算法设计技术章节中讨论过单变量的概念）。

此谜题相当知名，曾被作为考题出现在 1962 年奥林匹克竞赛和 1983 年的列宁格勒全城奥数中。G. Iba 和 J. Tanton 的论文[Iba03]中还介绍了有关此问题的一些变形。

139. 亚瑟国王的圆桌

答案：因为每个骑士至少有 $n/2$ 个朋友，那么他的仇敌的数目不会超过 $n-1-n/2=n/2-1$。如果 $n=3$，则每位骑士都是另外两位骑士的朋友，那么他们可以按任意的顺序入座。对于 $n>3$ 的情况，可以先让骑士任意入座，然后统计为仇敌关系的相邻骑士对的数目。如果数目为 0，那么骑士的座位安排工作就完成了；如果数目不为 0，可以用下面的方式每次减少 1：骑士 A 和 B 为相邻而坐的仇敌，B 坐在 A 的左边（如图4.98 所示）。存在骑士 C 是 A 的朋友，骑士 D 是 B 的朋友，D 坐在 C 的左边（如果不存在，那么与 B 互为仇敌的骑士数目将至少为 $n/2$）。现在可以将 B 和 C 之间的骑士位置（包括 B 和 C）按顺时针方向进行互换（如图 4.98a 中的箭头所示），互换之后，新的座位安排中为仇敌关系的相邻骑士对的数目至少会减少 1（如图 4.98b 所示）。

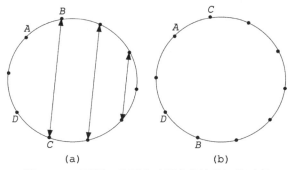

图 4.98　亚瑟国王的圆桌谜题中的迭代调整过程

评论：该谜题的介绍和解决方案源自 1989 年出版的 *Kvant* 中的文章[Kur89]（我们把骑士数目须为偶数的假设给省略了，这个假设并不必要）。值得注意的是，该谜题的解决方法来自狄拉克定理：对于任意包含 $n(n \geq 3)$ 个顶点的图，如果每个顶点的度至少为 $n/2$（与该顶点相连的顶点数数目），那么该图拥有 Hamilton 回路。此谜题中，可以将骑士看成图的顶点，当且仅当两个骑士为友好关系时，代表骑士的两个顶点才是相连状态。

140. 重温 n 皇后问题

答案：图 4.99 描述了当 $n=4$ 时的解决方案，我们可以从中找出当 n 为其他任意偶数时解决方案的基本结构。对于前 $n/2$ 列，分别将皇后放在第 2，4，…，$n/2$ 行，对于后 $n/2$ 列，分别将皇后放在第 1，3，…，$n-1$ 行。这个方法不仅对任意的 $n=4+6k$ 有效，对任意的 $n=6k$ 也有效（如图 4.99b 所示）。同时，由于这些方法都没有将任何一个皇后放置在主对角线上，我们可以对该方法进行扩展，在最后一列的最后一行放置一个皇后，这样就得出 n 的下一个取值的解决方法（如图 4.99c 中的案例所示）。

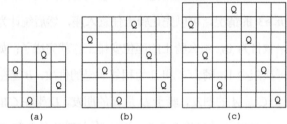

图 4.99 n 皇后问题的解决方案：(a)$n=4$，(b)$n=6$，(c)$n=7$

不幸的是，上述方法并不适用于 $n=8+6k$ 时的情况。可以按上述方法将皇后放置在棋盘上，然后进行重新排列，先从前 $n/2$ 列的奇数行上的皇后开始，接着再排列偶数行上的皇后，这样会更简单些。通过交换第 1 列和第 $n/2-1$ 列上的皇后的行数以及第 $n/2+2$ 列和第 n 列上的皇后的行数（如图 4.100a 中当 $n=8$ 时的案例所示），就有可能获得一个非攻击位置。由于此种方法没有将皇后放置在主对角线上，可以将此种方法进行扩展，得到当 $n=9+6k$ 时的解决方案，只需在更大的棋盘上的最后一列的最后一行上放置一个皇后（如图 4.100b 所示）。

这样，我们可以总结出下面的算法，根据该算法计算出的行号，在一个 $n \times n$ 棋盘的连续的列上成功地放置 $n(n>3)$ 个皇后。

计算 n 除以 6 之后的余数 r 的值：

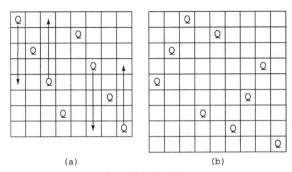

图 4.100　n 皇后问题的解决方案：(a)n=8，(b)n=9

情形 1($r \neq 2$ 且 $r \neq 3$)：将 2~n 之间的连偶数写在列表上（包括 2 和 n），把它们加到 1~n 之间的连续奇数（包括 1 和 n）之后。

情形 2($r=2$)：将 1~n 之间的连续奇数写在列表上（包括 1 和 n），并将第 1 个和倒数第 2 个数交换；接着在后面写下 2~n 之间的连续偶数（包括 2 和 n），然后交换编号 4 和扩展列表中的最后一个号码。

情形 3($r=3$)：按照情形 2 中的步骤进行操作，需要将 n 换成 n-1，最后把 n 添加到列表的后面。

评论：上述算法遵循了 D. Ginat 所述方法的基本轮廓[Gin06]，将皇后放置于棋盘中每一列第一个可用的方格中，这还是比较容易理解的。算法中较难的部分主要是对于一些 n 的取值，必须从第一列的第二个方格开始放置，且对于一些 n 的取值，需要调换两对皇后，以满足非攻击的要求。同样值得注意的是，事实上，当 n 为奇数时，n×n 棋盘的解决方案是作为(n-1)×(n-1)棋盘解决方案的扩展而获得的。

n 皇后问题是趣味数学中最著名的谜题之一，并且从 19 世纪中叶起就引起了数学家们的注意。当然，对于解决该谜题的高效算法的探索起步就晚多了。在一系列方法中，如本书第 1.1 节所述，使用回溯法解决该谜题，已经成为在算法教科书中介绍该技巧的一个标准方法。从教育角度来讲，理论上，通过回溯法能够找出问题的所有解决方案。如果只要求找出一个解决方案，可以使用更简单的方法。J. Bell 和 B. Stevens[Bel09]的研究报告中包含了至少 6 组公式，可以用来直接计算皇后的位置，其中包括最早的由 E. Pauls 于 1874 年发表的方法。令人惊讶的是，在 B. Bernhardsson[Ber91]警告大家该方法的存在之前，这个方法一直被计算机科学家们所忽略。

141. 约瑟夫问题

答案：设 $J(n)$ 为幸存者的编号。简便起见，可以将 n 的奇数和偶数情况分开考虑。当 n 是偶数时，即 $n=2k$，经过第一轮淘汰后，只是将该问题的规模缩减为原来的一半，唯一的区别是成员的位置编号。例如，原先编号为 3 的成员在第一轮淘汰之后将站在编号为 2 的位置，原先编号为 5 的成员将站在编号为 3 的位置，依此类推。因此，可以通过将成员的新编号乘 2 减 1 得到该成员最初的编号。特别是对幸存成员，可以通过下面的公式获得最初的编号：

$$J(2K)=2J(k)-1$$

接下来分析当 $n(n>1)$ 为奇数时的情况，即 $n=2k+1$。第一轮会将所有处于偶数编号位置的成员淘汰。如果随后把编号 1 位置的成员也淘汰掉，那么问题的规模将为 k。可以将新的编号乘 2 加 1 来获得原来的位置编号。因此，当 n 为奇数时，使用以下公式：

$$J(2K+1)=2J(k)+1$$

为了找到一个显式的公式来表示 $J(n)$，将遵循[Gra94, Section 1.3]中概括的方法。利用 $J(1)=1$ 这一初始条件及上述关于 n 分别为奇数和偶数时的分析，可以计算出当 $n=1$，2，…，15 时的 $J(n)$ 的取值：

n	1	2	3	4	5	6	7	8	9	10	11	12	13	14	15
$J(n)$	1	1	3	1	3	5	7	1	3	5	7	9	11	13	15

仔细观察这些值，不难发现 n 的取值在两个连续整数的 2 次幂之间时，即 $2^p \leqslant n < 2^{p+1}$ 或 $n=2^p+i$，$i=0$，1，…，2^p-1，相应的 $J(n)$ 取值为 $1 \sim 2^{p+1}-1$ 范围内的奇数值。可以用下面的公式表示这个规律：

$$J(2^p+i)=2i+1, \quad i=0，1，…，2^p-1$$

可以使用数学归纳法证明对于任意的非负整数 p，上述公式可以有效地解决约瑟夫问题的递归。对于基准值 $p=0$，可以求出 $J(2^0+0)=2 \cdot 0+1=1$ 作为初始条件。假设对于给定的非负整数 p 和任意值 $i=0$，1，…，2^p-1，都有 $J(2^p+i)=2i+1$，我们需要证明

$$J(2^{p+1}+i)=2i+1, \quad i=0, \ 1, \ \cdots, \ 2^{p+1}-1$$

如果 i 为偶数，可以用 $2j$ 来表示（$0\leqslant j<2^p$），然后运用数学归纳法的假设，可以得到

$$J(2^{p+1}+i)=J(2^{p+1}+2j)=J(2(2^p+j))=2J(2^p+j)-1$$
$$=2(2j+1)-1=2i+1 \text{。}$$

如果 i 为奇数，可以用 $2j+1$ 来表示（$0\leqslant j<2^p$），然后运用数学归纳法的假设，可以得到

$$J(2^{p+1}+i)=J(2^{p+1}+2j+1)=J(2(2^p+j)+1)=2J(2^p+j)+1$$
$$=2(2j+1)+1=2i+1 \text{。}$$

最后，也可以通过将 n 的二进制表示进行一位循环左移得到 $J(n)$ 的值[Gra94, p. 12]。例如，当 $n=40=101000_2$ 时，$J(101000_2)=10001_2=17$。同时，也可使用[Weiss] 中提及的公式

$$J(n)=1+2n-2^{1+\lfloor \log_2 n \rfloor}$$

求出 $J(n)$ 的值。同样以 n 的取值等于 40 为例，代入公式计算得 $J(40)= 1+2 \cdot 40 -2^{1+\lfloor \log_2 40 \rfloor}=17$ 。

评论： 此谜题根据犹太历史学家 Flavius Josephus 命名，他参加并记录了公元 66～70 年犹太人反抗罗马统治的战役。作为一位军官，Josephus 坚守要塞约塔巴他 47 日，在城池被攻陷后，他和他的 40 个战友被罗马军队包围在洞中，他们讨论是 自杀还是被俘，最终决定自杀。Josephus 提议大家围成一个圈，然后在圆圈内每到 第三个人就杀死那人，直至剩下一人，最后剩下的士兵需要杀死自己。Josephus 设 法使自己站在能够幸存的位置上，当最后只剩下他和另外一个人活着的时候，他说 服将被杀死的士兵一起向罗马军队投降。

此谜题讨论的是从每两个人中淘汰一人的版本，这使问题更加地简单。对于其 他的变形及历史参考，可以阅读 David Singmaster 的注解文献[Sin10, Section 7.B] 及其他一些描述不尽详细的来源：如 Ball 与 Coxeter 所著的书籍[Bal87, pp. 32—36]。

142. 12 枚硬币

答案： 如图 4.101 所示的决策树阐述了一个算法，该算法可以用三次称量找出 12 枚硬币中的假币。在决策树内，对硬币从 1 到 12 进行编号。内节点表示进行称量操作， 同时在节点里列举出将被称量的硬币。例如，根节点对应于第一次称量，将硬币 1，2，

3，4 和 5，6，7，8 分别放在天平的左右两个托盘上。根据节点的称量结果，用 <、= 和 > 标记节点与子节点之间相连的边：< 表示左边托盘中硬币的重量小于右边托盘中硬币的重量；= 表示两个托盘中硬币的重量相等；> 表示左边托盘中硬币的重量大于右边托盘中硬币的重量。叶子节点显示了最终结果：= 表示所有的硬币都是真币；如果一个数字后面紧跟 "+"，表示相应编号的硬币重量较重；如果数字后面紧跟 "–"，则表示相应编号的硬币重量较轻。内节点上方的列表显示了在称量之前可能出现的结果。例如，在第一次称量之前要么所有的硬币都是真币，要么每一枚硬币都或轻（–）或重（+）。

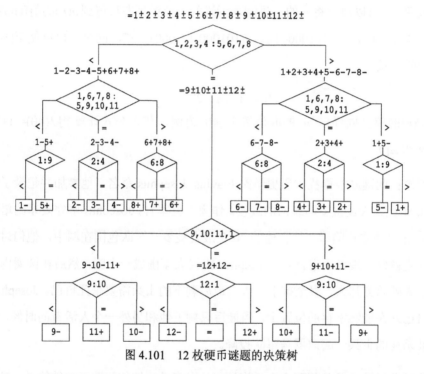

图 4.101　12 枚硬币谜题的决策树

解决该问题至少需要三次称量。与任何能够解决该问题的算法相关的决策树至少需要 2·12+1＝25 个叶子节点，正好与所有可能的结果相映射。因此，决策树的高等于在算法执行最不理想的情况下需要称量的次数 W，W 需要满足不等式 $W \geqslant \lceil \log_a 25 \rceil$ 或 $W \geqslant 3$。

评论：上述方案的魅力在于方案的对称性，即第二次称量包含相同的硬币，如果第一次称量时天平发生倾斜，不管朝哪个方向倾斜，那么，第二次称量都会用到相同的硬币，且随后的一轮称量会包含相同的硬币对。事实上，该问题有一个完全非适应性的解决方案，即第二次在天平上放哪些硬币进行称量并不依赖于第一次称量结果，且第三次称量哪些硬币也不依赖于第一次和第二次的称量结果（见[OBe65, pp. 22—25]）。还有一些其他的解决方案，其中有一种是基于三元系统的，可以参考[Bogom]里"称重 12 枚硬币，一个奇怪的（处理选择）谜题"（*Weighing 12 coins, an Odd Ball* (A Selection of Treatments) puzzle）页中的引用。

当 $n \geq 3$ 时，该问题的普通实例的最佳算法至少需要 $\lceil \log_3(2n+3) \rceil$ 次称量。这个结论被好几个数学家独立证明，他们的成果发表在 1946 年的《数学杂志》（*Mathematical Gazette*）中。

有关这个有名的谜题的最初的报导出现在 1945 年[Sin10, Section 5.C]。应该是在第二次世界大战前夕或期间，该谜题开始流行起来。T. H. O'Beirne 在他的书中写道：曾经由于该谜题转移了过多的战时科研力量，以至于有人提议将此谜题散布到敌人的领土上以带来损害补偿[OBe65, p. 20]。从那时起，该谜题在多种谜题书和谜题网站上成为了最流行的谜题之一。

143. 被感染的棋盘

答案：n。

有多种针对 n 个被感染的方格的初始布局方案，这些方案最终都能让病毒感染整个 $n \times n$ 棋盘，图 4.102 呈现了其中的两种布局方案。

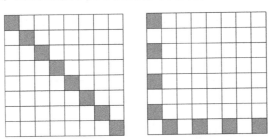

图 4.102　两种可以感染全局的初始布局方案

为了证明 n 个方格是所需的最少数量，首先要注意到当病毒在棋盘上扩散时，感染区域的总周长（一般情况下等于被病毒感染的连续子区域的周长总和）是不会增长的。确切地说，当一个新的方格被感染后，至少它的两条边界上的边被吸引到感染区域，而此时最多只有两条边会被计入到周长的计算中。因此，如果初始时被感染的方格数量小于 n，那么初始感染区域的总周长将小于 $4n$，并且当病毒传播时，周长将始终小于 $4n$。因此，周长为 $4n$ 的棋盘永远不会被全部感染。

评论：此谜题利用了本节 1.1 节中讨论迭代改进策略时提到的单变量思想，应用到此处主要是为了证明当初始时被感染的方格数量小于 n 时，病毒最终无法感染整个 $n \times n$ 棋盘。

Peter Winkler 的《数学谜题》（*Mathematical Puzzles*）[Win04, p.79]收录了此谜题。Béla Bollobás[Bol07, p.171]对该谜题的另一版本进行了研究，该版本中，感染一个新方格的前提条件是与该方格相邻的方格中至少有三个被感染。

144. 拆除方格

答案：下面将递归算法能够在拿走最少数量牙签的前提下解决该谜题，需要拿走的牙签最少数量为 $\lceil n^2/2 + 1 \rceil$ $(n > 1)$，当然，当 $n = 1$ 时，该数量为 1。图 4.103 呈现了当 $n = 1$，2 和 3 时的解决方案。

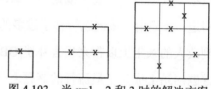

图 4.103　当 n=1，2 和 3 时的解决方案

当 $n > 3$ 时，进行下面的操作。首先考虑由给定的边长为 n 的正方形的边及其内部边长为 $n-2$ 的正方形所围成的宽度为 1 的框架。将此框架看成一个由多米诺骨牌平铺而成的多米诺骨牌环，从框架的左上角开始，逆时针移除每一根位于多米诺骨牌中线的牙签，但环中最后一张多米诺骨牌上的牙签除外。对于最后一张多米诺骨牌，移除所给正方形上侧第二根水平放置的牙签。接下来，递归的解决框架内边长为 $n-2$ 的正方形对应的谜题。

图 4.104 分析了当 n 分别为奇数和偶数时，将算法应用到 $n \times n$ 棋盘的案例。

简而言之，该算法之所以能够解决该谜题是因为用于平铺

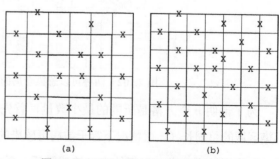

　　　　(a)　　　　　　　　　(b)

图 4.104　（a）当 n=6 时的解决方案，
　　　　　　（b）当 n=7 时的解决方案

相邻框架的多米诺骨牌的中线打断了棋盘内的直线，且仅需去掉一根牙签，就可以破坏框架的周界。我们可以使用数学归纳法轻易地将观察到的规律公式化。

多米诺骨牌算法同时产生了移除牙签的数目 $K(n)$ 的计算公式。确切地说，如果 n 是偶数，那么平面上有 $n^2/2$ 张多米诺骨牌，对于除中心 2×2 方格之外的区域，只需在每张多米诺骨牌中移除一根牙签，而在中心 2×2 方格中，需要从其中的一张多米诺骨牌上移除两根牙签。因此，当 n 是偶数时，需要移除的牙签数为 $n^2/2+1$。如果 $n>1$ 且为奇数，那么有 $(n^2-1)/2$ 张多米诺骨牌平铺成框架，对于除中心 3×3 方格之外的区域，只需在每张多米诺骨牌中移除一根牙签，而在中心 3×3 方格中，需要从其中一张水平放置的多米诺骨牌上移除两根牙签；与此同时，还要在中心 1×1 方格上移除一根牙签。因此，当 n 是奇数时，需要移除的牙签数为 $(n^2-1)/2+2=\lceil n^2/2\rceil+1$。

当 n 为偶数时，可以很轻易地证明：如果希望破坏所有方格，需要移除的牙签数最少为 $K(n)=\lceil n^2/2\rceil+1$。如果我们将平面上的方格涂上两种颜色，如国际象棋中的棋盘一样。那么会有 $n^2/2$ 个深色方格和 $n^2/2$ 个浅色方格。为了破坏由深色方格的边组成的单位正方形，至少需要移除 $n^2/2$ 根牙签，这 $n^2/2$ 根牙签同时也破坏了由浅色方格的边组成的单位正方形，不过，需要每根被移除的牙签都能够分隔一个深色方格和一个浅色方格。由于在平板的周界上不存在满足条件的牙签，所以需要多移除一根牙签，则移除牙签的最小数量为 $n^2/2+1$。如果 $n>1$ 且为奇数，有一个稍微复杂的论述（见[Gar06, pp. 31～32]）证明了使用相同的公式仍然能够计算出需要移除的牙签数量的最小值，只需将计算结果向上取整。

评论： 很显然，上述用于解决该谜题的算法基于减而治之策略。有趣的是，n=1，2，3 时的解决方案很容易让人误以为三角形数（1，3，6，10，…）会是该谜题的正确答案。

该谜题是 Martin Gardner 在 Sam Loyd 的谜题收藏集中发现的。Gardner 将该谜题发表在他 1965 年出版的《科学美国人》（*Scientific American*）专栏中，后来，该谜题被收录进他的著作《小谜题和问题的大书》（*Colossal Book of Short Puzzles and Problems*）中[Gar06, Problem 1.20]。

145. 十五谜题

答案： 按自顶向下、从左至右的顺序读取方砖的编号，可以将游戏中的每个位置与 1~15 内的数字列表相关联。目标就是通过一系列符合规则的操作将最初的列表

$$1, 2, 3, 4, 5, 6, 7, 8, 9, 10, 11, 12, 13, 15, 14 \qquad (1)$$

排列成

$$1, 2, 3, 4, 5, 6, 7, 8, 9, 10, 11, 12, 13, 14, 15 \qquad (2)$$

我们可以先考虑代表平板上的位置排列的奇偶性。一般来说，要找到排列的奇偶性，需要计算该排列的逆序数目，即排列中顺序相反的元素对的数量。例如，排列 32154 中含有 4 个逆序：（3，2）、（3，1）、（2，1）和（5，4）。由于 4 为偶数，所以排列 32154 为偶排列。由于排列 23154 含有 3 个逆序：（2，1）、（3，1）和（5，4），逆序数为奇数，所以该排列为奇排列。关于排列奇偶性有一个重要的性质：如果把排列中的两个相邻元素进行一次对换，排列的奇偶性发生改变。

回到谜题中来，可以观察到初始位置排列和目标位置排列的奇偶性相异：初始排列为奇排列，目标排列为偶排列。下面进一步探究如何通过游戏的操作来改变位置排列的奇偶性。该谜题允许两种类型的操作：即通过水平滑动和竖直滑动将方砖移动到相邻的空位。方砖的水平滑动不会改变排列及其奇偶性，而方砖的竖直滑动会引起排列中连续 4 个元素循环移位，图 4.105 展示了方砖的顺序由 j，k，l，m 变成 k，l，m，j 的情况。

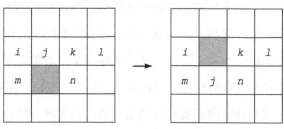

图 4.105　将方砖 j 下移后的影响

通过对 4 个元素中相邻的元素进行 3 次对换也能够得到相同的循环移位效果：

$$\ldots jklm \ldots \rightarrow \ldots kjlm \ldots \rightarrow \ldots kljm \ldots \rightarrow \ldots klmj \ldots$$

（尽管根据谜题的规则无法进行上述对换操作，但是可以据此分析竖直滑动对位置排列奇偶性的影响。）由于只要将相邻的两个数字进行一次对换就会改变排列的奇偶性，那么进行 3 次对换同样会改变排列的奇偶性。

为方便起见，可以将游戏中的操作解释成空格的一系列滑动。在此谜题中，空格在初始布局和最终布局中都处于相同的位置，因此，在解决该谜题的一系列操作中，水平滑动的次数和竖直滑动的次数应该都是偶数，只有这样才能平衡左、右滑动和上、下滑动。由于水平滑动和偶数次竖直滑动都不会改变位置排列的奇偶性，所以该谜题要有解决方案需要保证初始排列和最终排列的奇偶性相同。由于本案例中缺少这一必要条件，所以该谜题无解。

评论： 通过比较初始位置排列与最终位置排列的奇偶性解决此谜题，是不变量思想的标准应用（见概览算法分析技巧部分的讨论和案例）。如果将行号与逆序数相加，在竖直滑动一个方砖之后，所得和的奇偶性将保持不变。另一种选择是将空格看成编号为 16 的方砖。

对于奇排列，此谜题无解，而对于每个偶排列，此谜题有解，但设计一个有效的算法是一项艰巨的任务。尤其，对于 $n \times n$ 的平板，想要通过最少的操作解决此谜题会非常难（NP-完全问题）。

十五谜题，也叫做 14-15 谜题和老板谜题，是最有名的谜题之一，大部分谜题集都会收录此谜题。1880 年，该谜题在全世界范围内掀起一番狂潮，其中部分原因可能是有人悬赏 1000 美金给任何能够解开此谜题（不可解）的人。大多数人认为 Sam Loyd（1841—1911）发明了此谜题。Sam Loyd 是美国最著名的谜题设计者，同时也是一位卓越的象棋棋局设计者。然而，事实上，该谜题并非出自 Sam Loyd 之手，而是由纽约 Canastota 邮政局长 Noyes Chapman 所设计。1880 年，他曾尝试申请有关该谜题的专利，可能是由于专利内容与两年前授予 Ernest U. Kinsey 的专利有过多的相似之处，所以申请被拒绝了。可以阅读 J. Slocum 和 D. Sonneveld 的专著[Slo06]去了解该故事的细节和有关此谜题的其他情况。

146. 击中移动目标

答案： 首先，使用 $1 \sim n$ 的整数从左至右对隐藏点进行编号。对于第一枪射击点，有一个合理的选择，即射击 2 号位置（或与位置 2 相对应的位置 $n-1$），因为这些位置是唯一可以确保要么击中目标，要么确定一个让目标在第一次射击之后不能躲藏的位置（1 号位置或者相对应的 n 号位置）。先考虑目标初始位置编号为偶数时的情况，那么第一次射击之后，要么射击者击中目标，要么目标移动到一个编号为奇数且大于等于 3 的位置。因此，如果射击者第二次射击 3 号位置，要么射击者击中目标，要么目标移动到一个编号为偶数且大于等于 4 的位置，依此类推，经过连续的射击 4，5，…，$n-1$ 号位置，射击者最终会击中目标。

如果在第一次射击之前，目标所处位置编号为奇数，根据上述方法，经过 $n-2$ 次射击可能还击不中目标。因为目标的位置编号和射击点编号的奇偶性总是相反。但在对 $n-1$ 位置进行射击之后，目标会转移到一个与 $n-1$ 奇偶性相同的躲藏点。因此，接下来重复对称的位置，连续射击 $n-1$，$n-2$，…，2 位置，可以确保击中目标。

总结起来，对编号为 2, 3, …, $n-1$, $n-1$, $n-2$, …, 的位置顺序进行的 $2(n-2)$，（其中 $n>2$）次射击可以确保击中目标。当 $n=2$ 时，在同一个点射击两次就可以确保击中目标。

图 4.106 通过变换图很好地描述了上述解决方案，图中分别以 $n=5$ 和 $n=6$ 为例，标识出每一次射击之前目标可能的位置和不可能的位置。

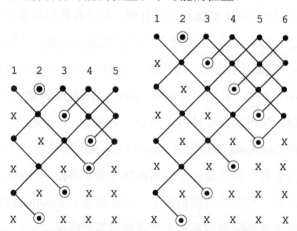

图 4.106　当 $n=5$ 和 $n=6$ 时的例证，第 i（$i=1$, …, $2n-4$）行指出了第 i 次射击之前目标可能的位置（用小黑圆圈表示）和不可能的位置（用 X 表示）；带圆圈的位置表示射击点

评论：该解决方案中目标可能的藏身点的数目扮演着一个单变量的角色。从另一方面来说，图 4.106 中变换图的使用是基于**表示变更**策略的典型案例。

该问题中，当 $n=1000$ 时的情况曾作为考题出现在 1999 年的俄罗斯数学竞赛中，并被发表在 *Kvant* 的 2000 年版中（no.2, p. 21）。

147. 编号的帽子

答案：数学家们可以通过下面的方法赢得打赌。

事先，他们从 0 至 $n-1$ 对自己进行编号，比方说，以名字的字母顺序进行编号。当看到其他数学家帽子上的数字之后，第 $i(0 \leq i \leq n-1)$ 个数学家计算这些数字之和 S_i，并猜测自己帽子上的数字为以下方程 $(S_i + x_i) \bmod n = i$，即 $x_i = (i - S_i) \bmod n$ 的最小非负解。（换句话说，可以将 x_i 的计算分成两步：首先用数学家的编号减去该数学家看到的所有帽子上的数字之和，然后用得到的差除以数学家的人数，该除法运算得到的余数即为 x_i）

设 $S = h_1 + h_2 + \cdots + h_n$ 为所有帽子上的数字之和。显然，$S = S_i + h_i (0 \leq i \leq n-1)$。由于 $0，1，\cdots，n-1$ 除以 n 得到的余数在非负整数 $0 \sim n-1$ 范围内（包括 0 和 $n-1$），肯定恰好存在一个整数 j 满足 $j \bmod n = S \bmod n$。那么，第 j 个数学家能够准确地猜到自己帽子上的数字。更确切地说，$j = j \bmod n = S \bmod n = (S_j + h_j) \bmod n = (S_i + x_j) \bmod n$。从上式可以推断出，$h_j \bmod n = x_i \bmod n$，由于 h_i 和 x_i 都在 $0 \sim n-1$ 之间，所以 $x_j = h_j$。

例如，设 $n=5$ 且帽子上的数字分别为 3，4，0，3，2，那么可以得出下面的表格：

i	h_i	S_i	x_i	猜编号的正确性
0	3	9	1	否
1	4	8	3	否
2	0	12	0	是（$j=2$）
3	3	9	4	否
4	2	10	4	否

评论：近些年来，此谜题以"彩虹帽子"和"88 顶帽子"等名称出现在一些网站上和专注于技术面试问题的书籍中（例如[Zho08, p. 31]）。我们没有找到该谜题的原始出处。

148. 自由硬币

答案：囚犯们需要设计一个方法，允许囚犯 A 通过翻转一个硬币来提示囚犯 B 狱卒所选方格的位置。为了达到这个目的，他们可以利用（比方说）反面朝上硬币的位置。更确切地说，他们需要设计一个函数，能够将所有的反面朝上的硬币的位置映射到狱卒所选硬币的位置上。囚犯 A 的任务就是翻转一个硬币来确保映射，B 的任务是根据呈现在眼前的平板计算函数的值。下面将介绍具体如何操作。

首先，从 0 到 63 对平板上的方格进行编号，例如，按自顶向下的顺序对每行中的方格从左至右进行编号。设 $T_1, T_2, \cdots, T_n$ 为 6 位二进制表达式，对应于囚犯 A 所见平板上反面朝上的硬币所在的方格编号；设 J 为狱卒所选方格编号的 6 位二进制表达式。设 6 位二进制表达式 X 对应于囚犯 A 所翻转硬币的方格编号。为了求出 X，需要计算出 T（$T = T_1 \oplus T_2 \oplus \cdots \oplus T_n$）与 J 的"异或"（XOR，用 $\oplus$ 表示）：

$$T \oplus X = J 或 X = T \oplus J \tag{1}$$

（如果 $n=0$，假设 $T=O$，其二进制表达式为全零，那么可以得出 $X = O \oplus J = J$。）

例如，以图 4.107a 中的平板为例，

$$
\begin{aligned}
T_1 &= \ 2_{10} = 000010 \\
T_2 &= 13_{10} = 001101 \\
T_3 &= 17_{10} = 010001 \qquad J = 25_{10} = 011001 \\
\underline{T_4 &= 50_{10} = 110010} \\
T &= 101100
\end{aligned}
$$

因此，

$$X = T \oplus J = 101100 \oplus 011001 = 110101 = 53_{10}$$

所以，当囚犯 A 将位置编号为 53 的硬币翻转为反面朝上后，囚犯 B 将会看到平板上位置编号为 2，13，17，50 和 53 的硬币都是反面朝上，然后根据下面的公式计算狱卒所选的硬币：

$$T_1 \oplus T_2 \oplus \cdots \oplus T_n \oplus X = T \oplus X = 011001 = 25_{10}$$

上述例子证明了两种可能情况中的第一种——由公式(1)计算出来的位置 X 上的硬币初始状态是正面朝上。只需将该硬币翻转成反面朝上，并和其他反面朝上的硬币归为一类。但如果位置 X 上的硬币初始状态为反面朝上，即该位置上的硬币为第 i（$1 \leqslant i \leqslant n$）个反面朝上的硬币，会出现什么情况呢？这种情况下，将该硬币翻转将会变成正面朝上，然后囚犯 B 只能根据公式 $T_1 \oplus \cdots \oplus T_{i-1} \oplus T_{i+1} \oplus \cdots \oplus T_n$ 来计算

出狱卒所选方格的位置编号。幸运的是，由于对于任意的位串 S 都有 $S \oplus S = 0$，所以公式（1）在此种情况下依然适用。确切地说，如果因犯 A 计算出 $X = T \oplus J = T_i$，根据下面的公式，因犯 B 仍然能够计算出狱卒所选方格的位置编号：

$$J = T \oplus X = T_1 \oplus \cdots \oplus T_{i-1} \oplus T_i \oplus T_{i+1} \oplus \cdots \oplus T_n \oplus T_i$$
$$= T_1 \oplus \cdots \oplus T_{i-1} \oplus T_{i+1} \oplus \cdots \oplus T_n \oplus T_i \oplus T_i$$
$$= T_1 \oplus \cdots \oplus T_{i-1} \oplus T_{i+1} \oplus \cdots \oplus T_n$$

例如，如果狱卒所选的方格编号为 61，同时，平板上有 4 枚反面朝上的硬币（如图 4.107b 所示）。

$$
\begin{aligned}
T_1 &= \ \ 2_{10} = 000010 \\
T_2 &= 13_{10} = 001101 \\
T_3 &= 17_{10} = 010001 \qquad J = 61_{10} = 111101 \\
T_4 &= 50_{10} = 110010 \\
\hline
T &= 101100
\end{aligned}
$$

$$X = T \oplus J = 101100 \oplus 111101 = 010001 = T_3 = 17_{10}$$

在因犯 A 将编号为17的方格上的硬币翻转成正面朝上后，因犯 B 将会看到平板上编号为2，13和50的方格上的硬币为反面朝上，并计算出狱卒所选方格的编号为：

$$000010 \oplus 001101 \oplus 110010 = 111101 = 61_{10}$$

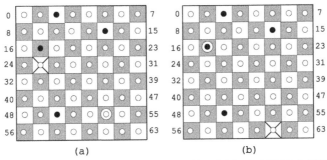

图 4.107　自由硬币谜题的两个实例。分别用白色与黑色圆圈表示正面朝上和反面朝上的硬币；交叉符号表示被选出来用于猜测的硬币；带圆圈的硬币表示被第一个因犯翻转的硬币

评论： 此谜题的解决方案是二进制数分析的一个应用案例。

谜题的一维版本曾出现在 2007 年秋天举行的环球城市数学竞赛中，但并没有要求参赛者为解决方案提供完整的算法。从那时起，此谜题以上述形式出现在多个网站中。

149. 卵石扩张

答案： 仅当 $n=1$ 和 $n=2$ 时，此谜题有解。

当 $n=1$ 时，唯一符合规则的第一步操作解决了此种情况。如图 4.108 所示为当 $n=2$ 时的一种解决方案。

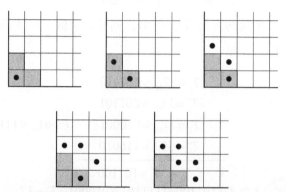

图 4.108 卵石扩张谜题中释放 S_2 楼梯区域（灰色部分）的步骤

下面证明当 $n>2$ 时，无法通过有限的符合规则的操作移除楼梯形区域 S_n 中的所有卵石。对棋盘上的每一个方格 (i, j) 赋予一个权值 $w(i, j)=2^{2-i-j}(i, j \geqslant 1)$，如图 4.109 所示。

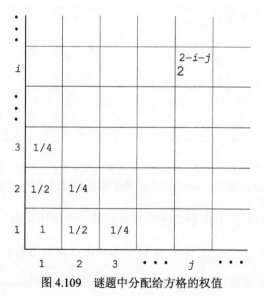

图 4.109 谜题中分配给方格的权值

　　所有位于第 d 条对角线上的方格都满足等式 $i+j=d+1$，$d=1$，2，…，且同一对角线上的每个方格有相同的权值。将每行中方格的权值相加来计算所有方格的权值，得出所有方格权值的和等于 4。

$$\left(1+\frac{1}{2}+\frac{1}{4}+\cdots\right)+\left(\frac{1}{2}+\frac{1}{4}+\cdots\right)+\cdots+\left(\frac{1}{2^{j-1}}+\frac{1}{2^{j}}+\cdots\right)+\cdots$$

$$=\frac{1}{1-\frac{1}{2}}+\frac{\frac{1}{2}}{1-\frac{1}{2}}+\cdots+\frac{\frac{1}{2^{j-1}}}{1-\frac{1}{2}}+\cdots=2\left(1+\frac{1}{2}+\cdots+\frac{1}{2^{j-1}}+\cdots\right)$$

$$=2\cdot\frac{2}{1-\frac{1}{2}}=4$$

　　把一个位置的权值定义为所有被卵石占据的方格的权值之和。对于任意的 n>1，初始位置的权值为 1。因为从方格 (i, j) 移除卵石时所减少的权值会由方格 $(i+1, j)$ 和 $(i, j+1)$ 的权值填补回来，即 $2^{2-(i+j)}=2^{2-(i+1+j)}2^{2-(i+j+1)}$，所以单次操作及有限次的系列操作都不会改变位置的权值。

　　很快可以总结出，当 n≥4 时，无法通过有限次的操作移除楼梯形区域 S_n 中的所有卵石。假设可能的话，那么在最后的状态下，卵石定会占据 S_n 区域之外的由有限多个方格组成的区域 R_n。而该区域的权值之和 $W(R_n)$ 也一定会小于 S_4 区域之外的所有方格的权值之和。S_4 区域之外的所有方格的权值之和可以用棋盘上所有方格的权值之和减去 S_4 区域中所有方格的权值之和来计算（如图 4.110a 所示）：

$$W(R_4)<4-W(S_4)=4-\left(1+2\cdot\frac{1}{2}+3\cdot\frac{1}{4}+4\cdot\frac{1}{8}\right)=\frac{3}{4}$$

　　因此，由于当 n≥4 时，$W(R_n)\leqslant W(R_4)<1$，无法通过有限次操作移除楼梯形区域 S_n 中的所有卵石。

　　同时，也无法通过有限次的操作移除楼梯形区域 S_3 中的所有卵石。为了证明这个命题，我们注意到棋盘的第一行和第一列总是包含一个卵石，因此，如果所有 S_3 区域中的卵石经过转换后，占据区域 S_3 之外的 R_3 区域，那么 R_3 区域将由三个部分组成：第一行中的一个方格、第一列中的一个方格和其他行列中的方格集 Q_3（如图 4.110b 所示）。$W(Q_3)$ 的上限可以用公式：棋盘上所有方格的权值之和−（第一行方格的权值之和+第一列方格的权值之和+方格

（2,2）的权值）来计算，即

$$W(Q_3) < 4 - \left[1 + 2\left(\frac{1}{2} + \frac{1}{4} + \cdots\right) + \frac{1}{4}\right] = \frac{3}{4}$$

可以得出 $W(R_3)$ 的取值上限为：

$$W(R_3) < \frac{1}{8} + \frac{1}{8} + \frac{3}{4} = 1$$

由于 $W(R_3)<1$，所以无法将区域 S_3 中的卵石通过转换来占据区域 R_3。

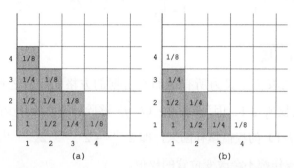

图4.110　（a）楼梯形区域 S_4 中方格的权值，（b）楼梯形区域 S_3 和第一行与第一列中的两个方格的权值

评论： 在此谜题中应用的不变量（当前状态的权值）理论与 J. Conway 在谜题跳棋军队（#132）中应用的理论相似。

此谜题由 M. Kontsevich 发表在 1981 年 11 月发行的 *Kvant* 中（p.21，Problem M715）。A. Khodulev 在 1982 年 7 月发行的版本上提出了该谜题的一个详细解法和此类谜题的泛化。

150. 保加利亚接龙

答案： 从方便性角度考虑，可以将每组硬币看成一个硬币堆栈。每一次迭代，都会从每个硬币堆栈中取走一个硬币。为不失一般性，可以假设从栈底取硬币，然后按取走的顺序将硬币放在一个新的堆栈中。可以先将新的硬币堆栈放在其他堆栈的前面，然后将新的堆栈插入到适当的位置，使得所有的硬币堆按照大小非递减的方式排列。图 4.111 中，用字母为硬币编号，详细地描述了上述过程。

由于将 n 分解成一组正整数（硬币组中硬币的数量）之和的方法数是有限的，算法在经过一定次数迭代之后会进入一个循环。我们的任务是证明：对于

$n(n=1+2+\cdots+k)$ 枚硬币的任意初始分割（包括 n 枚硬币在一个分组的极端情况），应用算法之后，始终能够达到目标分割状态 $(k, k-1, \cdots, 1)$。该状态是一种单状态回路：达到这种状态后，硬币的分割将保持不变，并且这种单状态循环是唯一的。事实上，如果算法将 $(n_1, n_2, \cdots, n_s)$ $(n_1 \geqslant n_2 \geqslant \cdots \geqslant n_s)$ 转变成 $(s, n_1-1, n_2-1, \cdots, n_{s-1}-1)$，且这两个数组是相同的，那么可以确定 s 是第二个数组中最大的元素，且 $n_s=1$（否则这两个数组不会是相同的）。将两个数组中相对应的元素进行比较，会得到一个线性方程组：$n_1=s$，$n_i=n_{i-1}-1(i=2, \cdots, s)$，可以使用回代的方式解方程组：$n_{s-1}=n_s+1=2$，依此类推，直到得出 $n_1=n_2+1=k$ 和 $s=k$。

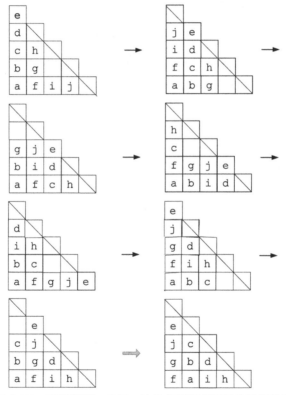

图 4.111　谜题举例，最后一次迭代需要对硬币堆进行排序

接下来需要证明没有多于一组分割的循环。首先，在一个循环中堆的排序不会发生。想要证明这个论断，可以为每一个硬币分配一个权值，这个权值等于堆栈的编号与硬币在堆栈中的位置编号之和，硬币的位置编号从栈底开始计数。例如，图 4.111 中初始分割下的硬币的权值分别为 $a(1+1)$，$b(1+2)$，$\cdots$，$j(4+1)$。然后就可以

用所有硬币的权值之和来定义分割的权值（不必进行排序），根据定义，图 4.111 中的初始分配状态的权值为 41。可以轻易看出，如果不需要对输出结果进行排序，根据算法要求进行操作后，分割的权值保持不变：在堆栈 i 中，位置编号为 j 的硬币的权值为 $i+j$，经过操作之后，该硬币的权值变为 $\begin{cases} (i+1)+(j-1), & j>1, \\ j+i, & j=1。 \end{cases}$ 但如果该

分割下的堆栈没有根据堆栈中硬币数量按非递减的方式排列，对堆栈进行排序会降低分配状态的权值，因此，在硬币分割操作的循环中不允许进行排序。

其次，不需要对算法产生的任何硬币分割进行排序，每一个硬币都围绕着对角线，就像对角线上的空位一样（如图 4.111 中的案例所示）。如果在第 d 条对角线上至少有一枚硬币，那么在第 $d-1$ 条对角线上就不会出现空位。事实上，如果可能的话，在经过有限次的操作后，第 $d-1$ 条对角线上的空位和第 d 条对角线上的硬币会在各自所属的堆栈中达到相同的高度，这种情况的出现需要对堆栈进行排序（如图 4.111 中最后一次迭代所示）。

从上述分析可以很快总结出，只有最长的那条对角线上可以在形成循环的一系列状态中缺失一些硬币。但如果 $n=1+2+\cdots+k$，那么所有 k 条对角线必须被填满。事实上，如果第 k 条对角线上没有硬币，那么硬币的总数将不大于 $1+2+\cdots+(k-1)$。如果有第 $(k+1)$ 条对角线上有一枚硬币，如上述所证明，所有较小的对角线上应填满硬币，且所有硬币的总数应该大于 $1+2+\cdots+k$。这样就得到当 n 取不同值时的单分配回路。

评论： Martin Gardner 在他 1983 年出版的《科学美国人》（*Scientific American*）专栏中介绍了保加利亚跳棋[Gar97b，pp.36-43]。丹麦数学家 Jorgen Brandt 在前一年发表的一篇论文中也提及了该谜题。至此，已经出现多种关于此谜题及其变形的有趣解法[Gri98]。同时，已经有学者证明，不论初始分配情况如何，最多只需通过 k^2-k 次迭代操作，就可以达到最终的稳定分割（k，$k-1$，$\cdots$，1）。

参考文献

[Ash04] Ash, J. M., and Golomb, S. W. Tiling deficient rectangles with trominoes. *Mathematics Magazine*, vol. 77, no. 1 (Feb. 2004), 46–55.

[Ash90] Asher, M. A river-crossing problem in cross-cultural perspective. *Mathematics Magazine*, vol. 63, no. 1 (Feb. 1990), 26–29.

[Ave00] Averbach, B., and Chein, O. *Problem Solving Through Recreational Mahtematics*. Dover, 2000.

[Bac12] Bachet, C. *Problèmes plaisans et delectables qui se font par les nombres*. Paris, 1612.

[Backh] Backhouse, R. *Algorithmic problem solving course website*. www.cs.nott.ac.uk/ ~rcb/G51APS/exercises/InductionExercises.pdf (accessed Oct. 4, 2010).

[Bac08] Backhouse, R. The capacity-C torch problem. *Mathematics of Program Construction 9th International Conference (MPC 2008)*, Marseille, France, July 15–18, 2008, Springer-Verlag, 57–78.

[Bal87] Ball, W. W. Rouse, and Coxeter, H. S. M. *Mathematical Recreations and Essays*, 13th edition. Dover, 1987. www.gutenberg.org/ebooks/26839 (1905 edition; accessed Oct. 10, 2010).

[Bea92] Beasley, J. D. *The Ins and Outs of Peg Solitaire*. Oxford University Press, 1992.

[Bec97] Beckwith, D. Problem 10459, in Problems and Solutions, *American Mathematical Monthly*, vol. 104, no. 9 (Nov. 1997), 876.

[Bel09] Bell, J., and Stevens, B. A survey of known results and research areas for *n*-queens. *Discrete Mathematics*, vol. 309, issue 1 (Jan. 2009), 1–31.

[Ben00] Bentley, J. *Programming Pearls*, 2nd ed. Addison-Wesley, 2000.

[Ber04] Berlekamp, E. R., Conway, J. H., and Guy, R. K. *Winning Ways for Your Mathematical Plays*, Volume 4, 2nd ed. A K Peters, 2004.

[Ber91] Bernhardsson, B. Explicit solutions to the *n*-queens problem for all *n*. *SIGART Bulletin*, vol. 2, issue 2 (April 1991), 7.

[Bogom] Bogomolny, A. *Interactive Mathematics Miscellany and Puzzles*. www.cut-the-knot.org (accessed Oct. 4, 2010).

[Bog00] Bogomolny, A. The three jugs problem. The Mathematical Association of America, May 2000. www.maa.org/editorial/knot/water.html#kasner (accessed Oct. 10, 2010).

[Bol07] Bollobás, B. *The Art of Mathematics: Coffee Time in Memphis*. Cambridge University Press, 2007.

[Bos07] Bosova, L. L., Bosova, A. Yu, and Kolomenskaya, Yu. G. *Entertaining Informatics Problems*, 3rd ed., BINOM, 2007 (in Russian).

[Bro63]　　　Brooke, M. *Fun for the Money.* Charles Scribner's Sons, 1963.

[CarTalk]　　Archive of the U.S. National Public Radio talk show *Car Talk.* www.cartalk.com/content/puzzler (accessed Oct. 4, 2010).

[Chr84]　　　Christen, C., and Hwang, F. Detection of a defective coin with a partial weight information. *American Mathematical Monthly,* vol. 91, no. 3 (March 1984), 173–179.

[Chu87]　　　Chu, I-Ping, and Johnsonbaugh, R. Tiling and recursion. *ACM SIGCSE Bulletin,* vol. 19, issue 1 (Feb. 1987), 261–263.

[Cor09]　　　Cormen, T. H., Leiserson, C. E., Rivest, R. L., and Stein, C. *Introduction to Algorithms,* 3rd edition. MIT Press, 2009.

[Cra07]　　　Crack, T. F. *Heard on the Street: Quantitative Questions from Wall Street Job Interviews,* 10th ed. Self-published, 2007.

[Cso08]　　　Csorba, P., Hurkens, C. A., and Woeginger, G. J. The Alcuin number of a graph. *Proceedings of the 16th Annual European Symposium on Algorithms. Lecture Notes in Computer Science,* vol. 5193, 2008, 320–331.

[Dem02]　　　Demaine, E. D., Demaine, M. L., and Verrill, H. Coin-moving puzzles. In R. J. Nowakowski, editor, *More Games of No Chance.* Cambridge University Press, 2002, 405–431.

[Dij76]　　　Dijkstra, E. W. *A Discipline of Programming.* Prentice Hall, 1976.

[Dud02]　　　Dudeney, H. E. *The Canterbury Puzzles and Other Curious Problems.* Dover, 2002. www.gutenberg.org/ebooks/27635 (1919 edition; accessed Oct. 10, 2010).

[Dud58]　　　Dudeney, H. E. *Amuzements in Mathematics.* Dover, 1958. www.gutenberg. org/ebooks/16713 (first published in 1917; accessed Oct. 10, 2010).

[Dud67]　　　Dudeney, H. E. (edited by Martin Gardner). *536 Puzzles & Curious Problems.* Charles Scribner's Sons, 1967.

[Dyn71]　　　Dynkin, E. B., Molchanov, S. A., Rozental, A. L., and Tolpygo, A. K. *Mathematical Problems,* 3rd revised edition, Nauka, 1971 (in Russian).

[Eng99]　　　Engel, A. *Problem-Solving Strategies.* Springer, 1999.

[Epe70]　　　Eperson, D. B. Triangular (Old) Pennies. *The Mathematical Gazette,* vol. 54, no. 387 (Feb. 1970), 48–49.

[Fom96]　　　Fomin, D., Genkin, S., and Itenberg, I. *Mathematical Circles (Russian Experience).* American Mathematical Society, Mathematical World, Vol. 7, 1996 (translated from Russian).

[Gar99]　　　Gardiner, A. *Mathematical Puzzling.* Dover, 1999.

[Gar61]　　　Gardner, M. *Mathematical Puzzles.* Thomas Y. Crowell, 1961.

[Gar71]　　　Gardner, M. *Martin Gardner's 6th Book of Mathematical Diversions from Scientific American.* W. H. Freeman, 1971.

[Gar78]　　　Gardner, M. *aha! Insight.* Scientific American/W. H. Freeman, 1978.

[Gar83]　　　Gardner, M. *Wheels, Life, and Other Mathematical Amusements.* W. H. Freeman, 1983.

[Gar86]　　　Gardner, M. *Knotted Doughnuts and Other Mathematical Entertainments.* W. H. Freeman, 1986.

[Gar87]　　　Gardner, M. *The Second Scientific American Book of Puzzles and Games.* University of Chicago Press, 1987.

[Gar88a]　　　Gardner, M. *Hexaflexagons and Other Mathematical Diversions: The First Scientific American Book of Puzzles and Games.* University of Chicago Press, 1988.

[Gar88b]   Gardner, M. *Time Travel and Other Mathematical Bewilderments.* W. H. Freeman, 1988.

[Gar89]   Gardner, M. *Mathematical Carnival.* The Mathematical Association of America, 1989.

[Gar97a]   Gardner, M. *Penrose Tiles to Trapdoor Chiphers ... and the Return of Dr. Matrix*, revised edition. The Mathematical Association of America, 1997.

[Gar97b]   Gardner, M. *The Last Recreations: Hidras, Eggs, and Other Mathematical Mystifications.* Springer, 1997.

[Gar06]   Gardner, M. *Colossal Book of Short Puzzles and Problems.* W. W. Norton, 2006.

[Gik76]   Gik, E. Ya. *Mathematics on the Chessboard.* Nauka, 1976 (in Russian).

[Gik80]   Gik, E. The Battleship game. *Kvant*, Nov. 1980, 30–32, 62–63 (in Russian).

[Gin03]   Ginat, D. The greedy trap and learning from mistakes. *Proceedings of the 34th SIGCSE Technical Symposium on Computer Science Education*, ACM, 2003, 11–15.

[Gin06]   Ginat, D. Coloful Challenges column. *inroads—SIGCSE Bulletin*, vol. 38, no. 2 (June 2006), 21–22.

[Gol54]   Golomb, S. W. Checkerboards and polyominoes. *American Mathematical Monthly*, vol. 61, no. 10 (Dec. 1954), 675–682.

[Gol94]   Golomb, S. W. *Polyominoes: Puzzles, Patterns, Problems, and Packings*, 2nd edition. Princeton University Press, 1994.

[Graba]   Grabarchuk, S. Coin triangle. From *Puzzles.com*. www.puzzles.com/PuzzlePlayground/CoinTriangle/CoinTriangle.htm (accessed Oct. 4, 2010).

[Gra05]   Grabarchuk, S. *The New Puzzle Classics: Ingenious Twists on Timeless Favorites.* Sterling Publishing, 2005.

[Gra94]   Graham, R. L., Knuth, D. E. and Patashnik, O. *Concrete Mathematics: A Foundation for Computer Science*, 2nd ed. Addison-Wesley, 1994.

[Gre73]   Greenes, C. E. Function generating problems: the row chip switch. *Arithmetic Teacher*, vol. 20 (Nov. 1973), 545–549.

[Gri98]   Griggs, J. R., and Ho, Chih-Chang. The cycling of partitions and compositions under repeated shifts. *Advances in Applied Mathematics*, vol. 21, no. 2 (1998), 205–227.

[Had92]   Hadley, J., and Singmaster, D. Problems to sharpen the young. *Mathematical Gazette*, vol, 76, no. 475 (March 1992), 102–126.

[Hes09]   Hess, D. *All-Star Mathlete Puzzles.* Sterling, 2009.

[Hof79]   Hofstadter, D. *Gödel, Escher, Bach: An Eternal Golden Braid.* Basic Books, 1979.

[Hur00]   Hurkens, C. A. J. Spreading gossip efficiently. *NAW*, vol. 5/1 (June 2000), 208–210.

[Iba03]   Iba, G., and Tanton, J. Candy sharing. *American Mathematical Monthly*, vol. 110, no. 1 (Jan. 2003), 25–35.

[Ign78]   Ignat'ev, E. I. *In the Kindom of Quick Thinking.* Nauka, 1978 (in Russian).

[Iye66]   Iyer, M., and Menon, V. On coloring the $n \times n$ chessboard. *American Mathematical Monthly*, vol. 73, no. 7 (Aug.–Sept. 1966), 721–725.

[Kho82]   Khodulev, A. Relocation of chips. *Kvant*, July 1982, 28–31, 55 (in Russian).

[Kin82]   King, K. N., and Smith-Thomas, B. An optimal algorithm for sink-finding.

Information Processing Letters, vol. 14, no. 3 (May 1982), 109–111.

[Kle05]   Kleinberg, J., and Tardos, E. *Algorithm Design.* Addison-Wesley, 2005.

[Knott]   Knott, R. *Fibonacci Numbers and the Golden Section.* www.mcs.surrey. ac.uk/Personal/R.Knott/Fibonacci/ (accessed Oct. 4, 2010).

[Knu97]   Knuth, D. E. *The Art of Computer Programming, Volume 1: Fundamental Algorithms,* 3rd ed. Addison-Wesley, 1997.

[Knu98]   Knuth, D. E. *The Art of Computer Programming, Volume 3: Sorting and Searching,* 2nd ed. Addison-Wesley, 1998.

[Knu11]   Knuth, D. E. *The Art of Computer Programming, Volume 4A, Combinatorial Algorithms, Part 1.* Pearson, 2011.

[Kon96]   Konhauser J. D. E., Velleman, D., and Wagon, S. *Which Way Did the Bicycle Go?: And Other Intriguing Mathematical Mysteries.* The Dolciani Mathematical Expositions, No. 18, The Mathematical Association of America, 1996.

[Kor72]   Kordemsky, B. A. *The Moscow Puzzles: 359 Mathematical Recreations.* Scribner, 1972 (translated from Russian).

[Kor05]   Kordemsky, B. A. *Mathematical Charmers.* Oniks, 2005 (in Russian).

[Kra53]   Kraitchik, M. *Mathematical Recreations,* 2nd revised edition. Dover, 1953.

[Kre99]   Kreher, D. L., and Stinson, D. R. *Combinatorial Algorithms: Generation, Enumeration, and Search.* CRC Press, 1999.

[Kur89]   Kurlandchik, L. D., and Fomin, D. B. Etudes on the semi-invariant. *Kvant,* no. 7, 1989, 63–68 (in Russian).

[Laa10]   Laakmann, G. *Cracking the Coding Interview,* 4th ed. CareerCup, 2010.

[Leh65]   Lehmer, D. H. Permutation by adjacent interchanges. *American Mathematical Monthly,* vol. 72, no. 2 (Feb. 1965), 36–46.

[Leino]   Leino, K. R. M. *Puzzles.* research.microsoft.com/en-us/um/people/leino/ puzzles.html (accessed Oct. 4, 2010).

[Lev06]   Levitin, A. *Introduction to the Design and Analysis of Algorithms,* 2nd edition. Pearson, 2006.

[Lev81]   Levmore, S. X., and Cook, E. E. *Super Strategies for Puzzles and Games.* Doubleday, 1981.

[Loy59]   Loyd, S. (edited by M. Gardner) *Mathematical Puzzles of Sam Loyd.* Dover, 1959.

[Loy60]   Loyd, S. (edited by M. Gardner) *More Mathematical Puzzles of Sam Loyd.* Dover, 1960.

[Luc83]   Lucas, E. *Récréations mathématiques,* Vol. 2. Gauthier Villars, 1883.

[Mac92]   Mack, D. R. *The Unofficial IEEE Brainbuster Gamebook: Mental Workouts for the Technically Inclined.* IEEE Press, 1992.

[Man89]   Manber, U. *Introduction to Algorithms: A Creative Approach.* Addison-Wesley, 1989.

[Mar96]   Martin, G. E. *Polyominoes: A Guide to Puzzles and Problems in Tiling.* The Mathematical Association of America, 1996.

[MathCentral] *Math Central.* mathcentral.uregina.ca/mp (accessed Oct. 4, 2010).

[MathCircle]   *The Math Circle.* www.themathcircle.org/researchproblems.php (accessed Oct. 4, 2010).

[Mic09]   Michael, T. S. *How to Guard an Art Gallery.* John Hopkins University Press, 2009.

[Mic08]   Michalewicz, Z., and Michalewicz, M. *Puzzle-Based Learning: An Introduction to Critical Thinking, Mathematics, and Problem Solving*. Hybrid Publishers, 2008.

[Moo00]   Moore, C., and Eppstein, D. One-dimensional peg solitaire and Duotaire. *Proceedings of MSRI Workshop on Combinatorial Games*, Berkeley, CA. MSRI Publications 42. Springer, 2000, 341–350.

[Mos01]   Moscovich, I. 1000 *Play Thinks: Puzzles, Paradoxes, Illusions, and Games*. Workman Publishing, 2001.

[Nie01]   Niederman, *Hard-to-Solve Math Puzzles*. Sterling Publishing, 2001.

[OBe65]   O'Beirne, T. H. *Puzzles & Paradoxes*. Oxford University Press, 1965.

[Par95]   Parberry, I. *Problems on Algorithms*. Prentice-Hall, 1995.

[Pet03]   Peterson, Ivar. Measuring with jugs. The Mathematical Association of America, June 2003. www.maa.org/mathland/mathtrek_06_02_03.html (accessed Oct. 4, 2010).

[Pet97]   Petković, M. *Mathematics and Chess: 110 Entertaining Problems and Solutions*. Dover, 1997.

[Pet09]   Petković, M. *Famous Puzzles of Great Mathematicians*. The American Mathematical Society, 2009.

[Pic02]   Pickover, C. A. *The Zen of Magic Squares, Circles, and Stars: An Exhibition of Surprising Structures across Dimensions*. Princeton University Press, 2002.

[Poh72]   Pohl, I. A sorting problem and its complexity. *Communications of the ACM*, vol. 15, issue 6 (June 1972), 462–464.

[Pol57]   Pólya, G. *How to Solve It: A New Aspect of Mathematical Method*, 2nd ed. Princeton University Press, 1957.

[Pou03]   Poudstone, W. *How Would You Move Mount Fuji? Microsoft's Cult of the Puzzle—How the World's Smartest Companies Select the Most Creative Thinkers*. Little-Brown, 2003.

[Pre89]   Pressman, I., and Singmaster, D. "The Jealous Husbands" and "The Missionaries and Cannibals." *Mathematical Gazette*, 73, no. 464 (June 1989), 73–81.

[ProjEuler] *Project Euler*. projecteuler.net (accessed Oct. 4, 2010).

[Ran09]   Rand, M. On the Frame-Stewart algorithm for the Tower of Hanoi. www2.bc.edu/~grigsbyj/Rand_Final.pdf (accessed Oct. 4, 2010).

[Rob98]   Robertson, J., and Webb, W. *Cake Cutting Algorithms*. A K Peters, 1998.

[Ros07]   Rosen, K. *Discrete Mathematics and Its Applications*, 6th edition. McGraw-Hill, 2007.

[Ros38]   Rosenbaum, J. Problem 319, *American Mathematical Monthly*, vol. 45, no. 10 (Dec. 1938), 694–696.

[Rot02]   Rote, G. Crossing the bridge at night. *EATCS Bulletin*, vol. 78 (Aug. 2002), 241–246.

[Sav03]   Savchev, S., and Andreescu, T. *Mathematical Miniatures*. The Mathematical Association of America, Anneli Lax New Mathematical Library, Volume #43, Washington, DC, 2003.

[Sch68]   Schuh, F. *The Master Book of Mathematical Recreations*. Dover, 1968 (translated from Dutch).

[Sch04]   Schumer, P. D. *Mathematical Journeys*. Wiley, 2004.

[Sch80]   Schwartz, B. L., ed. *Mathematical Solitaires & Games*. (Excursions in

Recreational Mathematics Series 1), Baywood Publishing, 1980.

[Sco44]   Scorer, R. S., Grundy, P. M., and Smith, C. A. B. Some binary games. *Mathematical Gazette*, vol. 28, no. 280 (July 1944), 96–103.

[Sha02]   Shasha, D. *Doctor Ecco's Cyberpuzzles*. Norton, 2002.

[Sha07]   Shasha, D. *Puzzles for Programmers and Pros*. Wiley, 2007.

[Sillke]   Sillke, T. Crossing the bridge in an hour. www.mathematik.uni-bielefeld. de/~sillke/PUZZLES/crossing-bridge (accessed Oct. 4, 2010).

[Sin10]   Singmaster, D. *Sources in Recreational Mathematics: An Annotated Bibliography*, 8th preliminary edition. www.g4g4.com/MyCD5/SOURCES/ SOURCE1.DOC (accessed Oct. 4, 2010).

[Slo06]   Slocum, J. and Sonneveld, D. *The 15 Puzzle: How It Drove the World Crazy. The Puzzle That Started the Craze of 1880. How America's Greatest Puzzle Designer, Sam Loyd, Fooled Everyone for 115 Years*. Slocum Puzzle Foundation, 2006.

[Sni02]   Sniedovich, M. The bridge and torch problem. Feb. 2002. www.tutor. ms.unimelb.edu.au/bridge (accessed Oct. 4, 2010).

[Sni03]   Sniedovich, M. OR/MS Games: 4. The Joy of Egg-Dropping in Braunschweig and Hong Kong. *INFORMS Transactions on Education*, vol. 4, no. 1 (Sept. 2003), 48–64.

[Spi02]   Spivak, A. V. *One Thousand and One Mathematical Problems*. Education, 2002 (in Russian).

[Ste64]   Steinhaus, H. *One Hundred Problems in Elementary Mathematics*. Basic Books, 1964 (translated from Polish).

[Ste04]   Stewart, I. *Math Hysteria*. Oxford University Press, 2004.

[Ste06]   Stewart, I. *How to Cut a Cake: And Other Mathematical Conundrums*. Oxford University Press, 2006.

[Ste09]   Stewart, I. *Professor Stewart's Cabinet of Mathematical Curiosities*. Basic Books, 2009.

[Tan01]   Tanton, J. *Solve This: Math Activities for Students and Clubs*. The Mathematical Association of America, 2001.

[techInt]   *techInterviews*. www.techinterview.org/archive (accessed Oct. 4, 2010).

[Ton89]   Tonojan, G. A. Canadian mathematical olympiads. *Kvant*, 1989, no. 7, 75–76 (in Russian).

[Tri69]   Trigg, C. W. Inverting coin triangles. *Journal of Recreational Mathematics*, vol. 2 (1969), 150–152.

[Tri85]   Trigg, C. W. *Mathematical Quickies*. Dover, 1985.

[Twe39]   Tweedie, M. C. K. A graphical method of solving Tartaglian measuring puzzles. *Mathematical Gazette*, vol. 23, no. 255 (July 1939), 278–282.

[Weiss]   Weisstein, E. W. Josephus Problem. From *MathWorld*–A Wolfram Web Resource. mathworld.wolfram.com/JosephusProblem.html (accessed Oct. 4, 2010).

[Win04]   Winkler, P. *Mathematical Puzzles: Connoisseur's Collection*. A K Peters, 2004.

[Win07]   Winkler, P. *Mathematical Mind-Benders*. A K Peters, 2007.

[Zho08]   Zhow, X. *A Practical Guide to Quantitative Finance Interview*. Lulu.com, 2008.

设计策略和分析技术索引

本索引表将所有谜题按设计策略和分析技术加以分组，所有谜题除属于"概览"部分的特别标示以外，其余皆按正文中的编号标示。部分谜题在不止一个分类中分别列出。

分析技术

输出分析

步骤计数

其他

不变量

奇偶性

107	狐狸和野兔	
113	拿走硬币	
114	划线过点	自底向上
126	公平切分蛋糕	
134	点着色	

每次减二

谜题编号	谜题名字	备注
16	煎饼制作	
70	跳跃成对 I	
71	标记方格 I	自底向上
72	标记方格 II	自底向上
87	倒置的玻璃杯	
109	双 n 多米诺骨牌	
117	一维跳棋	
128	安全开关	
144	拆除方格	

每次减其他常量

谜题编号	谜题名字	备注
48	麦乐鸡数字	4
64	构建八边形	8
78	直三格板平铺	3
96	平铺楼梯区域	6
131	Tait 筹码谜题	4

每次减常因子

谜题编号	谜题名字	备注
概览	猜数字	2
10	硬币中的假币	2 或 3
30	棍子切割	2
31	三堆牌魔术	3
32	单淘汰赛	2

分而治之

动态规划

穷举搜索

贪心法

变而治之

谜面简化

表示变更